I0032511

Mallard de la Varende
arsigne de l'eau
(Toulon - 1878)

BIBLIOTHÈQUE
DES MERVEILLES

PUBLIÉE SOUS LA DIRECTION

DE M. ÉDOUARD CHARTON

LES

MÉTAMORPHOSES DES INSECTES

OUVRAGES DU MÊME AUTEUR

Péron, naturaliste, voyageur aux terres australes; ouvrage couronné par la Société d'émulation de l'Allier et publié sous ses auspices. — Paris, J.-B. Baillière et Fils, 1857.

Notices entomologiques et Nouvelles Notices entomologiques. 1re et 2e séries. Paris, 1859, 1866, 1869. — Félix Malteste.

Les Auxiliaires du ver a soie. Paris, 1864. — J.-B. Baillière et Fils.

Les Insectes utiles et nuisibles a l'Exposition universelle. Paris, 1867. Librairie de la Maison rustique.

Études sur la chaleur libre dégagée par les animaux invertébrés et spécialement par les insectes. Paris, V. Masson et Fils, 1869. (Thèse de doctorat de la Faculté des sciences de Paris.)

Mémoires et Notes dans les Bulletins de la Société d'acclimatation.

Études sur les insectes carnassiers, utiles à introduire dans les jardins ou à protéger contre la destruction. — Paris, 1873. (Adopté par la commission des biblioth. scol.)

Traité élémentaire d'entomologie, avec les applications de cette science. Tome I, *Introduction et Coléoptères*. Paris, J.-B. Baillière et Fils, 1873.

SOUS PRESSE

Tome II du Traité d'entomologie comprenant les autres ordres d'insectes.
Nouvelles Notices entomologiques. 3e série.

PARIS. — IMP. SIMON RAÇON ET COMP., RUE D'ERFURTH, 1.

BIBLIOTHÈQUE DES MERVEILLES

LES
MÉTAMORPHOSES
DES INSECTES

PAR

MAURICE GIRARD

ANCIEN PRÉSIDENT DE LA SOCIÉTÉ ENTOMOLOGIQUE DE FRANCE
DOCTEUR ÈS SCIENCES NATURELLES

QUATRIÈME ÉDITION

REVUE ET AUGMENTÉE PAR L'AUTEUR

OUVRAGE ILLUSTRÉ DE 578 VIGNETTES

PAR

MESNEL, DELAHAYE, FORMANT, HUET, ETC.

PARIS

LIBRAIRIE HACHETTE ET Cie

79, BOULEVARD SAINT-GERMAIN, 79

1874

Droits de propriété et de traduction réservés.

LES
MÉTAMORPHOSES
DES INSECTES

CHAPITRE PREMIER

INTRODUCTION

Prétendue génération spontanée des insectes. — Expériences de Redi. — Insectes séparés des autres annelés. — Organisation des insectes — Sens merveilleux. — Instincts, intelligence. — Principales subdivisions.

> Va-t'en, chétif insecte, excrément de la terre.

Ce vers dédaigneux, placé par le fabuliste dans la bouche du lion, résume les idées des anciens sur l'origine des insectes. Pour tous les petits animaux difficiles à bien observer, on trouvait beaucoup plus commode la plus large acception des générations spontanées. La paresse de notre esprit aime ces solutions simples et générales, en accord avec le naïf orgueil de la suprême ignorance. On voyait sortir du sol, du milieu des gazons, ces petits êtres ailés qui, par l'éclat de leurs couleurs, rivalisent souvent avec les fleurs d'or et d'azur ; c'étaient les gracieux enfants de la terre, de cette mère commune d'où naissaient à la fois les végétaux maintenus immobiles sur son sein fécondant, et les insectes remplissant

l'atmosphère de leurs scintillations, du murmure confus.
de leurs bourdonnements. La vase, séchée et crevassée
par le soleil, engendrait les noirs essaims des mouches
qui tourbillonnent à sa surface. D'autres prenaient leur
origine dans la chair corrompue des cadavres d'animaux abandonnés à l'air. Souvent les qualités des insectes dépendaient de l'animal d'où ils tiraient le jour par
une prétendue fermentation. Les abeilles mêmes, ces
fières habitantes des monts sacrés, ces douces nourrices
de Jupiter enfant, n'échappaient pas à la loi commune.
Celles qui proviennent des entrailles du lion, dit Élien,
sont indociles, farouches, rebelles au travail ; celles
qui naissent du mouton molles et paresseuses ; au contraire, on recherchait les abeilles sorties des flancs du
taureau : elles étaient laborieuses, obéissantes. Virgile,
dans la fable d'Aristée, nous raconte comment ce secret
fut connu des hommes. Les nymphes des eaux, compagnes d'Eurydice, dont Aristée avait involontairement
causé la mort, la vengeaient en faisant périr ses abeilles.
Pour apaiser leur courroux, il amène dans leur temple
quatre magnifiques taureaux et les immole sur quatre
autels. Il retourne dans le bois. O prodige inouï et sou-
dain ! Il entend bourdonner dans les entrailles corrompues des taureaux des essaims d'abeilles. Elles percent
frémissantes les cavités impures qui les retiennent, se
répandent en nuage immense, gagnent le sommet d'un
arbre et y restent suspendues comme la grappe au cep
d'où elle retombe.

Jusqu'au dix-septième siècle on ignora comment la
larve qui rampe sur le sol se rattache à l'adulte ailé
dont la subtile atmosphère devient le domaine. Cependant l'observation des petits animaux remonte à la plus
haute antiquité, surtout à cause des dangers qu'ils font
courir à l'agriculture. Les scarabées sacrés, qui enterrent et enlèvent les immondices corrupteurs de l'air,

sont reproduits sur les monuments de l'antique Égypte.
L'Exode nous apprend que l'Éternel fit des sauterelles
une des plus terribles plaies infligées à l'Égypte. Elles
couvrirent par son ordre tout le pays, amenées par un
vent d'orient, et disparurent, balayées par un vent d'oc-
cident, lorsque le pharaon consterné eut promis de laisser partir le peuple de Dieu. Moïse indique divers insectes du même ordre, les grillons, les truxales, etc., au
sujet des animaux qu'il est permis ou non de manger.
Il y a aussi de très-anciennes observations des Chinois
sur les insectes. Aristote s'est occupé assez longue-
ment d'entomologie et avait reconnu les principaux
groupes naturels de ces êtres. Il donne des détails sur
le chant des cigales et de nombreuses et intéressantes
observations sur les abeilles. Il avait remarqué que les
piqûres des insectes sont tantôt causées par la bouche,
tantôt par l'aiguillon de l'abdomen, que les premières
sont dues à des insectes à deux ailes[1], les secondes produites par des insectes à quatre ailes. Mais Aristote et
son disciple Théophraste partagent la grande erreur de
l'antiquité sur la génération spontanée des insectes. Or
rien n'était plus propre à écarter les observateurs que
l'origine immonde de ces animaux objets de dégoût. Ne
trouvons-nous pas comme un dernier écho de ces fables
séculaires dans la répugnance imméritée qu'ils inspirent encore à tant de personnes, dans l'idée que leur
contact est malpropre et dangereux?

L'erreur capitale de l'antiquité relative à la génération des insectes devait tomber sous la vulgaire observation des plus simples faits. Il a fallu de longs siècles
pour arriver à cette vérité, si banale aujourd'hui, qu'a-

---

[1] Il faut faire une exception à cet égard pour certains hémiptères, insectes à quatre ailes, les réduves, parmi les terrestres, et
plusieurs genres de punaises d'eau, qui enfoncent une trompe en
lancette acérée dans les doigts qui les saisissent.

vant d'établir aucun raisonnement sur le monde extérieur, on doit daigner l'observer. Un médecin italien,
Redi, eut l'idée que les vers qui fourmillent dans les
viandes corrompues et qui donnent bientôt naissance à
des mouches, proviennent des œufs déposés par les
femelles. Il exposa à l'air un grand nombre de boîtes
sans couvercles dans chacune desquelles il avait placé
un morceau de viande, tantôt crue, tantôt cuite, afin
d'inviter les mouches, attirées par l'odeur, à venir pondre leurs œufs sur ces chairs. Non-seulement Redi mit
dans ses boîtes des chairs de mammifères communs,
comme celles de taureau, de veau, de cheval, de buffle,
d'âne, de daim, etc., mais aussi des chairs de quadrupèdes plus rares, qui lui furent fournies par la ména-
gerie du grand-duc de Toscane, comme le lion et le
tigre. Il essaya aussi les chairs des petits quadrupèdes,
d'agneau, de chevreau, de lièvre, de lapin, de taupe, etc.;
celles de différents oiseaux, de poule, de coq d'Inde, de
caille, de moineau, d'hirondelle, etc.; de plusieurs
sortes de poissons de rivière et de mer, comme l'espadon
et le thon; enfin des chairs de reptiles, notamment de
serpents.

Ces chairs si variées attirèrent des mouches dont Redi
sut constater la ponte, et bientôt il vit apparaître de
nombreux vers nés des œufs. Ils lui donnèrent, dit-il,
quatre sortes de mouches, des mouches bleues (*Calliphora vomitoria*), des mouches noires chamarrées de
blanc (*Sarcophaga carnaria* ou *vivipara*), des mouches
pareilles à celles des maisons (*Musca domestica*), des
mouches vert doré (*Lucilia cæsar*). L'accroissement de
ces vers de la viande ou larves de mouches est énorme.
Redi reconnut qu'en vingt-quatre heures les larves de
la mouche bleue dévorant un poisson augmentèrent
selon les sujets, de cent cinquante-cinq à deux cent dix
fois le poids initial.

Il fallait faire une contre-épreuve décisive. Les mêmes viandes furent placées dans des boîtes recouvertes de toiles à claire-voie, afin que l'air pût circuler librement et amener la putréfaction, mais de sorte que les mouches, attirées par l'odeur et arrêtées par la toile, fussent dans l'impossibilité de déposer leurs œufs. Redi vit les chairs se corrompre, mais aucun ver ne s'y développa. Il observa des femelles de mouches introduisant l'extrémité de leur abdomen entre les mailles du réseau, pour tâcher de faire passer leurs œufs, et deux petits vers, issus d'une éclosion interne chez la mouche vivipare, trouvèrent ainsi le moyen de passer à travers la toile.

Redi réfuta aussi l'opinion commune, si souvent répétée dans les sermons des prédicateurs, dans les écrits des moralistes de tous les temps, sur la vanité de l'homme, pâture des vers immondes après sa mort. Il fit voir par expérience que les mouches ne savent point fouiller la terre, et que les lombrics ou vers de terre, qui abondent dans le sol végétal, ne sont pas carnassiers et ne vivent que de l'humus, dont ils peuvent extraire les sucs nutritifs. Il constata, par de nombreuses épreuves, que les chairs et les cadavres placés sous terre, même à une médiocre profondeur, se corrompent lentement, mais ne sont la proie d'aucun ver. Il est curieux de voir combien une erreur habituelle est difficile à combattre et s'empare même des hommes les plus instruits. Ne la trouvons-nous pas dans l'épitaphe de Franklin, d'une piété si originale : « Ici repose, livré aux vers, le corps de Benjamin Franklin, imprimeur, comme la couverture d'un vieux livre dont les feuillets sont arrachés et le titre et la dorure effacés ; mais pour cela l'ouvrage ne sera pas perdu, car il reparaîtra, comme il le croyait, dans une nouvelle et meilleure édition, revue et corrigée par l'auteur. »

Pendant longtemps on a confondu, sous le nom général d'insectes, un grand nombre d'animaux qui présentent entre eux des analogies incontestables, mais pour lesquels la multiplicité des formes secondaires amenait de grandes complications dans l'étude d'un groupe aussi étendu. Le mot *insecte*, en effet, signifie corps coupé en anneaux ou segments placés bout à bout, en série. Suivant une conception fort originale de Dugès, médecin naturaliste de l'École de Montpellier, on peut se figurer ces segments comme autant d'animaux distincts, se nourrissant et se reproduisant à part, et cependant coordonnant leurs volontés et leurs sensations, de manière à former un être à la fois multiple et un. La nature réalise presque complétement cette idée hardie dans les affreux vers solitaires qui produisent parfois les troubles les plus funestes dans notre santé.

Si le lecteur veut bien nous le permettre, nous allons rejeter successivement les êtres à anneaux sériés dont l'étude n'est pas notre objet, et nous arriverons bientôt aux véritables insectes.

Il est d'abord des animaux dégradés sans pattes, ou n'offrant que quelques mamelons mous, ou quelques poils comme organes de locomotion. J'ai nommé les vers qui vivent dans les intestins et dans les tissus de l'homme et des animaux, surtout chez les sujets affaiblis, au début ou à la fin de l'existence, les lombrics que nous voyons sortir avec délices, après les fortes averses, des trous de la terre de nos jardins. Ils se hissent au dehors en s'appuyant de toute part, au moyen de soies roides, crochues, dirigées en arrière, comme le ramoneur qui monte dans une cheminée, étalent sur la terre humide leurs anneaux visqueux, et rejettent l'humus dont leur corps est gorgé et qui est leur seule nourriture.

Les eaux, séjour de prédilection des êtres inférieurs,

fourmillent d'autres annélides de toutes sortes. Les eaux douces de France contenaient autrefois en abondance les sangsues, aux triples mâchoires dentelées, puissant auxiliaire de la médecine, et que nos marchands demandent aujourd'hui aux marais de la Hongrie et plus loin encore. Sur nos côtes, nous rencontrons les serpules vivant dans les tubes entrelacés et serpentants dont elles recouvrent les rochers et les coquilles, et laissant sortir au dehors un très élégant panache de branchies ; le sable est rempli de trous où habitent les arénicoles, ces vers noirâtres qui servent aux pêcheurs à amorcer leurs lignes, et dont le sang, d'un jaune vif, tache fortement les doigts ; enfin, après le gros temps, la marée montante jette sur les rivages de l'Océan les aphrodites, au corps couvert de longs poils, comme une soie marine, irisés des mille couleurs de l'arc-en-ciel.

La nature s'est complu, chez d'autres êtres du grand groupe dont nous parlons, à perfectionner les organes et, comme enchantée du plan d'après lequel leur corps se divise en anneaux, elle a reproduit la même formule pour leurs membres. Qu'on prenne la patte d'une écrevisse ou d'une araignée, on y verra une série de pièces articulées l'une à la suite de l'autre, succession de leviers coudés que termine une griffe. Nous écarterons d'abord des insectes les crustacés. Habitants presque exclusifs des eaux, surtout des eaux salées, ils présentent des pattes en nombre très-variable, dix chez les homards, les langoustes, les écrevisses et chez les crabes, si nombreux et de formes si diverses, dont la plupart ne quittent pas les eaux peu profondes des côtes, dont quelques-uns, munis de palettes ou rames puissantes, nagent au milieu des fucus flottants, loin de toute terre, dans l'immensité de la plaine liquide. On trouve, d'autre part, quatorze pattes dans ces paisibles cloportes endormis sous les pots à fleurs de nos jardins,

dans ces armadilles qui vivent sous la mousse humide
des bois et se roulent en boule dès qu'on les touche, ne
présentant plus au dehors que les cuirasses articulées
du dos de leurs anneaux. Bien plus grand encore est
le nombre des pattes dans les mille-pieds, qui en comp-
tent environ de vingt et une à cent cinquante paires. Ils
restent les derniers réunis aux insectes, et ressemblent,
en effet, aux états inférieurs des insectes, lorsque ceux-
ci rampent en larves sur le sol avant d'acquérir ces
ailes, apanage de la locomotion aérienne, objet des
ardents désirs de l'homme, attribut quasi divin. Notre
grand Cuvier n'était pas encore arrivé à rejeter hors des
insectes ces formes inférieures et dégradées.

Le nombre des pattes se restreint et devient fixe dans
le groupe bizarre et menaçant des arachnides. Nous
trouvons huit pattes seulement dans les araignées, qui
tendent de toutes parts leurs toiles perfides, et qui sont,
malgré leur mauvaise mine, nos meilleurs amis en
détruisant tant d'insectes nuisibles; dans ces phrynès
des tropiques, horribles courtisanes aux triples griffes
acérées comme des glaives; dans ces scorpions, chassant aux insectes terrestres comme les araignées chassent aux insectes aériens, et frappant leurs victimes à
coups redoublés de leur queue, munie d'un venimeux
aiguillon.

Nous arrivons enfin aux insectes, et ce qui nous frappe
tout d'abord c'est qu'à l'état parfait ils n'ont jamais plus
de six pattes, attachées par-dessous à la poitrine. Leur
corps paraît se diviser naturellement en trois parties :
la tête, le thorax, l'abdomen (fig. 1). La tête présente
en avant deux appendices, simulant des cornes ; ce sont
les antennes, qui offrent les formes les plus diverses. On
dirait de minces alènes, des soies, des chapelets, des
fuseaux, des massues, des peignes, des plumes aux longues barbules. Elles se dirigent en avant lors du vol.

les pattes, au contraire, se repliant en arrière. Ces organes sont les oreilles des insectes, ce sont des tiges qui vibrent sous l'influence des sons extérieurs comme de minces baguettes de métal qu'on placerait sur la caisse d'un piano. Les insectes s'appellent, en effet, par

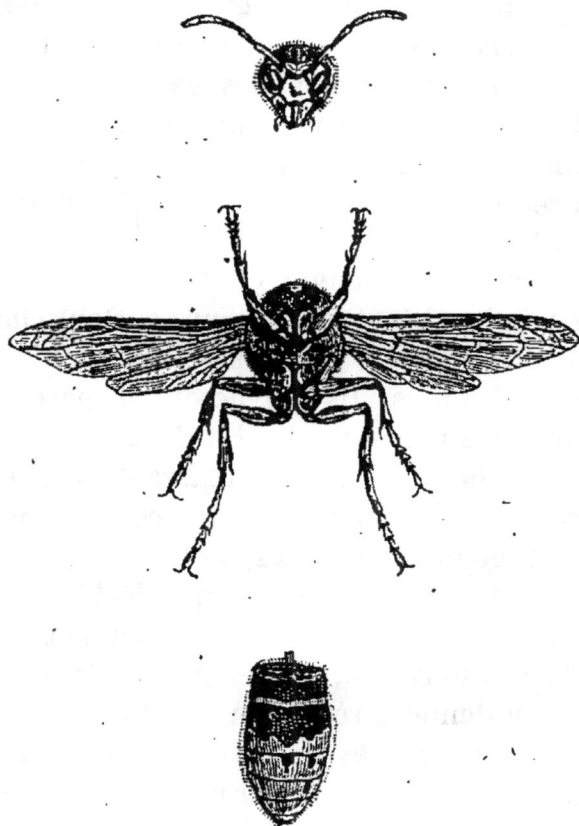

Fig. 1. — Guêpe frelon, en trois segments.

les stridulations les plus variées, et il est bien probable que ceux, en grand nombre, qui nous paraissent muets produisent des sons si légers que notre tympan ne peut les percevoir, tandis que les délicates antennes en éprouvent un imperceptible frémissement. Puis viennent, sur les côtés, deux globes où les appareils grossissants font découvrir des facettes hexagonales par milliers. Ce sont des télescopes que l'insecte braque sur tous les points de l'horizon, et qui servent à lui faire voir les objets à une assez grande distance. Les courbures variables des petites cornées indiquent que l'insecte se sert successivement de ses nombreux télescopes selon les distances des objets. Qu'on prenne une de ces sveltes *demoiselles*, ces chasseresses cruelles volant presque toujours au bord des eaux, ou bien une de ces grosses mouches qui abondent dans nos bois en automne, une simple loupe permettra d'admirer l'élégant réseau des facettes de ses yeux multiples. En outre, le dessus de la tête porte, chez beaucoup d'insectes, trois petits yeux, disposés en triangle. Ce sont trois puissants microscopes très-bombés. On les trouve surtout chez les insectes qui habitent des galeries peu éclairées ou qui construisent des nids. Ils ont besoin d'apercevoir de très-près les plus petits objets. En dessous, la tête présente des pièces buccales variées agissant latéralement l'une contre l'autre, servant à saisir les aliments. Tantôt ce sont des meules puissantes, destinées à broyer des corps durs, ou des cisailles aiguës qui déchirent. Après cette première paire de mandibules, viennent les mâchoires et la lèvre inférieure, autres pièces dont les lobes festonnés ou dentelés réduisent les aliments en miettes, et en même temps les maintiennent en place devant la cavité de la bouche : d'autres fois, et nous formerons ainsi un second groupe d'insectes, les mêmes organes deviennent des tubes destinés à sucer des liquides. Ces tubes s'enroulent en flexible spirale chez les papillons, après que ces insectes les ont retirés du fond des fleurs ; ils restent droits chez les punaises et une partie des mouches, et s'enfoncent comme des stylets sous la peau des animaux, sous l'écorce des plantes. D'autres mouches, comme celles des maisons, ont une trompe molle,

charnue, se projetant sur les objets et les mouillant de
salive, pour permettre l'aspiration de leur surface liqué-
fiée. Des palpes grêles, poilus, entourent les mâchoires
et la lèvre inférieure, destinés à retenir les petits fragments rejetés sur les côtés et qui pourraient tomber,
servant aussi à donner les sensations d'un tact exquis,
nécessaires pour reconnaître la nature, la consistance
de l'aliment.

Le thorax, qui succède à la tête, offre trois anneaux,
chacun ayant en dessous une paire de pattes (ce sont le
prothorax, le *mésothorax*, le *métathorax*). Jamais le premier ne porte d'ailes ; quand ces organes existent, ils
sont placés à la face dorsale. Les ailes sont constituées
par une fine membrane portée par des baguettes ou
nervures. Elles présentent, quand elles servent au vol,
une épaisseur qui décroît d'avant en arrière, loi indispensable et trop méconnue dans tous les essais aéronau-
tiques de notre époque ; sinon elles ne servent que de
fourreaux, et se nomment alors *élytres*. On trouve, entre
les nervures, des cellules constituant un réseau. Des
poils, des écailles, comme une fine poussière, par
exemple chez les papillons, peuvent recouvrir la membrane des ailes ; ou bien elle reste nue et transparente ;
telles sont les ailes des abeilles, des bourdons, des mouches. Les pattes offrent plusieurs parties ou articles qui
se replient l'une contre l'autre, à la façon de l'avant-
bras sur le bras. Les principales sont la cuisse, la jambe,
le tarse à l'extrémité, formé, le plus souvent, de trois à
cinq articles successifs, terminé par des ongles permettant à l'insecte de s'accrocher aux plus faibles aspé-
rités, et par des poils ou des pelotes charnues donnant
à l'animal les sensations de la dureté et de la chaleur
des corps sur lesquels il marche.

L'abdomen qui termine le corps des insectes ne porte
pas de membres chez les adultes, sauf dans l'ordre

dégradé des *Thysanoures*. Ses anneaux peuvent tourner l'un contre l'autre, et en outre se relever plus ou moins. A l'extrémité, on trouve chez les mâles des crochets, tantôt cachés, tantôt apparents au dehors, et chez les femelles l'abdomen est prolongé pour la ponte des œufs, soit sous forme d'un tube ou tarière pointue, parfois per : forante, soit par la simple protraction de ses derniers anneaux, emboîtés l'un dans l'autre et se dégageant comme les tuyaux d'une lunette.

Une enveloppe coriace, cornée, revêt les anneaux des trois parties de ce corps, et ne devient molle et mince qu'aux articulations. A l'intérieur, nous rencontrons les grands appareils de nos fonctions vitales, qui, sous d'autres typés, présentent une complication comparable à notre organisme. Tant pis pour l'orgueil du roi de la création si les pauvres insectes deviennent ses rivaux, comme le lis, dont le simple vêtement éclipsait, dit l'Écriture sainté, Salomon dans toute sa gloire. De la bouche à l'extrémité opposée du corps, règne un tube muni de plusieurs renflements. A l'entrée, une abondante salive imprègne les aliments divisés par les pièces de la bouche. Parfois détournée de son usage habituel, elle devient le fil avec lequel l'insecte enveloppe le berceau mystérieux de sa dernière transformation ; elle nous fournit la plus riche matière textile qui réjouisse notre vanité, cette soie dont les plis voluptueux, flottant autour d'Héliogabale, scandalisèrent le sénat dégénéré ; cette soie, qui se payait, poids pour poids, avec de l'or, et qui fit couler les larmes de l'impératrice Severina, épouse d'Aurélien, mari trop économe, peu imité de nos jours. Moins heureuse que les femmes de nos ouvriers et de nos paysans, elle se vit refuser une robe de soie par le maître du monde. Les aliments arrivent ensuite dans un estomac où ils s'imprègnent de sucs acides, et enfin, vers l'extrémité de ce tube digestif, des canaux viennent verser un liquide urinaire constitué par les éléments du sang purifié.

Le sang des insectes est un fluide incolore ou d'une teinte grisâtre à peine sensible, ce qui avait autrefois fait croire que ces animaux étaient privés de sang (*animalia exsanguia*). Un long canal, formé de chambres successives, règne le long du dos de l'insecte. On le voit très-bien dans les chenilles rases, à peau translucide, par exemple chez le ver à soie. On y remarque, dans ses diverses chambres, des mouvements de contraction et de dilatation qui poussent le sang d'arrière en avant. A l'entrée de la tête, au sortir de ces cœurs et d'une courte artère qui les prolonge en avant, le liquide nourricier s'épanche entre les organes et suit divers courants qui le conduisent dans les pattes, dans les antennes, dans les ailes au moment où elles se forment. Ces courants sanguins sont manifestes pour l'œil armé d'un verre grossissant chez certains insectes des eaux à leurs premiers états ; tels sont les éphémères, où la peau transparente permet de suivre le mouvement vital intérieur.

Chez l'insecte, comme chez tous les animaux, il faut que l'air vienne réparer les pertes du sang épuisé parce qu'il a nourri les organes. Il doit reprendre cet *air vital*, cet oxygène qui lui rend son action vivifiante. Qu'on imagine de chaque côté du corps de l'insecte deux troncs formés par des vaisseaux à mince paroi, d'où partent des rameaux en tous sens, simulant des arbuscules très-délicats ; qu'on suppose ce système relié à l'air extérieur par des paires d'orifices s'ouvrant sur les côtés des anneaux, on aura l'idée de l'appareil de la respiration. Ces orifices, comme des boutonnières, se nomment les *stigmates*, et se voient très-bien, surtout sur les chenilles, où la couleur de leur pourtour tranche sur celle de la peau de l'animal. Un cercle corné, le *péritrème*, maintient le calibre de la fente. La délicate arborisation de

ces *trachées* (tel est le nom des tubes à air) s'observe
parfaitement quand, à l'aide d'une aiguille, on dissèque
sous l'eau les tissus d'un insecte ; on dirait des fils d'argent. L'air les remplit et se trouve ainsi en rapport avec
le sang. Quand l'insecte vole peu ou qu'il est à l'état de
larve rampante, ces tubes sont cylindriques partout ; dans
les insectes qui volent bien, ils se renflent en ampoules.
Celles-ci se remplissent d'air qui gonfle le corps de
l'animal et facilite sa locomotion aérienne en diminuant
sa densité moyenne. En outre, ils mettent en magasin le
corps comburant, source de la force musculaire considérable nécessaire pour le vol. Par une conséquence naturelle, la température du corps de ces forts voiliers
peut s'élever beaucoup au-dessus de celle du milieu
ambiant, de 12° à 15° centigrades parfois dans ces gros
sphinx qui butinent le soir sur nos fleurs en agitant leurs
ailes avec une vibration rapide. C'est surtout dans le
thorax, où s'attachent les ailes, que la chaleur propre
ainsi développée est considérable et peut monter parfois
de 6° à 8° et même plus au-dessus de la température de
l'abdomen du même insecte. Il y a dans le thorax un
véritable foyer, lié directement et comme proportionnel-
lement à l'énergie du vol [1]. Les adultes ne sont pas doués
exclusivement chez les insectes de la faculté calorifique :
on est étonné, dans divers cas, de la chaleur énorme
que peuvent produire certaines larves. J'ai vu, dans des
gâteaux d'abeilles remplis par les larves remuantes de
la *galerie de la cire*, le thermomètre monter de 24° à
27° centigrades au-dessus de l'air extérieur, au point
que la main était très-fortement impressionnée. Quand
on saisit dans le filet les gros sphinx, on sent très-bien

---

[1] Voy. *Ann. des sciences natur. zool.*, 1869, et Maurice Girard,
*Études sur la chaleur libre dégagée par les animaux invertébrés,
et particulièrement les insectes*. (Thèse de doctorat de la Faculté
des sciences de Paris, 1869.)

entre les doigts la chaleur de leur corps frémissant.

Les insectes font entrer l'air dans les trachées avant de s'envoler, au moyen de dilatations et de contractions successives de leur abdomen, qui remplissent l'office d'un piston de pompe foulante. On observe très-bien le hanneton soulevant nombre de fois ses élytres, et faisant ainsi glisser de l'air le long de son corps, puis le forçant à pénétrer dans ses stigmates par l'abaissement de cette sorte de valve de soufflet : les enfants disent alors qu'il *compte ses écus*. Enfin, *suffisamment gonflé, il prend son essor.* De même on voit d'habitude les criquets, aux ailes inférieures en éventail, souvent bleues ou rouges, ne s'élancer dans leur vol qu'à deux ou trois mètres ; mais certaines espèces, quand la nourriture manque, poussées par un mystérieux instinct, doivent au contraire parcourir d'immenses distances, à l'aide du vent, en nuées dévastatrices. Elles se préparent plusieurs jours d'avance à ces funestes voyages, et se remplissent peu à peu d'air. Leurs trachées, qui à l'ordinaire apparaissent dans la dissection comme des rubans aplatis, sont alors des tubes ronds et renflés, avec des ampoules distendues çà et là.

Il faut un moyen de relier les fonctions diverses de ces admirables appareils, d'envoyer à tous les organes de ce petit corps les ordres souverains et de rapporter au frêle individu les sensations extérieures si intéressantes pour la conservation de son existence. L'insecte est muni d'un système nerveux compliqué, formé principalement d'un cerveau dans la tête, envoyant de minces nerfs aux antennes et aux yeux simples, et de gros nerfs optiques aux yeux composés, qui s'irradient en milliers de petits filets pour chaque œil élémentaire. Puis un collier nerveux qui entoure le tube digestif unit ce cerveau à une chaîne nerveuse qui s'étend en dessous tout le long de la face ventrale et se renfle en série de ganglions. En outre des systèmes nerveux accessoires, plus spéciaux, sont chez les insectes, les analogues des nerfs pneumo-gastriques et du grand sympathique de l'homme.

Des organes aussi parfaits indiquent dans l'insecte une créature très-élevée, malgré sa petitesse. C'est lui qui offre la plus puissante locomotion connue. Des mouches, en été, suivent les convois de chemin de fer lancés à toute vitesse et parviennent à entrer dans les wagons. Certains papillons, comme le sphinx du laurier-rose, le sphinx rayé, le sphinx célério, sont originaires de l'Afrique et même du cap de Bonne-Espérance, et se transportent en certaines années dans l'Europe centrale et vont parfois jusqu'en Angleterre. Nous avons déjà fait mention de la vue, de l'ouïe et du toucher des insectes en rapport avec des organes très-développés. C'est surtout l'odorat, dont le siége laisse encore certaine incertitude, qui est le sens éminemment subtil de ces faibles animaux. Les antennes, outre leur fonction acoustique, semblent aussi les organes de l'odorat. Voici une expérience récente et curieuse de M. Balbiani, qui paraît bien concluante. Dans deux boîtes séparées et éloignées étaient, dans l'une des femelles de papillons de vers à soie, dans l'autre des mâles, dont une partie avait les antennes coupées. Dès qu'on plaçait au-dessus d'eux le couvercle de la boîte des femelles, imprégné de leur odeur, les mâles à antennes agitaient leurs ailes et leurs pattes, les mutilés restaient parfaitement calmes. Ici on ne peut invoquer ni vue, ni ouïe, l'odorat seul a agi par les antennes. Les mouches à progéniture carnivore sont attirées de très-loin par l'odeur des viandes, même quand celles-ci sont recouvertes de linges qui en empêchent la vue. Bien plus, trompées par l'odeur de certaines plantes fétides, elles vont confier à leurs corolles nauséabondes des œufs dont les produits sont destinés à périr faute d'aliments. L'instinct maternel est égaré et vaincu par l'attrait sensuel.

Les sexes sont toujours séparés chez les insectes, et ce sont surtout les mâles qui présentent la locomotion la plus active, les antennes plus longues, plus fortes, plus ramifiées, les yeux plus gros. Chez beaucoup d'insectes, le mâle est voyageur, la femelle sédentaire.

On trouve en général, dans les papillons de nuit, la femelle lourde, paresseuse, fixée aux branches ou contre les troncs, et, qui plus est, parfois même privée d'ailes, à organes des sens presque nuls. En revanche, le mâle est attiré par des émanations odorantes à d'incroyables distances. On a vu dans des appartements, au milieu de Paris, les mâles d'un papillon qu'on nomme le bombyx tau ou la hachette (d'après la forme des taches qu'offrent ses ailes) venir chercher les femelles, et l'espèce n'existe au plus près qu'à Bondy et à Saint-Germain.

Rien de plus curieux que de suivre dans nos bois les vagabondes excursions du mâle du minime à bandes (*Bombyx quercus*). Il vole par mouvements saccadés avec de continuels crochets. Si son odorat lui indique une femelle tapie dans la mousse ou sous un buisson, il tournoie tout autour, s'éloigne un peu, revient, frôle les feuilles sèches ou les herbes. Il paraît suivre une piste volatilisée, ou écouter de faibles sons de la femelle, imperceptibles pour nous, ne l'aperçoit que lorsqu'il en est proche, et fond alors vers elle en ligne droite, comme une flèche.

La conservation d'une postérité que les insectes ne connaîtront pas pour la plupart, l'édification des nids où elle devra trouver un abri chaud, une table succulente, mais sans restes, et mesurée d'avance jour par jour, la fabrication des pièges de chasse les plus ingénieux, la construction de fourreaux, de coques protectrices pour passer certaines phases de leur existence où ils sont mal armés et contre les éléments et contre d'innombrables ennemis, les ruses pour échapper aux agresseurs, tous ces besoins complexes exigent de prodigieux instincts. Je dirai plus, une véritable intelligence éclate parfois chez les insectes placés dans des circonstances anomales, imprévues, et l'observateur demeure confondu d'étonnement et d'admiration en reconnaissant chez ces êtres, parfois presque imperceptibles, des idées communiquées et les lueurs divines de ce raisonnement que le Créateur n'a pas accordé à l'homme seul, dût s'en humilier notre orgueil. En rejetant un grand nombre de faits où des émanations olfactives ont pu guider les insectes, on me pardonnera de citer quelques observations presque incroyables pour ceux qui n'y sont pas préparés par une connaissance approfondie de ces petites merveilles. On voit des insectes nidifiants, pour s'épargner la peine de creuser une terre dure ou des bois résistants, se servir des vieux nids d'autres espèces et les modifier de manière à les approprier aux besoins de leurs larves. Un bien curieux exemple fut constaté autrefois au Muséum. On avait placé au dehors, abandonné, un *nécrentome,* vase de laiton où les boîtes d'insectes de collection sont soumises à la vapeur d'eau bouillante, afin de tuer les larves qui les dévorent. On trouva le tube métallique de sortie de cette vapeur contenant des loges superposées d'une xylocope, qui entrait et sortait plusieurs fois par jour. L'insecte, dans son intelligente paresse, avait trouvé ce tuyau propice, et s'était soustrait au travail de creuser une poutre d'un trou cylindrique pour y loger sa postérité. Huber, le fils du célèbre observateur aveugle des abeilles, avait placé sur sa table un nid de bourdons, et, comme il était mal posé et remuait sans cesse, la colonie ne pouvait travailler à l'intérieur. Grand embarras! les bourdons sortent, tournent autour du nid, l'examinent. Quelques-uns s'aperçoivent qu'en s'appuyant à reculons contre ce nid chancelant ils le soutiennent. D'autres, en même temps, bâtissent des piliers de cire,

et, ce travail achevé, les souteneurs, comprenant que
leur dévouement est devenu inutile, se retirent et se
mêlent aux autres. Un insecte carnassier, un sphex, qui
chassait dans une allée de jardin, tue une mouche énorme
par rapport à lui, lui coupe la tête et l'abdomen, et
emporte triomphant le thorax pour nourrir la famille
qui naîtra de ses œufs. Un vent violent règne, il frappe
dans les ailes étendues du thorax de la mouche, et le
pauvre sphex, incapable de surmonter cette nouvelle résistance, tournoie sur lui-même plusieurs fois, il
laisse retomber son fardeau, le reprend; c'est en vain;
toujours le maudit vent s'oppose à ce qu'il l'entraîne
dans son vol. Une idée subite l'illumine; il se laisse
tomber à terre avec sa proie, lui arrache lestement les
deux ailes l'une après l'autre, et, vainqueur d'Éole,
remonte dans l'air ne portant plus entre ses pattes qu'une
grosse boule sur laquelle le fluide glisse sans résister.
On sait que certains insectes, agents prédestinés de l'hygiène générale, enterrent les petits cadavres après y
avoir déposé leurs œufs. Aussi les appelle-t-on nécrophores ou fossoyeurs. Pour le soustraire à leurs atteintes,
un crapaud, qu'on voulait faire sécher au soleil, fut fi-
ché au bout d'un petit bâton. Les nécrophores vinrent
creuser au-dessous, firent tomber crapaud et bâton et
enterrèrent l'un et l'autre. Les abeilles ont une grande
mémoire des localités, elles reconnaissent leur ruche au
milieu d'une foule d'autres; si un champ est cultivé de
fleurs qui leur plaisent, elles retournent l'année d'après
au même endroit, lors même que sa culture est toute
changée et qu'elles n'y font plus qu'un maigre butin. Un
essaim égaré avait été se loger sous les poutres d'un toit
et y avait commencé ses gâteaux dorés. Le maître le prend
et le met dans une ruche. Le lieu précédemment choisi
avait plu singulièrement aux abeilles, car pendant huit
années tous les essaims de cette ruche (et aucun des

autres ruches voisines) envoyèrent quelques éclaireurs le reconnaître. Le souvenir en fut donc non-seulement conservé dans la petite nation, mais transmis à plusieurs générations de descendants. Huber père constatait à Genève, en 1806, que le sphinx à tête de mort abondait. Il est très-gourmand de miel, entre dans les ruches, et casse tous les gâteaux en promenant son énorme corps dont le volume est plus de cent fois celui d'une abeille. Qu'on juge donc du ravage ! Quelle terreur ! Les abeilles demeurèrent quelque temps résignées. Puis le courage revint avec la réflexion ; la force était impossible, la ruse fut employée. Un épais bastion de cire s'éleva à l'entrée de toutes les ruches du pays ; une petite poterne ne laissait passer qu'une abeille à la fois ; les sphinx gloutons, mais dépourvus d'appareils tranchants, volaient en frémissant contre l'obstacle, mais ne purent entrer. L'année suivante les sphinx furent rares, les abeilles refirent de grandes entrées plus commodes. Au bout de deux ou trois ans l'ennemi revient plus nombreux. Cette fois les abeilles sont averties, et immédiatement les orifices des ruches sont rétrécis.

Avant d'entrer en matière, il est indispensable de distinguer les principaux groupes des insectes. Sans cela tout langage serait impossible. Qu'on ne s'effraye pas de quelques mots, de vulgaires exemples les feront retenir tout de suite. Un premier ordre, celui des *coléoptères*, comprend des insectes à quatre ailes, dont les supérieures ne servent pas au vol (fig. 2). Ce sont des étuis

Fig. 2.
Silphe à quatre points, volant.

plus ou moins coriaces, quelquefois colorés, tachetés de vives nuances. Au-dessous sont de longues ailes membraneuses qui se replient en deux pour entrer sous l'*élytre* (ainsi se nomme l'aile supérieure). Tout le monde se rappelle à l'instant le hanneton, la cétoine dorée, etc.

L'ordre suivant nous offre des insectes dont les premières ailes sont longues, étroites, servant encore de fourreau aux secondes, mais moins complet, moins solide (fig. 3). Les ailes de dessous sont très-larges, et au repos

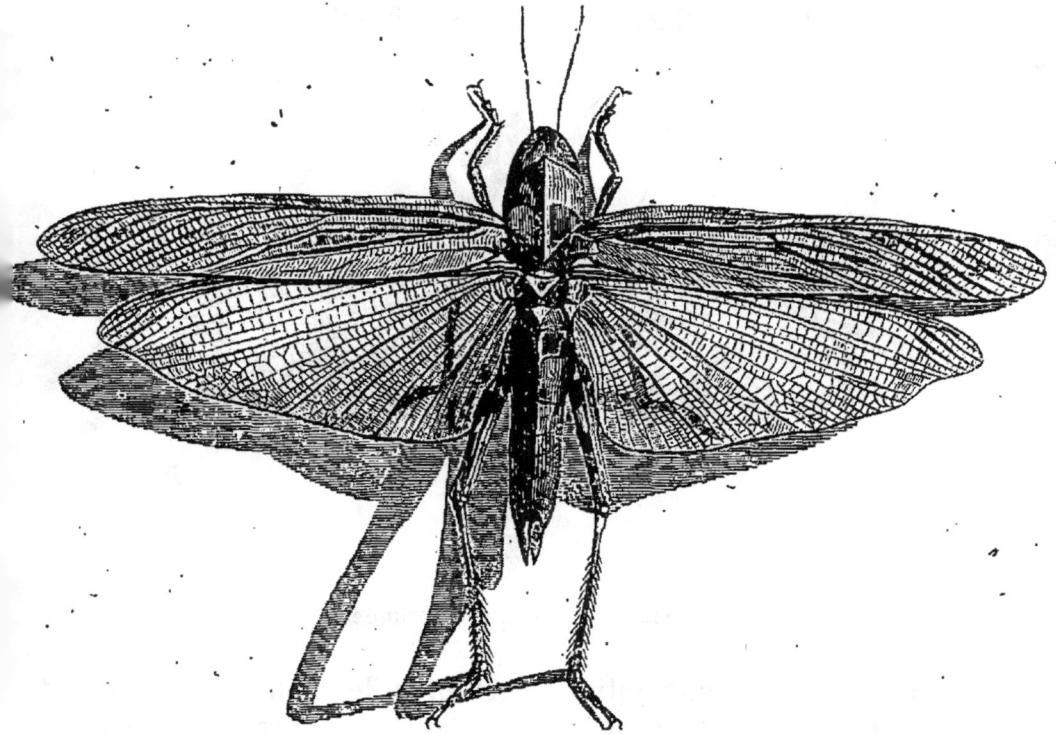

Fig. 3. — Pachytyle migrateur.

se plissent comme un éventail à partir de leur point d'attache. Ce sont les *orthoptères*, ainsi les sauterelles, les grillons, les mantes, les criquets.

Viennent ensuite les *névroptères*, dont les quatre ailes sont membraneuses et en général offrent une fine et délicate réticulation, une sorte de dentelle (fig. 4). Le type le mieux connu de tous nous est donné par les libel-

lules ou *demoiselles*, qui volent non loin des eaux où
elles passent leurs premiers états.

Tous les insectes que nous venons d'énumérer sont
toute leur vie des broyeurs, c'est-à-dire que leur bouche est entourée de meules, de cisailles, de brosses
dures destinées à triturer, à couper les aliments, à les
diviser en minces parcelles, et des appendices poilus
ou palpes retiennent les petits morceaux qui, sans cela,
pourraient échapper à l'entrée de la bouche et tomber.

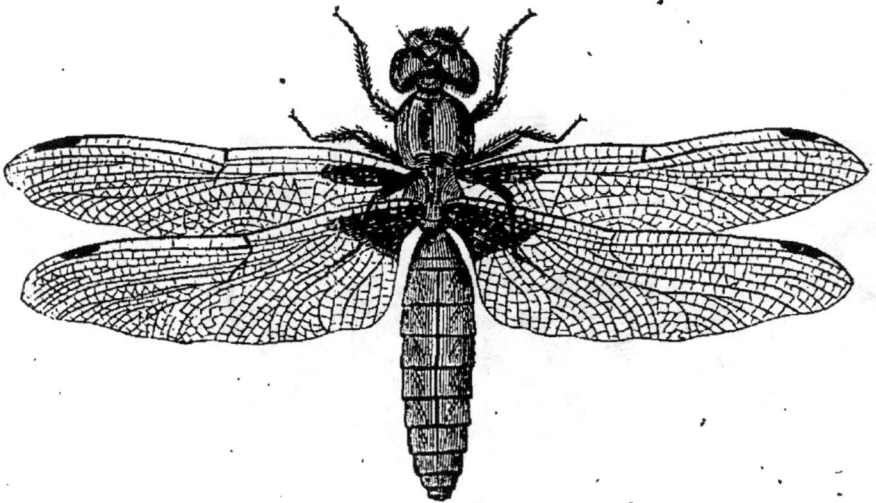

Fig. — Libellule déprimée.

Le mode d'alimentation n'est plus le même dans les
ordres qui suivent. Dans les deux premiers que nous
indiquerons, l'insecte a encore la bouche conformée
pour broyer, dans la première période de son existence,
à la façon des précédents; mais, quand il a pris des
ailes, tout change, et les liquides sucrés des fleurs
deviennent en général la seule nourriture d'êtres qui,
dans leur enfance, beaucoup plus voraces, avaient une
nourriture plus grossière, dévoraient d'autres insectes
ou des pâtées spéciales préparées par leurs mères, ou

des feuilles, des bois, des fruits. Tels sont les *hyménoptères*, à ailes membraneuses comme le groupe précédent, mais dont les nervures divergentes dessinent
de grandes cellules (fig. 5). A l'état adulte, ils lèchent
les matières liquides
avec une longue et assez
large langue cornée qui
se promène à leur sur-
face, et le liquide, as-
piré ensuite, va s'accu-
muler dans une poche
particulière, à l'inté-
rieur du tube digestif.
On reconnaît les abeil-
les, les bourdons, les
guêpes. Il faut y joindre

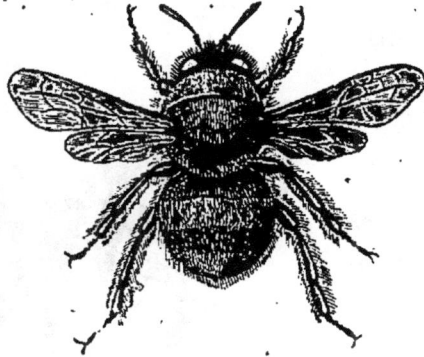

Fig. 5.
Bourdon terrestre, grosse femelle.

un second groupe des plus naturels, les brillants papillons; ils enfoncent dans la corolle des fleurs une
longue et mince trompe qui, au repos, s'enroule
en spirale sous la tête. Leurs ailes ressemblent, dans
leur essence, à celles des précédents, mais leur apparence première est tout autre. Elles paraissent parsemées de grains de poussière de toutes les nuances pos-
sibles et disposées, par la fantaisie du Créateur, en
arabesques les plus variées et les plus éclatantes. Cette
prétendue poussière, qui reste attachée aux doigts
quand on saisit l'insecte sans précaution, est formée,
comme le microscope le montre, de petites écailles de
figures très-diverses, implantées par des pédicules en
rangées régulières dans la membrane des ailes (fig. 6).
De là le nom de *lépidoptères* donné à ces petits êtres
aussi splendides dans leur dernière forme qu'ils semblent vils et mal vêtus dans leur jeunesse. C'est seulement pour le bal de leurs noces qu'ils prennent leurs
riches atours, et, fleurs aériennes, rivalisent de magni-

ficence avec ces fleurs immobiles où ils puisent dédaigneusement quelques parcelles de nectar parfumé. Bientôt les feuilles et les broussailles ont déchiré et sali leurs ailes délicates, le soleil en a terni la vivacité, et le couple meurt après la fécondation et la ponte.

Fig. 6. — Papillon alexanor.

Nous terminerons l'examen des insectes par les groupes où ces animaux se nourrissent en suçant les liquides dans toutes les phases de leur existence. Les *hémiptères* enfoncent dans la peau des animaux ou dans l'écorce des plantes une sorte de stylet dur et droit, couché au repos sous la face inférieure de leur corps, entre leurs pattes. Tantôt leurs ailes sont entièrement membraneuses, ainsi chez les bruyantes cigales; tantôt celles de la paire inférieure ont cet état, tandis que celles de dessus, coriaces à leur base, ne deviennent minces et transparentes qu'à l'extrémité (fig. 7); on peut citer, pour ce second cas, les punaises de bois et celles des eaux.

Le dernier grand ordre des insectes, celui des *diptères*, comprenant les immenses légions des cousins

et des mouches, se reconnaît tout de suite en ce qu'il
paraît n'avoir qu'une seule paire d'ailes membraneuses,
pareilles aux ailes antérieures des hyménoptères. En
les regardant de plus près, on voit au-dessous une
paire de petits organes formés d'une tige grêle ter-
minée par une boule. On les aperçoit très-bien en prenant une de ces grandes tipules qui volent le soir en
abondance dans les jardins potagers.
Ces singuliers appareils se nomment
les *balanciers*, par analogie avec le
balancier des danseurs de corde. Cette
comparaison est inexacte, car les balanciers des diptères ne servent pas à
les maintenir en équilibre, mais concourent au vol d'une manière active
et efficace. Si l'on pique par le milieu
du thorax une des mouches si agiles
des bois, on pourra remarquer sous

Fig. 7.
Réduve masqué.

la loupe, quand le pauvre insecte essaye de fuir en exé-
cutant de rapides vibrations d'ailes, que les balanciers
sont aussi agités de mouvements précipités. Si on les
coupe délicatement avec des ciseaux à broder, le diptère
ne peut presque plus voler et descend en tournoyant.
Chez beaucoup de mouches, où les balanciers sont courts,
une observation attentive nous fait voir qu'ils sont entourés, par-dessus, d'une sorte de collerette blanchâtre,
formée par deux minces membranes appelées *cuillerons*. Qu'on me pardonne ces détails, ils peuvent ap-
prendre combien les insectes les plus dédaignés par
leur peu d'éclat offrent encore de ressources à la curiosité intelligente. Une humble mouche peut distraire
d'un long ennui quiconque saura l'étudier de près et
reconnaître, sous un verre grossissant, sa merveilleuse structure. Les diptères sont des suceurs de liquides. Tantôt, comme les cousins et les taons, l'ef-

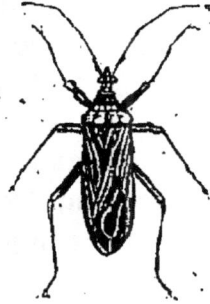

froi du bétail, ils enfoncent dans la peau des stylets
acérés; tantôt, comme la mouche des maisons, ils déplient une trompe molle et spongieuse, et la promènent
sur les surfaces humides des viandes, des fruits, des
fumiers.

A côté des groupes supérieurs viennent, selon la
grande loi de la nature, quelques types dégradés dont
les représentants vivent souvent en parasites sur des
animaux, trouvant ainsi la table toujours servie, alors
que la lenteur de leurs mouvements et leurs faibles
organes de marche les exposeraient à mourir de faim
s'ils devaient chercher en liberté leur pâture. Les ailes
manquent toujours à ces insectes moins heureux, à la
première apparence, que leurs frères aériens, mais
toutefois admirablement appropriés aux conditions de
leur obscure existence. Ainsi sont constitués les *thysanoures,* dont un type nous est offert par ces insectes
plats, aux écailles brillantes, qui courent dans les
armoires humides des garde-manger, dévorant les provisions, et que les enfants nomment *petits poissons
d'argent:* ainsi se présentent les *aphaniptères* ou puces,
vivant sur un grand nombre de mammifères, avec de
très-légères différences d'espèces, et les hideux *ano-
ploures* ou *épizoïques,* création désagréable où les partisans exagérés des causes finales veulent voir une exci-
tation providentielle à la propreté, vertu si importante à
l'hygiène publique.

CHAPITRE II

LES MÉTAMORPHOSES

Idées anciennes sur les métamorphoses. — Véritable acception. — Évolutions successives. — Mues. — Insectes sans métamorphoses. — Insectes à métamorphoses incomplètes. — Insectes à métamorphoses complètes. — Conclusion.

L'insecte éclôt ; il ronge ou brise la coque de l'œuf. Il n'a pas encore les formes qui viennent de nous servir à caractériser les groupes fondamentaux. Ces petits animaux passent en effet par une série de transformations des plus curieuses. Les anciens avaient quelques notions sur ces changements. Ainsi Aristote nous dit, dans son *Histoire des animaux* (liv. V, chap. XVIII) :

« Les papillons proviennent des chenilles. C'est d'abord moins qu'un grain de millet, ensuite un petit ver qui grossit et qui, au bout de trois jours, est une petite chenille. Quand ces chenilles ont acquis leur croissance, elles perdent le mouvement et changent de forme. On les appelle alors chrysalides. Elles sont enveloppées d'un étui ferme. Cependant, lorsqu'on les touche, elles remuent. Les chrysalides sont enfermées dans des cavités faites d'une matière qui ressemble aux fils d'araignées. Elles n'ont pas de bouche ni d'autres parties distinctes. Peu de temps après, l'étui se rompt, et il en sort un animal volant que nous nommons un papillon. Dans son premier état, celui de chenille, il mangeait et rendait des excréments ; devenu une chrysalide, il ne prend et ne rend rien. Il en est de même de tous les animaux qui viennent des vers. »

Chez les Grecs, le mot ψυχή (psyché) signifie à la fois *papillon* et *âme*. Beaucoup de philosophes ont été frappés de retrouver, dans les divers états des insectes, une image parfaite des transformations de notre nature. La vie de l'homme, sa mort et son réveil semblent avoir leur représentation admirable dans la vie, le sommeil léthargique et le réveil du papillon. Comme la larve rampante, l'homme se traîne sur la terre; comme la nymphe immobile, l'homme dort dans sa tombe; comme l'amant des fleurs, insecte aux ailes d'or et d'azur, l'homme renaît à la vie par l'immortalité de l'âme. Combien l'analogie est encore plus complète dans la doctrine de l'Église catholique, de la résurrection des corps!

Cependant, sous ces brillantes comparaisons des sages et des poëtes antiques, se cache une très-grave erreur d'histoire naturelle. Ils croyaient à un changement absolu, complet, dans le sens mythologique, comme Actéon devenu cerf par la pudique colère de Diane, comme Io transformée en génisse, vengeance cruelle de Junon. C'est dans ce sens qu'ils comprenaient les *métamorphoses* des insectes, mot qui doit éveiller aujourd'hui une autre idée. Les observations de Redi, de Vallisnieri, de Swammerdam, de Leuwenhoeck ont fait reconnaître qu'une individualité unique se conserve sous ces formes multiples, et qu'un examen patient peut saisir leurs passages et les deviner. Rien de plus différent à la première vue qu'une chenille et un papillon; il semble qu'aucune partie du premier être terrestre et rampant ne subsiste quand l'adulte s'élance dans l'atmosphère. En regardant mieux cependant, on voit que les pattes sont conformées sur deux modèles différents. Celles qui viennent portées sur les trois premiers anneaux à la suite de la tête, et au nombre de six, sont en forme de pointes coniques, un peu recourbées, de consistance cornée; les autres, au nombre de dix le plus souvent, ont l'aspect de mamelons arrondis et mous.(fig. 8). On y reconnaît, par le grossissement, une couronne de petits crochets qui permettent à l'animal de marcher, sans glisser, sur les surfaces lisses des feuilles, et de plus, à sa volonté, des

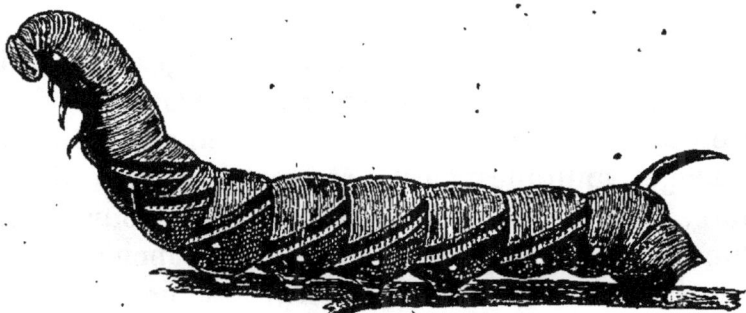

Fig. 8. — Chenille de Sphinx de troëne.

muscles plient en deux, selon un de ses diamètres, ce large pied charnu, et en font une pince qui se cramponne aux pétioles des feuilles et à leurs bords. De ces dernières pattes, nulle trace ne subsiste chez le papillon; mais Réaumur s'assura le premier qu'en coupant à des chenilles une ou plusieurs des pattes écailleuses des trois premières paires, le papillon qui éclôt par la suite se montre mutilé des mêmes membres. Ces pattes tiennent donc la place et sont la première ébauche des six pattes, qui sont le nombre normal et exclusif des appendices de locomotion terrestre des insectes adultes.

Comme si l'homme ne pouvait jamais arriver à la vérité du premier coup, et sans y mêler les gratuites chimères de son imagination et les erreurs de ses préjugés, Swammerdam prétendait retrouver, sous la peau

de la chenille, les différentes enveloppes qui la con-
duiront au papillon. Ces idées d'emboîtement ont eu
beaucoup de peine à disparaître de la science. On n'a-
vait pas étudié autrefois ce qui se passe dans l'œuf, et
on était habitué à voir naître les jeunes mammifères,
les petits des oiseaux, pareils à leurs parents, sauf la
taille. On voulait à toute force que tout fût fait dès
l'origine de l'être. Il semblait que la chenille, semblable
à ces grotesques de nos cirques forains, chez qui un
élégant acrobate se cache sous les vêtements divers et
ridicules d'un grand nombre de personnages successifs,
était constituée par des fourreaux superposés, et que
l'être parfait se trouvait comme enseveli au milieu de
ces langes multiples, destiné à sortir un jour du sépulcre. Rien de plus faux; ce n'est que tour à tour
qu'une nouvelle peau s'organise sous l'ancienne, qui
crève comme un gant trop étroit. Il y a une série d'é-
volutions graduelles. C'est là l'idée récente et exacte
des métamorphoses. Cette cause mystérieuse, qui est
le mouvement vital, assemble, à temps voulu, les matériaux plastiques sur des modèles nouveaux, que rien
parfois ne fait prévoir. Prenons garde. Une grosse erreur
était encore entrée par cette nouvelle porte. Qui ne
connaît cette séduisante théorie des perfectionnements
sériés de la création, cette échelle des êtres de Leib-
nitz, de Bonnet, allant de la monade à l'homme, en
rencontrant sur son chemin le ver, la limace, l'insecte, le poisson, le reptile, l'oiseau. Elle conduisit à
admettre les formes passagères d'un même être en
voie de développement comme pareilles aux états défi-
nitifs des créations moins élevées. Il n'en est rien en
réalité; chaque insecte, dès que ses premiers linéa-
ments sont formés dans l'œuf, a son cachet propre, sa
place distincte. Il ne s'identifie pas à d'autres animaux,
ni éloignés, ni voisins.

Si nous ouvrons les œufs de la poule dans les vingt et un jours que dure l'incubation maternelle, nous trouverons chaque fois un être varié, depuis le premier jour, où la tache blanche qui recouvre le jaune s'élargit, s'accuse en son milieu en une ligne, et se raye de délicats filets sanguins, jusqu'au dernier jour, où le jeune oiseau nous apparaît tout emplumé et portant sur le bec cette pointe cornée qui lui permet de briser la coque. Chez les insectes, les petits embryons paraissent hors de l'œuf, de bonne heure, parfois très-éloignés de la ressemblance originelle qu'ils auront plus tard. Ils sont analogues à tous ces poulets des vingt et un jours qui sortiraient de leur captivité avant la dernière forme, la forme parfaite. Seulement, les insectes éclosent plus ou moins avancés, et doivent accomplir hors de l'œuf les phases par lesquelles l'oiseau passe sous la coque. Il en est qui sont semblables à des poulets qui naîtraient près de la fin de l'incubation et n'auraient plus qu'à compléter quelques organes. D'autres, au contraire, éclosent très-différents de l'état final, comme des poulets qui briseraient l'œuf aux premiers jours, et dont les formes de passage ne rappelleraient que bien peu encore le type d'origine. Aussi, tous les degrés existent dans les métamorphoses des insectes, comme nous allons l'expliquer.

On a réservé, à proprement parler, le nom de *métamorphoses* à des changements considérables qui ont lieu à certains intervalles, et après lesquels l'insecte offre un aspect nouveau. En outre, par périodes, l'animal se dépouille de sa peau et apparaît avec un nouveau tégument rajeuni et une taille augmentée, sans modification, du reste, dans l'aspect général. Ce sont les *mues*. En effet, la peau de l'insecte en évolution cesse de croître une fois formée, elle devient un habit trop juste pour le corps qui grossit en dessous, elle paraît tendue sous un effort

interne. La mue est un travail pénible, une véritable
crise dans laquelle l'animal semble souffrir. Il ne mange
plus et reste immobile ; il succombe souvent, surtout
quand la mue doit devenir une métamorphose. La peau
se fend le long du dos à la région du thorax, et l'insecte
dégage le dos, puis la tête, les pattes, l'abdomen. Les
jeunes chenilles laissent toujours échapper des fils de
soie dont elles tapissent les feuilles, les tiges. Ils leur
servent de support pour se cramponner et s'arc-bouter
dans cette opération pénible où elles doivent sortir du
vieil étui. En général, les mues se répètent quatre fois,
parfois trois seulement, pendant le premier état de l'insecte. Elles peuvent amener des changements partiels
et légers dans l'aspect de l'insecte. A des chenilles
velues, on voit succéder des chenilles rases, comme
le ver à soie en offre l'exemple. On voit la couleur
des peaux successives se modifier. Chacun connaît le
petit ver à soie noir en sortant de l'œuf, et qui finira
par devenir d'un blanc plus ou moins pur. Des tubercules, des poils, des épines sont aussi le résultat des
mues.

On donne le nom d'*âges*, d'après ce qui se passe chez
le ver à soie, aux diverses périodes de la vie de l'insecte,
séparées soit par une mue, soit par une métamorphose.
Les changements sont déterminés, à des époques un peu
variables, par diverses circonstances extérieures. Tantôt
une surabondance de nourriture fait croître la nouvelle
peau sous l'ancienne ; parfois, au contraire, quand le régime doit changer, la difficulté de se procurer les vivres
semble exciter à la transformation. Enfin, le froid qui
engourdit les insectes, les arrête et les maintient dans
les phases transitoires, tandis que la vivifiante ardeur
du soleil, ce véritable roi de la nature animée, hâte
les passages et précipite ces étapes de reptation et d'hu-
milité qui doivent amener le chétif protée à la splendeur

de son dernier vêtement, qu'illuminera la vive lumière de son domaine aérien.

Il y a quelques insectes, constamment les mêmes (*immutabilia insecta*), dans lesquels la taille, les mues et le développement des organes reproducteurs sont le seul changement. Ils naissent tels qu'ils seront toujours, ainsi que les petits des mammifères et des oiseaux, mais, par un inexplicable renversement, ce sont précisément ces insectes dégradés et sans ailes dont nous avons parlé qui prennent de la sorte un caractère des êtres supérieurs, tout en demeurant les derniers de leur groupe. Nous ne nous en occuperons pas.

Les autres insectes doivent nous offrir deux plans généraux de métamorphoses.

Les premiers, nommés *insectes à métamorphoses incomplètes*, naissent dans un état avancé de développement. Ils n'ont que les six pattes du thorax, mangent au sortir de l'œuf la nourriture qu'ils auront sans cesse par la suite, vivent dans les mêmes lieux, réglés par les mêmes mœurs. Les trois états diffèrent peu. L'insecte est d'abord *larve*, ce qui veut dire être caché ou masqué, et alors il n'a pas d'ailes ; puis il devient *nymphe*, et, dans cet état, des rudiments d'ailes se montrent, mais ces ailes sont courtes, repliées, impropres au vol (fig. 9). Tout le monde connait les sauterelles qui abondent dans nos prairies, les punaises de bois qui vivent sur différents végétaux et que trahit leur odeur infecte ; on peut très-bien y suivre ces deux états, sans qu'on cesse d'avoir sous

Fig. 9.
Nymphe de Némoure bigarrée.

les yeux des êtres très-analogues. Enfin les ailes se développent, alors que l'insecte a quitté sa dernière

peau, et on obtient l'état adulte ou parfait, ce que Linnæus appelle l'*image*, pour indiquer que l'animal est
arrivé à sa représentation complète, à la forme sous laquelle il est apte à perpétuer son espèce. A ce premier
groupe d'insectes appartiennent les orthoptères, les hémiptères et une partie des névroptères. On a quelquefois
beaucoup de peine à saisir l'instant où commence la
nymphe, les premières apparences d'ailes pouvant se
montrer sans changement de peau et s'accroître lentement avec continuité.

Aussi MM. R. Owen et Murray ont émis l'opinion que,
chez ces insectes, surtout les orthoptères, les véritables
états de larve et de nymphe se passent sous les enveloppes de l'œuf. Les mues ne seraient plus, comme chez les
crustacés, qu'une simple affaire d'accroissement; de
même que le développement des organes du vol. Ces
mues sont parfois très-nombreuses ; ainsi on a vu des
orthoptères en subir douze ; on s'assure difficilement de
leur quantité, car souvent les insectes mangent leur
peau aussitôt qu'ils l'ont quittée. Il n'y a pas plus de
vraie métamorphose qu'au changement de peau des
chenilles, qui prennent ou perdent des poils, des pi-
quants, de brunes deviennent vertes, etc.

Un autre groupe, le plus merveilleux, le plus étrange,
c'est celui des insectes à *métamorphoses complètes*. Les
trois phases de l'existence hors de l'œuf offrent toujours
un état moyen où l'insecte, devenu immobile, cesse de
manger. Il perd alors peu à peu de son poids par évaporation, respire à peine, et la surface de son corps inerte
peut s'abaisser souvent un peu au-dessous de la température du milieu extérieur. Dans cette nymphe, véritable second œuf, se forment les organes de l'adulte aux
dépens d'une pulpe d'abord molle et laiteuse et sans
parties internes bien distinctes. Il arrive alors très-souvent que le genre d'alimentation de la larve et de l'adulte,

séparés par cet état de vie latente, a changé. A des
larves qui vivaient de bois, de feuilles, ou de sang et de
chairs fraîches ou mortes, succèdent, après un temps
d'arrêt et de jeûne, des insectes qui suceront le miel des
fleurs ou feront une pâtée avec leur pollen. Habituellement, les insectes mangent peu au dernier état, et même
certains, privés de bouche apte aux aliments, demeurent
sans nourriture, appelés uniquement au but de propager
l'espèce.

Chez les Coléoptères et les Hyménoptères, la larve
change complétement de forme dans sa dernière mue,
prend l'aspect de l'insecte parfait, avec ses six pattes et
ses ailes, mais le tout immobile, contracté, ramassé sur
soi-même (fig. 10). Une peau fine enveloppe toutes les
parties, sorte de sac moulé sur les organes et les tenant

Fig. 10. — Nymphe
de Guêpe commune.

Fig. 11. — Nymphe d'Orycte
nasicorne mâle.

forcément immobiles, sans empêcher de les parfaitement
reconnaître (fig. 11). Souvent un cocon soyeux ou une
coque de matière agglutinée enveloppe ces nymphes. Si,
au contraire, on passe aux Lépidoptères, la larve prend

le nom spécial de *chenille*. Elle devient, à sa dernière
mue, une masse indivise, conique, avec les anneaux de
l'abdomen bien distincts et mobiles, au moins au commencement. Antérieurement, se dessinent très-confusé-
ment, sous une peau dure et fixe, en grand raccourci,
les pièces de la bouche, les antennes, les ailes. On dirait
une momie emmaillottée où certains compartiments de
l'enveloppe externe indiquent grossièrement les formes.
C'est ce qu'on appelle la *fève*, à cause de la couleur habituellement brunâtre et de l'aspect desséché (fig. 12),

Fig. 12. — Chrysalide du Sphinx du liseron.

l'*aurélie* ou la *chrysalide*, parce que parfois de brillantes taches d'or ou d'argent tranchent sur la couleur habituellement terne de cette forme où sommeille l'insecte
adulte. Ces apparences disparaissent si on place l'animal
dans le vide ; elles sont dues à de l'air intercalé sous
une mince peau jaune ou blanchâtre. Ce mot nous vient
des Latins. Ainsi, nous dit Pline le naturaliste :

« La chenille, qui s'est accrue de jour en jour, devient immobile
sous une dure écorce, se remue seulement au contact, entourée
d'un fin tissu, et s'appelle alors chrysalide. » (Liv. II, ch. xxxvii.)

Et ailleurs :

« C'est la race des chenilles qui, rompant l'écorce où elles sont
contenues, deviennent les papillons. » (Liv. II, ch. xxiii.)

Tantôt les chrysalides demeurent diversement suspendues à l'air libre, tantôt dans une coque de terre ag-

glutinée, ou bien enveloppées d'un cocon soyeux filé par
la chenille (fig. 13).

Un des plus jolis spectacles qu'offrent les insectes est
l'éclosion d'une chry-
salide. Elle a lieu ha-
bituellement au milieu
du jour, comme si les
premiers rayons de
l'astre bienfaisant don-
naient à l'insecte la
force d'ouvrir la porte
du tombeau. La peau
de la chrysalide se
rompt ou se fend dans
la région de la tête
et sur le dos. Il en

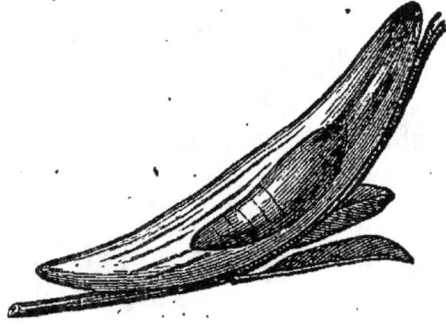

Fig. — 13. Chrysalide et cocon de
Mégasome recourbé.

sort, en se cramponnant avec effort, un petit être tout
gonflé, informe, tout mouillé; il demeure d'abord quelques instants immobile, fatigué de ses laborieux efforts.
Puis les antennes repliées s'allongent et s'agitent, sem-
blant interroger cette atmosphère,
route nouvelle, inconnue, interdite
jusqu'alors. Les pattes sortent de
dessous le ventre, et l'insecte marche
en tournant autour de la peau de la
chrysalide, comme s'il l'abandonnait
avec quelque regret. Sur ses flancs
pendent deux moignons épais, inertes, mais où apparaissent déjà en
petit les dessins futurs, qui ne feront
que s'amplifier en conservant leurs
rapports (fig. 14). L'insecte introduit
l'air dans ses trachées par de fortes
inspirations; ce fluide pénètre dans

Fig. 14. — Vanesse
morio éclosant.

les nervures des ailes en desséchant les liquides et les

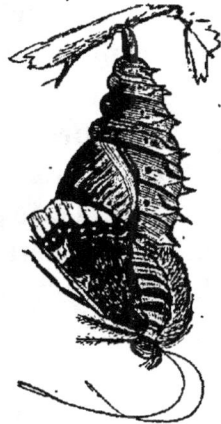

raffermit. Bientôt de rapides mouvements vibratoires les agitent; l'insecte tourne tour à tour chaque aile du côté de l'air libre, afin de la sécher. Le frémissement est si précipité que l'œil aperçoit une masse élargie et indistincte, comme lorsque vibre une corde élastique. En même temps l'aile grandit dans une proportion extraordinaire, incroyable. Une nouvelle immobilité indique un repos bien mérité par tant d'efforts. Bientôt un effluve de chaleur, un rayon de soleil frappe l'insecte engourdi ; un instinct tout nouveau s'éveille en lui, celui de la reproduction ; il s'élance sans crainte ; les fines membranes battent l'air en mesure, le fluide élastique réagit, l'insecte s'avance dans le milieu subtil, et, dédaignant cette terre qui a nourri son enfance, plus roi que le roi de la création, qui le regarde avec envie, il monte, il monte, amoureux de liberté, enivré de soleil. Quelques gouttes de miel, source de chaleur et de force musculaire par la combustion respiratoire, vont devenir sa seule nourriture.

Les Diptères présentent certaines différences dans leurs métamorphoses. Quelques Diptères ont des larves à tête écailleuse devenant des nymphes. La plus grande partie, comme l'immense groupe des Mouches, nous offre des larves sans pattes, mais agiles de diverses manières, se raccourcissent, se contractent, avant leur dernière mue, en une coque ovoïde, formée par la peau même de la larve. Cette peau, d'abord molle et blanche, se durcit et brunit. Cette coque ne laisse voir au dehors aucune trace, aucun linéament de l'insecte parfait qui se formera à l'intérieur. C'est une sorte de barillet, pareil à une graine de belle-de-nuit, tout à fait immobile (fig. 15). Quand l'insecte a pris assez de force, sa tête rompt le couvercle de cette prison, qui se détache comme une calotte, et le diptère sort, d'abord pâle et humide, se colorant bientôt à l'air, raffermissant et développant ses

ailes. Cette sorte particulière de nymphe s'observe très-
bien dans ces vers de diverses mouches à viande, nommés *asticots*, et qui servent d'amorce pour les pêcheurs
à la ligne. On l'appelle *pupe*. On
reconnaît ici le mot qui exprimait
chez les Romains ces petites figures
humaines en bois, en carton, en cire
(nos poupées, chères délices du premier âge), que les petites filles re-
couvraient de langes qui cachaient
leurs formes, comme la coque du
diptère. Elles les déposaient et les
consacraient à Vénus quand elles avaient atteint l'âge
de puberté.

Fig. 15.
Larve et nymphe de
Sarcophage carnassière.

« Dites-moi, pontifes, que fait l'or dans vos temples? Le même
effet que ces poupées offertes par les jeunes filles à Vénus. »
(Perse, *Sat.* ii.)

Nous terminons ici cet indispensable préambule.
Nous en avons assez dit pour faire pressentir qu'au lieu
de la dédaigneuse épigraphe du début, notre admiration
va s'écrier avec Pline :

« Dans ces êtres si petits, et qui paraissent si nuls, quelle force,
quelle raison, quelle *inextricable* perfection! »

Nous nous joindrons à Linnæus dans cet adage célèbre :

« La nature fait voir les plus grandes merveilles dans les plus
petits objets. »

Un enseignement plus élevé, une vérité supérieure
doit ressortir encore de l'étude des insectes. C'est dans
ses plus petites créations que Dieu est le plus grand :
maximus in minimis Deus ! Nous dirons avec un maître
éminent : « On doit s'étonner qu'en présence de faits
tellement significatifs et tellement nombreux, il puisse

encore se trouver des hommes qui viennent nous dire que toutes les merveilles de la nature sont de purs effets du hasard, ou bien des conséquences forcées des propriétés générales de la matière, de cette matière qui forme la substance du bois ou la substance d'une pierre ; que les instincts de l'abeille, de même que les conceptions les plus élevées du génie de l'homme, sont de simples résultats du jeu de ces forces physiques qui déterminent la congélation de l'eau, la combustion du charbon, ou la chute des corps. Ces vaines hypothèses, ou plutôt ces aberrations de l'esprit, que l'on déguise parfois sous le nom de *science positive*, sont repoussées par la vraie science ; les naturalistes ne sauraient y croire, et aujourd'hui, comme du temps de Réaumur, de Linné, de Cuvier et de tant d'autres hommes de génie, ils ne peuvent se rendre compte des phénomènes dont ils sont témoins qu'en attribuant les œuvres de la création à l'action d'un Créateur. » (M. Milne-Edwards, Conférence à la Sorbonne, décembre 1864.)

I

INSECTES A MÉTAMORPHOSES COMPLÈTES

CHAPITRE III

COLÉOPTÈRES

Carnassiers de proie vivantes, cincindèles et carabes. — Les calosomes, chasseurs de chenilles. — Le mormolyce-feuille, les scarites. — Les canonniers. — Carnassiers aquatiques : dytiques, girins, hydrophiles et leur coque; mœurs, cruelles des larves. — Les fossoyeurs, les silphes, amis des cadavres. — Les coléoptères des cavernes. — Les staphylins. — Les dermestes destructeurs. — Les vers luisants et les driles, chasse aux colimaçons. — Les taupins, leurs sauts; phosphorescence. — Les vers blancs et les hannetons; ravages. — Les cétoines et les goliaths. — Le scarabée rhinocéros. — Les pilulaires, le scarabée sacré. — Les fables antiques. — Les cerfs-volants. — Les ténébrions des boulangeries. — Curieuses métamorphoses des coléoptères vésicants. — Les charançons ou porte-becs. — Les bruches des légumes secs. — Les scolytes. — Les richards ou buprestes. — Les capricornes. — Les chrysomèles. — Les clythres et leurs singuliers fourreaux. — Les crioceres et les cassides; mœurs étranges des larves. — Les donacies et les hæmonies des eaux. — Les coccinelles ennemies des pucerons.

Les coléoptères sont les insectes les mieux connus et les plus étudiés à l'état parfait, principalement par la facilité que les amateurs éprouvent à les conserver en collections ; on peut assurer qu'on n'en a décrit et nommé pas moins de soixante-dix mille espèces. Ils présentent les modes d'habitation et de nourriture les plus variés. Les uns, pareils aux carnassiers, qui sont l'effroi des animaux supérieurs et même de l'homme, dévorent les insectes vivants. Ils chassent soit sur le sol, soit sur les plantes basses, soit dans les arbres. D'autres, aquatiques, poursuivent leur proie au sein des eaux. Il en est qui habitent des lieux arides et brûlés par le soleil où toute proie semble manquer. Beaucoup de coléoptères vivent de cadavres, de matières animales en voie de décomposition. Ce sont, dans l'ordre harmonique de la nature, d'utiles auxiliaires de la salubrité atmosphérique. Enfin d'immenses légions d'insectes de ce groupe se nourrissent de matières végétales, attaquant les racines, les écorces, les bois, les feuilles, les fruits et les graines, tantôt sur les plantes vivantes, tantôt sur les produits du règne végétal, servant à l'alimentation de l'homme et à ses constructions.

Autant les coléoptères sont bien décrits sous la forme adulte, autant leurs larves et leurs nymphes sont encore ignorées pour la plupart. Elles ne peuvent que très-difficilement s'élever en captivité, et c'est le motif qui détourne les amateurs de leur recherche.

Nous nous contenterons, ici comme pour les autres ordres des insectes, d'indiquer ce qui concerne les types les plus intéressants et qu'on rencontre le plus souvent. Le meilleur commentaire de notre livre, c'est la nature continuellement observée; elle est la vérification aisée de nos indications.

Donnons, comme d'habitude, le pas aux guerriers. Voici les carabiques. Leur tête est armée de puissantes mandibules propres à déchirer leurs faibles victimes; elles jouent le rôle des dents du lion et du tigre. Des yeux composés très-larges permettent à ces cruels chasseurs d'embrasser un vaste horizon. Des pattes cylindriques, robustes, allongées sont les instruments d'une course prolongée et de grande vitesse.

Nous trouvons d'abord des carnassiers à taille élan-

cée, à grosse tête saillante, à pattes très-longues. Ce
sont les cicindèles, d'une démarche vive et rapide. Elles
se jettent sur les insectes qui passent à leur portée ;
leur vue excellente, leur agilité nous empêchent de les
saisir facilement. Elles se plaisent, par la chaleur du
jour, dans les lieux sablonneux et secs ; au soleil, elles
volent devant l'observateur en changeant constamment
de direction ; mais ce vol dure peu. Par les temps froids
et humides, elles ne volent pas, mais courent entre les
gazons. On rencontre en abondance près de Paris, dans
les sentiers, dans les jardins même, la *cicindèle champêtre*, d'un beau vert, avec cinq points blancs, sur les
élytres, parfois d'un nombre moin-
dre, parfois nuls. Une très-rare variété de cette espèce est d'un magnifique bleu de saphir. L'abdomen offre
d'éclatantes nuances de rouge cuivreux (fig. 16). La *cicindèle hybride*
vit dans les bois sableux ; son vert
est terne et assombri, relevé par des
bandes et un croissant blanc. La
cicindèle sylvatique, plus grande,
qu'on trouve à Fontainebleau, est
brune, toujours avec bande et points
blancs. La *cicindèle germanique* est
une jolie petite espèce effilée, à corselet cuivreux, à
élytres vertes. Elle vole peu et court comme un carabe dans les hautes herbes. M. le docteur Laboulbène l'a rencontrée très-commune au Bourg-d'Oisans,
près de Grenoble. On la trouve accidentellement près de
Paris ; je l'ai prise dans la Brie. Sur les montagnes les
touristes trouveront, dans la région des rhododendrons,
la charmante *cicindèle chloris*, plus svelte que la *champêtre*, d'un riche vert avec des taches blanches larges et
sinueuses. Elle s'envole sur les plaques de neige si on la

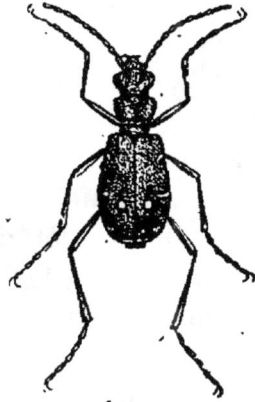

Fig. 16.
Cicindèle champêtre

pourchasse trop vivement. Sur nos côtes on voit courir et voler sur le sable la *cicindèle littorale*, très-voisine de l'*hybride*. Je l'ai prise sur le port de Saint-Malo et sur les beaux sables micacés de la plage aristocratique de Dinard. Elle habite aussi la baie de Cancale, les dunes près de Granville, etc. et disparaît après le mois d'août.

Ces beaux insectes cherchent à mordre quand on les saisit, mais sans pouvoir entamer la peau. Ils répandent une forte odeur de rose ou de jacinthe, bientôt mêlée d'une odeur âcre due à une salive brune qu'ils dégorgent ; « ce sont les tigres des insectes, » dit Linnæus ; bienfaisants carnassiers qui dévorent une foule d'insectes nuisibles, ils concourent à la protection de nos forêts.

A l'état adulte, ces puissants chasseurs dédaignent la ruse et s'élancent avec férocité sur leur proie. Il n'en est pas de même dans leur premier âge. Leur appétit est aussi cruel, mais leurs pattes sont courtes et faibles; ils se déplacent difficilement et presque tout leur corps est mou. La ruse va suppléer à la force. On rencontre en abondance, de juillet à octobre, les larves de la cicindèle champêtre dans des trous verticaux ou obliques, comme des cheminées cylindriques, ayant de 5 à 12 centimètres de long, placés dans les endroits secs. Les trous creusés par la larve de la cincidèle hybride ont jusqu'à 50 centimètres de profondeur. La larve de la cicindèle champêtre, qui atteint de 20 à 22 millimètres, est allongée, composée de douze anneaux (fig. 17). La tête est cornée, bien plus large que le corps, en forme de trapèze : le premier anneau également corné, d'un vert métallique, est élargi comme un bouclier ; les autres anneaux sont mous et d'un blanc sale; le huitième, bien plus large, supporte une paire de tubercules charnus, rétractiles, surmontés de crochets et dont voici l'usage : la larve, pliée en Z, monte dans son

tube et s'y cramponne, appuyée par le dos du thorax,
et soutenue par les crochets du huitième anneau. Sa
large tête, repliée à fleur de terre, forme un pont qui
masque le trou. Malheur à l'insecte imprudent qui passe
sur cette bascule perfide ! Elle cède sous lui, il est précipité au fond du puits meurtrier, où la cicindèle se

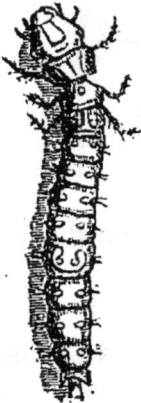

Fig. 17. — Larve
de cicindèle champêtre.

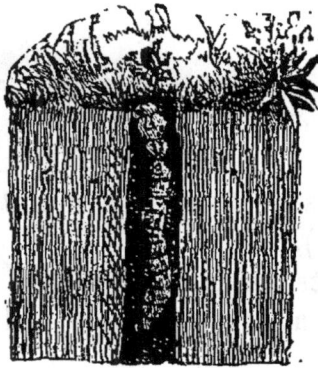

Fig. 18. — Trou d'affût
de cette larve.

gorge de son sang (fig. 18). Pour obtenir cette curieuse
larve, C. Duméril recommande de descendre avec précaution un fétu de paille dans le trou et de l'y laisser
quelque temps immobile. Bientôt elle saisit la paille qui
l'irrite, et on peut la remonter, cramponnée par ses
puissantes mandibules. Au moment de se métamorphoser, la larve agrandit le fond du trou et bouche l'orifice
avec de la terre détachée du sol ; c'est ce qui fait qu'on
a été fort longtemps sans connaître la nymphe, découverte et publiée par Blisson, en 1848. Il est bon de fixer
à demeure un petit piquet dans le trou de la cicindèle,
il servira plus tard à retrouver la nymphe. Elle est lui-
sante, un peu arquée, d'un jaune paille, avec des pattes
blanchâtres, le tout recouvert d'une mince peau qui
laisse voir les formes, comme chez tous les coléoptères.

Les premiers segments de l'abdomen ont de petites épines, le cinquième deux longues pointes divergentes, ser-

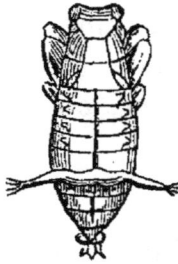

Fig. 19. — Nymphe de la
Cicindèle champêtre
(dessus).

Fig. 20. — La même
en dessous.

vant sans doute à la maintenir au fond du trou (fig. 19 et 20).

Près des cicindèles se placent des coléoptères, également ailés et très-agiles, de forme plus robuste, remarquables par la grosseur de la tête et le développement des yeux, qui sont très-proéminents. Ce sont des chasseurs semi-nocturnes, ayant besoin de bien apercevoir leurs victimes, dans une lueur indécise qui tend à les dérober aux atteintes. On les nomme les *mégacéphales*, et ils existent dans les deux continents. Une espèce doit nous intéresser à juste titre, c'est la *mégacéphale de l'Euphrate* (genre *Tetracha* des auteurs modernes), découverte par Olivier sur les rives de ce fleuve célèbre. Elle est un peu plus grande que notre cicindèle champêtre ; ses appendices sont fauves, le sommet de la tête, le corselet, la majeure partie des élytres et le dessous du corps d'un beau vert

Fig. 21. — Mégacéphale
de l'Euphrate.

brillant. L'extrémité des élytres est noirâtre, puis d'un fauve pâle (fig. 21).

Cette mégacéphale existe près d'Oran, sur le bord de salines naturelles, vivant dans des trous circulaires qu'elle creuse dans la terre grasse et humide des berges. C'est seulement au crépuscule du soir et du matin, nous apprend M. Cotty, qu'on voit ces insectes courir avec rapidité autour de leurs trous, sans faire usage de leurs ailes. Il ne faut donc pas chercher ce brillant insecte ni en pleine nuit, ni au milieu du jour. Dans la Transcaucasie, pareillement dans des terrains salés, Ménétriés a capturé la mégacéphale et l'a vue se nourrir avec voracité de lombrics et de chenilles.

Sa larve est remarquable par sa grosse tête et la largeur extrême du premier segment du thorax. La tête est d'un vert de bronze obscur et munie de chaque côté de quatre ocellés, deux supérieurs très-gros surtout le postérieur, et deux latéraux très-petits. Le prothorax semi-circulaire et les

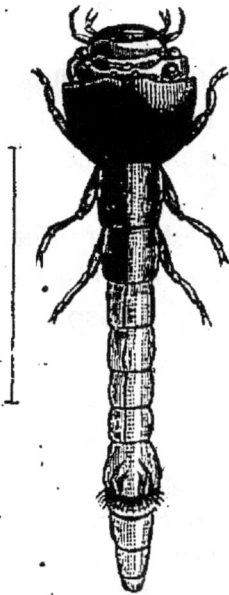

Fig. 22.
Larve de la mégacéphale
de l'Euphrate.

Fig. 23.
La tête de profil montrant les petits ocelles
latéraux. — Une mandibule en faucille.

deux autres segments thoraciques bien plus étroits sont d'un brun foncé brillant ; l'abdomen, peu con-

sistant, est d'un jaune blanchâtre (fig. 22). La force
des mandibules en faucilles, les longues pattes et
les huit yeux embrassant tout l'horison (fig. 23) déno-
tent un chasseur implacable. Cette larve se tient en
embuscade, pliée dans son trou, comme les larves de
cicindèle, et, pour s'appuyer, son huitième anneau est
muni de quatre crochets cornés. Enfin, cet insecte est
devenu européen, on l'a rencontré dans des salines
naturelles près de Murcie, en Espagne, et on peut pré-
sumer qu'il existe en France dans quelques localités
analogues, par exemple dans les environs de Maremmes
ou près des marais salants des côtes méditerranéennes.
L'espérance de déterminer quelques personnes à faire
cette intéressante recherche nous a engagé à mentionner
la mégacéphale de l'Euphrate, et à montrer combien
s'étend sa zone d'habitation.

Un type des plus étranges termine le groupe des
cicindèles. Il se compose d'insectes très-rares dans les
collections et habitant les déserts du pays des Hottentots, dans l'Afrique australe. Au lieu des formes élé-
gantes des cicindèles proprement dites, imaginez des
coléoptères aux longues pattes robustes et velues, à la
partie ventrale renflée, non sans analogie d'aspect avec
les mygales, ces énormes araignées poilues qui attaquent, dit-on, les oiseaux-mouches, vous avez les *manticores*. Leurs élytres soudées, larges et tranchantes sur
les bords, ne recouvrent pas d'ailes.

Les *manticores*, penchées un peu en arrière lors de
l'affût, tiennent leurs formidables mandibules hautes et
ouvertes. Elles disparaissent par la fuite la plus rapide
dès qu'on cherche à les saisir. Si elles ne trouvent pas
de retraite, elles s'adossent contre quelque obstacle et
se mettent sur la défensive. C'est à l'ardeur du soleil
qu'on les voit courir, dit M. de Castelnau dans la rela-
tion de son voyage en Cafrerie. Elles se réfugient dans

des trous circulaires, faits peut-être par des Condylures,
animaux de la famille des Taupes. M. de Castelnau
essaya en vain de s'en emparer dans ces retraites profondes. Il fit inutilement creuser à deux mètres et demi,
et les nombreuses galeries qu'on découvrait sans cesse

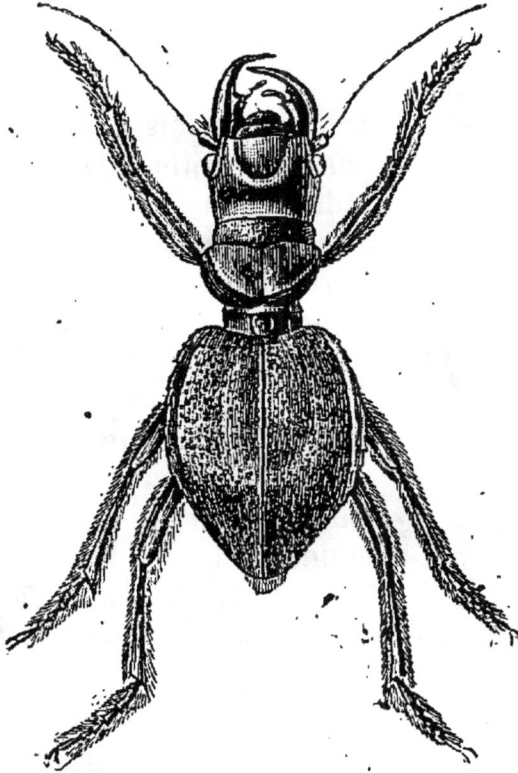

Fig. 24. — Manticore à larges élytres.

l'obligèrent à abandonner un travail manifestement inutile. On connait maintenant plusieurs espèces de ces
curieux insectes, dont la moins rare est la *manticore
tuberculeuse*. Nous figurons la plus grande espèce, la
manticore à larges élytres (fig. 24).

Les carabes sont des chasseurs encore plus fortement
armés que les cicindèles. Ce sont essentiellement des

'carnassiers terrestres; ils manquent d'ailes sous leurs
élytres parfois soudées. On les reconnaît tout de suite à
leur corps ovale et convexe, à leurs longues antennes
amincies, à leur corselet élégamment découpé en cœur.
Leurs élytres sont épaissies au bord, leurs pattes longues
et robustes. Toujours solitaires, ils courent dans les sentiers, entre les herbes des bois, sur les talus bien exposés où abondent les insectes. Leurs élytres sont tantôt
lisses, le plus souvent striées longitudinalement ou
rugueuses et chagrinées. Parfois elles sont noires et
ternes, le plus souvent elles brillent d'un vif éclat métallique. Dans nos jardins, dans nos champs abonde le
carabe doré, aux élytres d'un beau
vert, avec des côtes élevées; aux
pattes et aux antennes jaunâtres
(fig. 25). On le nomme la *jardinière*,
la *couturière*, le *sergent*, le *vinai-
grier*. Cet insecte, comme ceux de
son genre, lance par l'anus, quand
on l'irrite, un liquide corrosif et
d'une odeur fétide; c'est de l'acide
butyrique, ainsi que l'a reconnu Pe-
louze, celui qui donne la mauvaise
odeur au beurre rance. En outre, il
rejette une salive brune et âcre. Il
serait bien à désirer que les gens de
la campagne, au lieu d'écraser ce brillant insecte, eus-
sent pour lui le respect qu'on doit aux défenseurs des
récoltes. Les larves qui vivent de racines, les chenilles, les
hannetons surtout n'ont pas de plus formidable ennemi.
On rencontre parfois au milieu d'un sentier un carabe
doré saisissant un hanneton par le ventre, lui dévorant
les intestins, tandis que le hanneton marche en endurant
ce terrible supplice, sans que le carabe cesse de le suivre
un seul instant. Nos environs de Paris nous offrent aussi

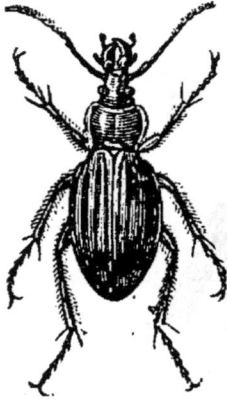

Fig. 25.
Carabe doré.

le *carabus monilis*, d'un vert cuivreux ou violacé, avec
trois rangs de lignes sur les élytres et trois séries de
points saillants entre les sillons comme des grains de
chapelet ; le *carabus purpuras-*
cens, d'un aspect très-allongé, à
robe sombre bordée de belles
nuances violettes et purpurines
(fig. 26). Le midi de la France,
les Pyrénées présentent aux amateurs des carabes dont les teintes
métalliques rivalisent d'éclat avec
les plumes à reflets étincelants des
paradisiers et des oiseaux-mouches ; ainsi les *Carabus auroni-*
tens splendens et *rutilans*, ces derniers propres aux Pyrénées, dont
la rencontre comble de joie les
jeunes entomologistes, émerveil-
lés des feux brillants de leur
parure. Un intérêt bien plus grand

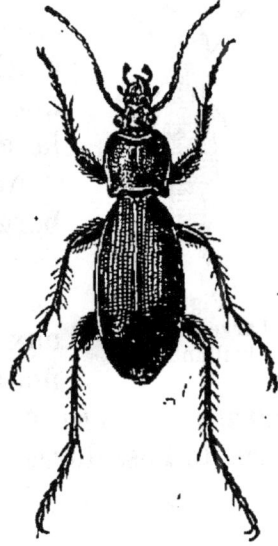

Fig. 26.
Carabe pourpré.

que la beauté s'attache aux carabes et à leurs voisins les
calosomes. On dit que les colons du Cap, en voyant leurs
champs ravagés par des légions d'Antilopes, regrettent
parfois la destruction des lions. Je doute cependant qu'aucun d'eux consente à ramener ces terribles protecteurs.
Les insectes carnassiers, au contraire, sont des lions et
des tigres de poche qu'on fera bien de mettre en boîte
dans ses promenades et d'apporter au jardin.

Les larves des carabes vivent sous les herbes et les
mousses, dans les feuilles sèches et les troncs d'arbre.
Elles se ressemblent beaucoup dans les diverses espèces,
sont assez longues, aplaties, d'un brun foncé, luisant en
dessus, avec le corps terminé par deux petites pointes.
Elles s'enfoncent en terre et se transforment en nymphes
sous les pierres. Les carabes qui en sortent par la peau

fendue le long du dos sont d'abord mous et d'un jaune terne ; mais au bout de deux ou trois jours leurs téguments acquièrent leur dureté et leur éclat métallique.

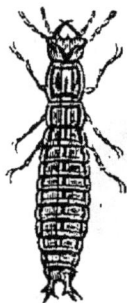

Les larves des carabes sont agiles, à pattes bien développées ; aussi n'ont-elles pas besoin de piéges. Elles chassent à découvert et sont aussi carnassières que les insectes parfaits. Nous figurons la larve du *Carabus auronitens* (fig. 27).

Nous engageons à rechercher sur les berges des ruisseaux une espèce de carabe, très-rare à cause de la difficulté de sa chasse. Il faut le guetter la nuit, aux lanternes. Il paraît vivre de grenouilles et de petits poissons. C'est le *carabe noduleux* à élytres creusées de fossettes et relevées de bosselures, tout noir. On le cite d'Allemagne et d'Alsace, mais on doit le rencontrer avec de la patience en d'autres lieux de notre pays (fig. 28).

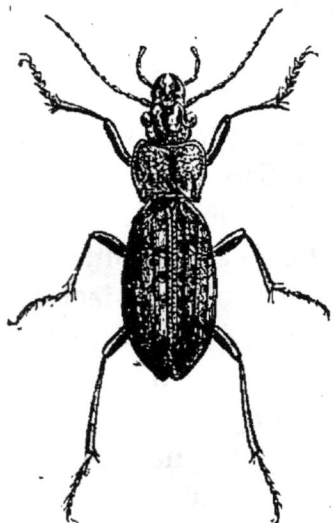

Fig. 27.
Larve du Carabe
brillant d'or.

Une autre groupe de coléoptères chasseurs est celui des calosomes. Ceux-là grimpent aux arbres, et de plus ont des ailes sous leurs élytres, ce qui leur sert à passer d'un arbre à l'autre. Tandis que les carabes ont les épaules étroites, arrondies et effacées, les calosomes ont la base des élytres bombée et saillante sur les côtés, afin de loger ces organes nécessaires à leur genre de chasse. Ce sont, eux et leurs larves, de grands destruc-

Fig. 28. — Carabe noduleux.

teurs de chenilles. C'est au mois de juin, de six à sept
heures du soir, dans nos bois parisiens, qu'il faut'chercher le magnifique *calosome sycophante*, le long des
troncs de chêne ou en en secouant les branches. Son
corselet en cœur, comme celui des carabes, est d'un
bleu sombre bordé de bleu
plus vif, ses élytres étincel-
lent de l'éclat'de l'or le plus
poli, son abdomen est mêlé
de noir et de violet (fig. 29).
Il répand une odeur très-
forte et pénétrante. Réaumur nous fait connaître que
sa larve, d'un noir lustré,
analogue d'aspect à celles
des carabes, va souvent établir son domicile au milieu
de ces grandes bourses
soyeuses que nous voyons
attachées sur les chênes.

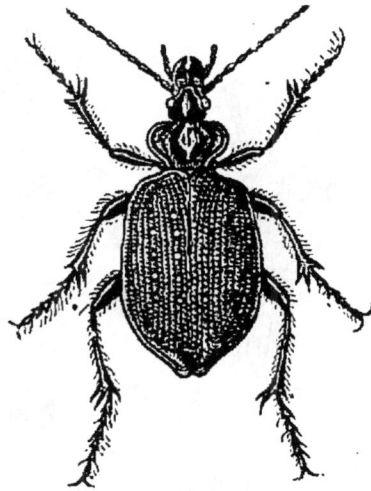

Fig. 29. — Calosome sycophante.

Elles sont habitées par des
chenilles dites *processionnaires* (*Bombyx processionea*)
d'après la manière dont elles sortent en rang à la suite
les unes des autres. Ces chenilles paisibles semblent
ignorer les intentions de leur hôte terrible. Tout d'un
coup il se jette sur elles, les perce de ses robustes mandibules et sème autour de lui le carnage, au grand profit
de l'arbre, qu'il débarrasse d'un fléau. Le professeur
Bois-Giraud, à Toulouse, avait délivré de chenilles les
arbres de son jardin en y lâchant les féroces *sycophantes*
qu'il trouvait dans les forêts. Nos bois présentent aussi
une espèce plus petite, le *calosome inquisiteur*, à couleur sombre, un peu cuivreuse. On trouve bien plus
rarement le *calosome à points d'or*, propre au Midi.
M. Boulard le prenait à Pantin, contre Paris, dans un

terrain vague plein de chardons, il y a une quarantaine
d'années. M. Lucas a vu en Algérie, près d'Oran, la larve
de cette espèce dévorer des colimaçons et s'établir dans
leur coquille (fig. 30 et 31). Toutes les larves de calosomes sont si voraces qu'elles se gorgent d'a-
liments au point de dou-
bler de grosseur dans
leur peau distendue.
Elles tombent alors dans
un état de torpeur,
comme les serpents qui
digèrent, et sont parfois
dévorées par de plus
jeunes larves de leur
propre espèce. Elles
s'enfoncent en terre pour
se changer en nymphes
de couleur claire, en
forme de croissant.

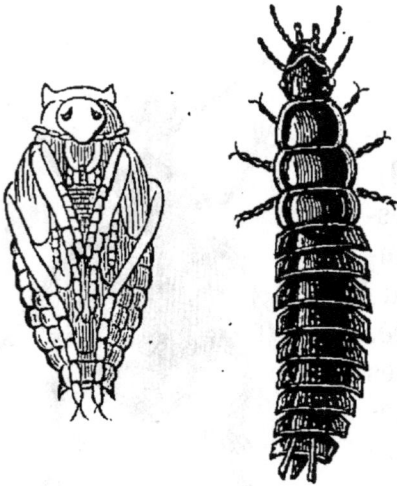

Fig. 50 et 51.
Larve et nymphe du Calosome
à points d'or.

Nous nous contenterons maintenant d'indiquer d'une
manière rapide quelques exemples curieux qui termine-
ront cette revue de la grande famille des carabiques ou
coléoptères terrestres se nourrissant de proie vivante.

En 1825, fut signalé pour la première fois à l'attention
des amateurs un coléoptère de Java, de la forme la plus
singulière, avec des élytres élargies et débordant en
manière de feuille (fig. 32). Il demeura longtemps fort
rare dans les collections et d'un prix excessif. On peut
voir ci-contre la figure d'un magnifique exemplaire de
cette espèce, prise d'après nature, comme au reste presque tous les dessins de cet ouvrage. La larve, récemment connue, se rapproche par sa forme de celle des
carabes, et se trouve sur les troncs et les racines des
arbres de haute futaie, dans les forêts profondes de l'île

malaise. On peut voir que la nymphe commence à présenter un élargissement en rapport avec la forme de
l'adulte (fig. 33 et 34). On a cru longtemps que ces carnassiers aplatis vivaient sous les écorces. On sait main-

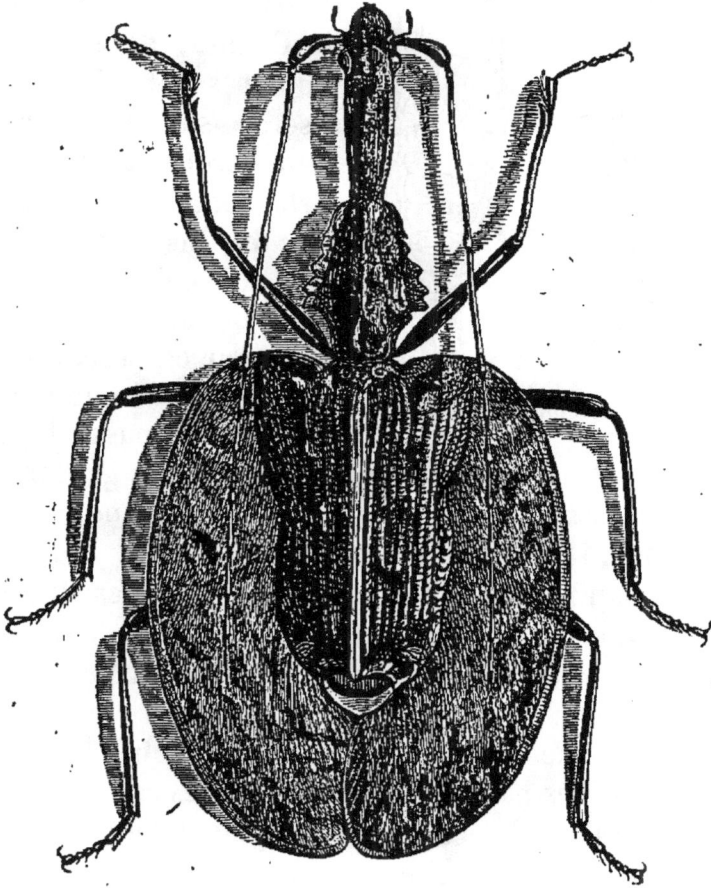

Fig. 32 — Mormolyce-feuille.

tenant, par M. de Castelnau, qui a découvert deux espèces nouvelles dans la presqu'ile de Malacca, qu'ils se
tiennent exclusivement, fuyant la lumière, contre le sol,
sous les arbres gigantesques gisant renversés. Quand, à
force de bras de vigoureux Malais, ces troncs sont dépla-
cés brusquement, on voit les mormolyces immobiles,

éblouis pendant quelques instants. Qu'on se hâte de les saisir, car ils fuient bientôt avec rapidité.

Nous rencontrons dans le midi de la France, sur les plages sablonneuses de la Méditerranéé, par exemple près de Cannes, de singuliers coléoptères noirs, à tête énorme, insérée sur un corselet en demi-cercle et armée de deux fortes mandibules. Ce sont les *scarites*, insectes semi-nocturnes, qui se creusent des galeries dans le sable et sortent la nuit pour chasser. Une espèce, la plus grande que nous ayons en France, passe le corps à demi hors de son terrier, à la façon d'un grillon, et tient écartées comme une pince ses fortes mandibules, prête à saisir la proie qui passe à portée (fig. 35). Nous recommanderons aux touristes ces insectes intéressants. Écoutons M. de la Brûlerie au sujet de cet insecte, le *Scarite géant*, qu'il observait sur les côtes du sud de l'Espagne :

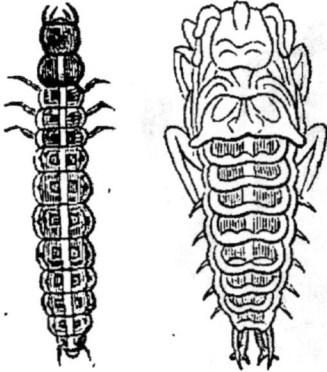

Fig. 33 et 34.
Larve et nymphe de Mormolyce.

« Les heures de soleil sont pour lui les heures de chasse. Ses pattes, si bien construites pour fouir la terre, lui seraient de peu de secours pour atteindre à la course une proie plus agile que lui; aussi ne connaît-il que l'affût à l'entrée de son trou. Il sait que ni la nuit ni l'ombre ne sont favorables à ses exploits, puisque les mélasomes dont il se nourrit n'aiment que la lumière et la chaleur. Aussi met-il à profit les nuits et les journées sombres pour la promenade. Les mâles sont bien plus vagabonds que les femelles; celles-ci sortent peu de leur retraite. C'est sans doute leur recherche qui, par certaine journée où le soleil ne se montra pas, avait fait

sortir des scarites mâles plus nombreux que de coutume.
J'en vis deux qui se battaient, peut-être pour la posses-
sion d'une femelle. C'était plaisir de les voir prendre
champ, et, dressés sur leur première paire de pattes
raides en avant, se menacer de la dent. Tous deux
ensemble ils s'élancent, enlacent leurs mandibules, serrent et secouent avec rage. L'un et l'autre fait d'inutiles

Fig. 55. — Scarite géant à l'affût.

efforts pour blesser son adversaire ou le forcer à lâcher
prise. Grâce aux armes et aux cuirasses égales des deux
champions, cette première attaque reste sans résultat.
Ils se séparent, reculent de quelques pas et s'élancent
de nouveau. Cette fois, le plus adroit réussit à saisir
l'autre par la taille, c'est-à-dire par le pédoncule étroit
qui joint le prothorax au reste du corps. Il serre de tout
son pouvoir; son intention manifeste est de couper en
deux son ennemi, mais c'est en vain ; il ne parvient pas
même à entamer sa carapace. Alors, au lieu d'user ses
forces en pure perte, il prend un autre parti. Raidissant
en avant plus que jamais ses pattes antérieures et flé-
chissant en arrière son prothorax, dont l'articulation
mobile lui permet de donner à ce mouvement une ampli-

tude peu ordinaire chez les carabiques, il élève verticalement ses mandibules et tient ainsi son adversaire
enlevé de terre. Le pauvre scarite, privé de point d'appui, agite en vain ses pattes, ouvre et ferme sa bouche
sans rien saisir que le vide, puis cesse de faire aucun
mouvement. Mais le vainqueur inexorable ne se laisse
pas prendre à ce stratagème ; il continue à rester immobile et à tenir en l'air son adversaire. J'avais été jusqu'alors simple spectateur du combat ; mais comme la
scène paraissait devoir se prolonger sans nouvelle péri-
pétie, je me décidai à intervenir. Le danger commun fit
fuir les combattants, mais à peine avaient-ils parcouru
quelques décimètres qu'ils se retournaient et se jetaient
de nouveau l'un contre l'autre. Tous deux étaient sur
leurs gardes ; aussi, bien des attaques furent-elles parées.
Enfin, l'un saisit l'autre et l'enleva de terre comme la
première fois. Malgré mon désir de voir l'issue définitive de la lutte, je ne pouvais rester à la même place
toute la journée, et je les laissai dans cette position[1]. »

Une des plus grandes raretés des collections est une
espèce d'un genre voisin des scarites, le *Mouhotia glo-
riosa*, du royaume de Cambodge, tout entouré d'un limbe
étincelant. Les pays chauds n'ont pas tous leurs scarites
noirs comme en Europe ; on trouve des espèces bordées de pourpre ou de vert métallique ou toutes métalliques, dans les *Molobrus* d'Amérique et les *Carenum*
australiens.

Nous passons avec indifférence à côté des pierres qui
gisent dans les chemins champêtres. Soulevons-les au
contraire, il s'en échappe une nuée de petits êtres divers.
Nous y trouverons d'élégants carabiques dont la tête,
dont le corselet svelte et brillant se détachent en rouge
sur des élytres vertes ou bleues. Ils sont faibles et ne

---

[1] *Ann. Soc. entomol. de France*, 1866, p. 521.

peuvent vivre que des plus chétives proies. Les gros
carnassiers se mettent volontiers à leur poursuite. O
surprise! de petites explosions se font entendre, une
vapeur corrosive sort en forme de fumée par l'anus de
ces *brachins;* l'ennemi est mis en fuite à coups de revol-
ver. Il paraît en outre que la nuit une légère lueur
phosphorescente accompagne la crépitation. Chez les
espèces exotiques de beaucoup plus grande taille, l'ex-
plosion est plus violente et le liquide projeté peut causer
des urtications sur la peau. Ces fumées sont très-acides,
rougissent le tournesol et répandent une odeur analogue
au gaz nitreux. De là le nom de *canonniers* ou *bombar-
diers,* qu'on donne à ces petits coléoptères, qui vivent
chez nous en sociétés nombreuses sous les pierres. Les
noms d'espèces, *sclopeta, crepitans, explodens,* sont en
rapport avec cette singulière arme défensive.

Enfin une innombrable légion, celle des *harpales,*
termine le groupe des carnassiers terrestres. On les rencontre toute l'année, sous les pierres, dans les chemins,
au pied des arbres. Ils sont de petite taille, de couleur
foncée, quelquefois métallique, avec des pattes pâles.
Grâce à eux, le plus menu gibier des espèces nuisibles
aux végétaux est dévoré; ils s'attaquent à ces petites
proies que dédaignent les grandes espèces, et, malgré
leurs faibles dimensions, nous rendent d'éminents services. Qui n'a observé parmi eux le *harpale bronzé,* si
commun, si répandu, qu'on rencontre dans l'intérieur
de Paris, dans toutes les cours, dans les moindres jar-
dinets?

Nous citerons encore, comme bien utiles et se trouvant partout, la *féronie noire,* la *féronie cuivrée,* l'*amara
trivialis,* etc. On voit souvent ces petits insectes, courant
en tous sens après la proie, agiles, étincelants, comme
de menus morceaux de cuivre qui brillent sur les chemins et même entre les pavés des places publiques.

Par une curieuse inversion de régime, les zabres sont des carabiques dont quelques espèces mangent des plantes. La larve du *zabre bossu* est nuisible aux céréales ; le docteur Laboulbène a vu dans les Landes le *zabre enflé* dévorer les étamines des carex.

Les eaux, comme la terre, sont habitées par d'autres chasseurs. Les pattes recourbées et élargies en rames, munies de cils, les font aussitôt reconnaître. D'ingénieux artifices leur permettent de respirer l'air en nature ; de même que les marsouins, les épaulards, ils sont obligés de puiser l'air à la surface et ne peuvent se contenter de l'eau aérée comme les poissons et les mollusques. Les plus puissants de ces carnassiers aquatiques sont les *dytiques*. Leur corps ovalaire, aplati, arrondi vers les extrémités, en biseau sur tous ses bords, est admirablement conformé pour fendre l'eau. Amis des eaux stagnantes, bourbeuses même, on les voit nager avec vélocité au moyen de leurs pattes postérieures. Ils remontent aisément en demeurant immobiles, la tête en bas, leur corps étant gonflé d'air amassé dans la partie terminale de l'intestin. Ils soulèvent l'extrémité postérieure de leurs élytres, englobent une bulle de fluide atmosphérique et les referment. De cette façon l'air, poussé comme par le piston d'une pompe, pénètre dans leurs tubes respiratoires, sans que l'eau puisse y entrer. Ils poursuivent tous les êtres vivants qui nagent autour d'eux ; ce sont les requins de la création entomologique. Ils saisissent leur proie avec leurs pattes de devant et la portent contre leur bouche. Non-seulement ils s'attaquent aux larves des libellules, des éphémères, des cousins, mais aux têtards des grenouilles et des tritons, aux mollusques des eaux, aux petits poissons et au frai, aux œufs des écrevisses. Qu'on leur jette une grenouille éventrée, ils s'y attachent avec délices. On peut les conserver dans des bocaux et les alimenter avec de petits morceaux

de viande crue. Esper en a nourri ainsi un plus de trois
ans ; dès qu'il voyait arriver sa petite provision, il se jetait
dessus avec l'avidité de l'hyène et en suçait le sang de
la manière la plus complète. Une si grande voracité
doit dépeupler souvent les eaux qu'habitent les dytiques.
Heureusement pour eux, ils sont amphibies. Ils sortent
de l'eau et marchent sur le sol avec quelque difficulté ;
mais le soir, dépliant leurs ailes, bourdonnant à la
façon des hannetons, ils se transporteront dans d'autres
mares où ils amèneront la terreur et le ravage. Une
espèce commune et de forte taille est le *dytique bordé*.

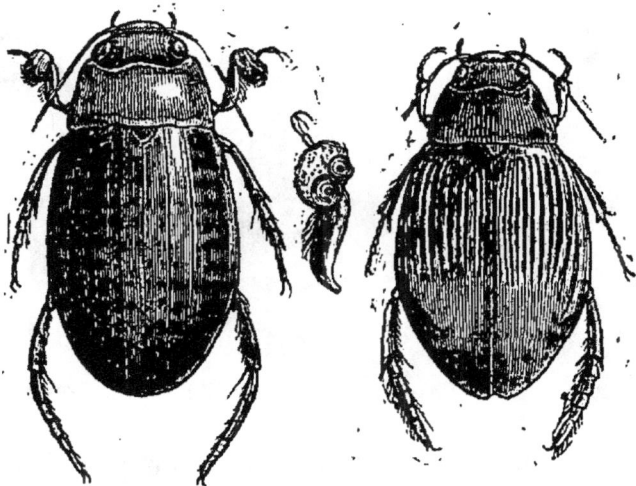

Fig. 56 et 57. — Dytique bordé mâle et femelle,
patte antérieure du mâle grossie.

Le mâle a les élytres lisses, celles de la femelle sont
cannelées pour qu'il puisse s'y cramponner, et sous
ses pattes antérieures sont deux cupules garnies d'une
foule de petites ventouses qui assurent son adhérence
(fig. 56 et 57). M. Preudhomme de Borre a indiqué qu'en
France, en Angleterre, en Belgique, ces femelles à
élytres sillonnées sont la forme typique ; exceptionnelle-
ment on en trouve à élytres lisses comme les mâles. Au

contraire, en Russie les femelles lisses sont bien plus
communes que les sillonnées. En France et en Belgique,
deux espèces voisines, les *Dytiscus circumcinctus* et *cir-
cumflexus*, n'ont de femelles à élytres sillonnées que
très-rarement ; elles sont lisses dans le type normal. Ces
curieuses différences de races selon les régions sont
encore inexpliquées.

Dans leur premier état, les dytiques sont exclusivement aquatiques, encore plus voraces qu'à l'état adulte,
se nourrissant pareillement de proie vivante. La larve du
dytique bordé est brune, comme couverte d'écailles,

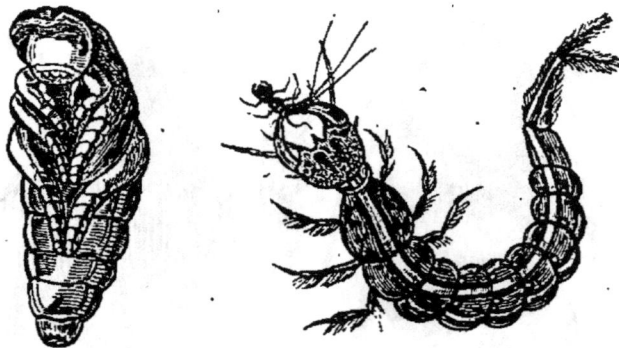

Fig. 58 et 59. — Nymphe et larve du dytique bordé.

allongée, renflée au milieu. Elle nage par des mouvements vermiculaires rapides en frappant l'eau avec la
partie postérieure de son corps. Deux petits corps cylindriques, divergents, à l'extrémité de son abdomen, lui
servent à puiser l'air à la surface de l'eau (fig. 39). Sa tête
est armée de deux mandibules en pince acérée, propre
à harponner ses victimes. En dessous est la bouche, très-
cachée, et contenant de petites mâchoires à l'intérieur.
Quand le temps de la métamorphose est arrivé, ces larves aquatiques deviennent exclusivement terrestres. Elles
quittent l'eau, s'enfoncent dans la terre humide qui borde
les ruisseaux et les mares, et, dans une cavité ovale

qu'elles se pratiquent, se changent en nymphe d'un blanc sale, qui passe habituellement l'hiver (fig. 38). Disons, pour terminer, qu'on a remarqué l'extrême sensibilité du dytique bordé aux variations de l'atmosphère. Il se tient dans l'eau à diverses hauteurs selon l'état du ciel, et peut servir ainsi de baromètre vivant. La plus grande espèce de France est le *dytique très-large* (fig. 40), trouvée d'abord dans le nord de l'Europe, puis en Alsace, en Lorraine, enfin aux Andelys. Nous engageons les jeunes amateurs à la rechercher près de Paris, où elle existe probablement. Dans un genre très-voisin, il faut citer le *cybister de Rœsel*, dont le corps à l'état vivant paraît orné d'un beau glacis bleu.

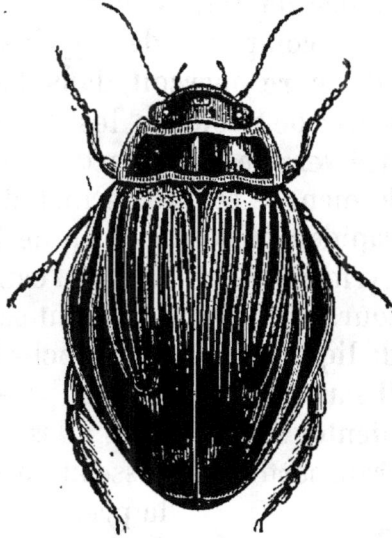

Fig. 40.
Dytique très-large, femelle

A la suite des dytiques se placent d'autres carnassiers des eaux, les *gyrins*, de mœurs un peu différentes. Ceux-là aiment les eaux claires, un peu agitées. Qui ne connaît ces petits insectes noirs, à reflet bronzé, traçant à la surface des eaux les plus capricieux méandres? On dirait au soleil de brillantes étoiles se détachant sur l'azur liquide. Ils vivent en troupes nombreuses, tournoyant sans cesse les uns dans les autres sans se heurter, ce qui leur a valu le nom vulgaire de *tourniquets*. Leur corps est entouré d'une mince couche d'air qu'ils entraînent avec eux lorsqu'ils plongent, et on voit alors sous leur ventre une bulle d'air simulant un globule d'argent et qui trahit leur présence. Ils poursuivent

sans relâche les insectes qui, comme eux, vivent sur
la surface de l'eau, ceux qui y viennent respirer ou
qui y tombent. Deux longues pattes antérieures sont
projetées brusquement sur la proie, puis elles se cachent dans des sillons latéraux pour ne pas gêner la
natation rapide du gyrin. Ce sont les pattes suivantes
courtes, mais larges et munies de cils raides, qui font
l'office de rames. Par une organisation admirable, les
yeux composés des gyrins sont doubles : la moitié
inférieure aperçoit dans l'eau la larve molle qui peut
servir de proie ou les poissons féroces, la moitié tour-
née vers le ciel avertit l'animal du danger aérien qui
le menace et lui permet d'échapper, par un plongeon
rapide, au bec assassin de l'hirondelle. Qu'on mette un
gyrin dans un verre d'eau; après avoir fait quelques
tours en nageant, il vient se poser immobile à la surface
du liquide; si l'on approche le doigt, il s'enfonce aussitôt.
Il saute hors de l'eau pour échapper aux poissons, et
bientôt s'aide de ses ailes, qui lui servent le soir à se
transporter de ruisseau en ruisseau. Cette vue perçante,
la prestesse de leurs mouvements, ren-
dent fort difficile la capture des gyrins.
A peine si l'on en prend quelques-uns en
jetant brusquement un filet en forme de
poche au milieu de la troupe en ébats.
On les saisit entre les doigts : aussitôt,

Fig. 41. — Gyrin
nageur, grossi.

arme perfide et imprévue, une humeur
laiteuse et fétide suinte de leur abdo-
men. Si on les pose sur le sol, ils exécutent une série
de petits bonds et tâchent de retourner à l'eau (fig. 41).

Les femelles du *Gyrin nageur* pondent leurs œufs sur
les plantes ou sur les pierres submergées, œufs cylindriques d'un blanc jaunâtre. Il en sort de petites larves
vermiformes, au corps entouré d'appendices flottants
qui les font ressembler à de petits mille-pieds (fig. 42).

Bien développées, ces larves quittent l'eau au commencement d'août et grimpent sur les feuilles [des roseaux, des nénuphars. Là elles se construisent une coque ovale, pointue aux deux bouts, qu'on a comparée à du papier gris, et y deviennent nymphe, molle d'abord, puis prenant peu à peu de la consistance.

Le dernier groupe des coléoptères des eaux qui mérite d'attirer notre attention est celui des hydrophiles, dont une espèce, le *grand hydrophile brun*, commun dans les eaux des environs de Paris, est un des plus gros coléoptères de la France. Ce groupe est beaucoup moins carnassier que les précédents, surtout à l'état parfait, et on nourrit très-bien l'hydrophile brun avec des feuilles de salade. Je m'étonne que, par la mode d'aquariums qui court, on ne s'amuse pas à remplacer par ces curieux insectes les insipides poissons rouges. Les hydrophiles nagent moins bien que les dytiques ; leurs pattes plus longues sont moins élargies, et ils les font mouvoir non pas simultanément, mais l'une après l'autre. Il ne faut les saisir qu'avec précaution, car leur poitrine porte en dessous une pointe aiguë qui perce la peau jusqu'au sang. Bien que puissamment cuirassés, les hydrophiles sont souvent la proie de dytiques de taille moitié moindre, qui parviennent à les tuer en les perçant entre la tête et le corselet, c'est-à-dire à la seule place qui, comme le talon d'Achille, donne prise aux blessures. C'est par la tête que l'hydrophile, à l'inverse du dytique, vient puiser l'air à la surface de l'eau. L'antenne est coudée, et ses articles aplatis, en godets, collés contre le corps, forment une gouttière ou rigole où s'engage une bulle d'air quand l'antenne sort de l'eau. De là, l'air glisse sous le corps, où il est retenu par un duvet de

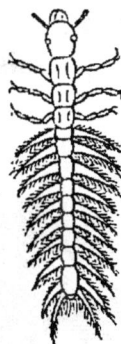

Fig. 42.
Larve du
gyrin nageur.

poils serrés, de sorte que l'animal semble entouré d'une
robe d'argent, et il parvient ainsi aux orifices respiratoires.

C'est à la fin de l'été que l'hydrophile brun prend sa
forme parfaite. Il passe l'hiver engourdi au fond de l'eau,
ou parfois sous les mousses et les feuilles sèches des

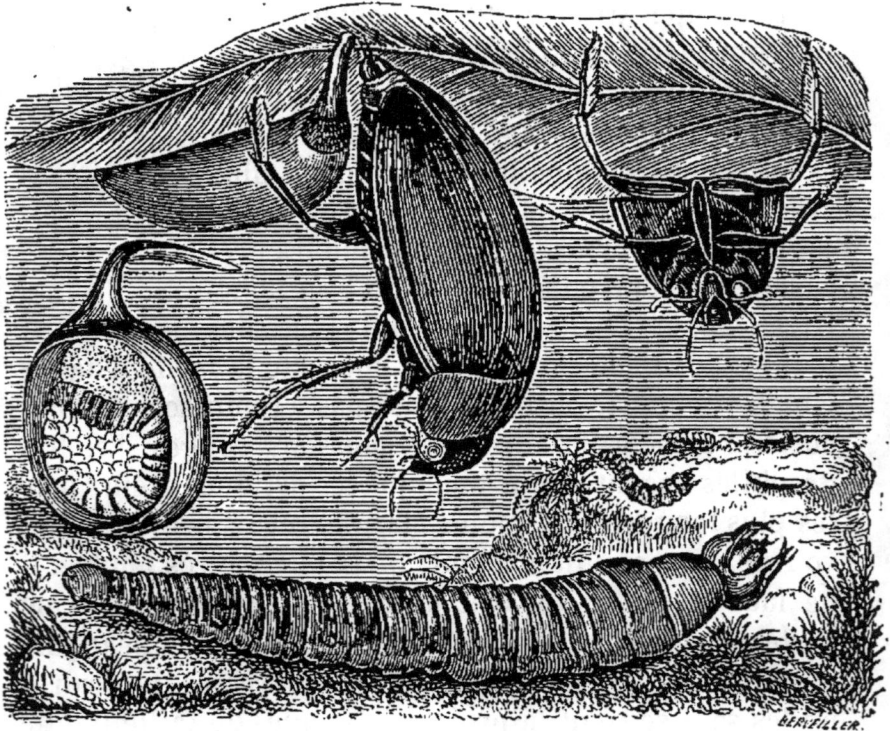

Fig. 43. — Hydrophile brun, larve et coque.

bords. Il peut se transporter en volant d'une mare à
l'autre. Dès le mois d'avril, les femelles fécondées s'occupent du soin d'assurer le sort de leur postérité. Des
glandes abdominales leur permettent de sécréter une
sorte de soie; les filières de ces glandes, à la façon de
celles des araignées, sont autour de l'orifice anal (fig. 44).
Cet exemple est unique chez les insectes adultes. La

femelle s'accroche en travers sous une feuille qu'elle
courbe un peu. L'abdomen s'applique sous ce dôme, et
les filières laissent sortir une humeur gommeuse qui se
solidifie dans l'eau et forme une coque voûtée où il reste
engagé (fig. 43). Puis on voit se
dégager une à une de petites bulles
d'air, à mesure que les œufs pondus occupent leur place. Enfin l'insecte façonne une pointe relevée
au-dessus de l'eau et qui ferme la
coque. La femelle traîne après elle
cette coque fixée à une feuille;
puis, comme la mère de Moïse, elle
confie à l'onde ce cher berceau
dans un endroit calme et propice.
La corne solide et recourbée qui le
termine lui donne la faculté de s'accrocher aux corps flottants qu'il
rencontre, et sauve ainsi la jeune

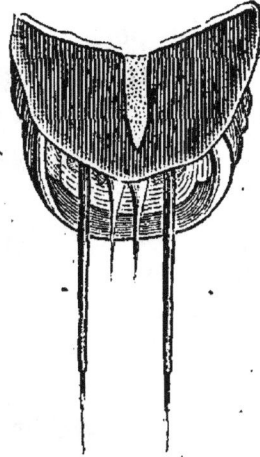

Fig. 44. — Sa filière.

famille que des vents violents pourraient porter sur
des rives inhospitalières. Au bout de douze à quinze
jours sortent des œufs et de la coque de petites larves.
Elles restent plusieurs jours attachées contre leur berceau, et paraissent d'abord se nourrir de végétaux. Elles
changent plusieurs fois de peau et deviennent très-carnassières. Réaumur les nomme *vers assassins*. Agiles,
à longues pattes, elles grimpent volontiers aux plantes.
Elles sont brunes, se raccourcissent et se dilatent aisément. De longues mandibules et de longues mâchoires
dépassent leur tête. Nous leurs trouvons des instincts
bien curieux. Elles vivent surtout de ces lymnées, de ces
physes, mollusques à minces coquilles spiralées qui
flottent sur l'eau. Les mollusques sont saisis par-dessous;
la larve recourbe sa tête en arrière et presse la coquille
contre son dos, comme un point d'appui, la brise, puis

mange le limaçon à son aise. Qu'on la saisisse, que le
bec d'un oiseau aquatique la rencontre, elle fait la
morte, son corps pend de chaque côté comme une dépouille flasque et vide. Si cette ruse est inutile, elle
rend par l'anus une liqueur noire qui trouble l'eau et
peut lui permettre d'échapper à son ennemi. L'état de
larve dure environ deux mois. Elle cesse de manger,
sort de l'eau et va creuser en terre une sorte de terrier
de 4 à 5 centimètres de profondeur, s'y pratique au
fond une cavité sphérique très-lisse à l'intérieur. Elle
s'y change en nymphe blanchâtre, et chaque angle
du corselet porte trois pointes cornées qui semblent
permettre à la nymphe de rester à quelque distance des
parois de la coque (fig. 45). Au bout d'un mois environ,

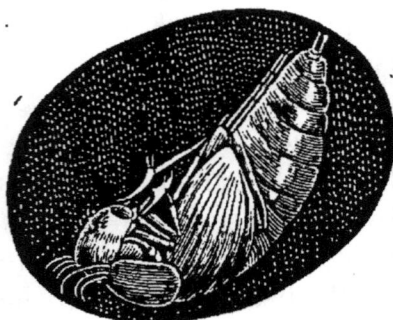

Fig. 45. — Nymphe de l'hydrophile.

l'hydrophile sort de la
peau de la nymphe fen-
due sur le dos ; ses élytres
couchées le long du ven-
tre se retournent sur le
dos ; ses ailes se déploient,
puis se replient, quand
elles sont devenues fer-
mes, sous les étuis encore
blancs et mous ; l'insecte
s'appuie sur ses pattes en-
core mal affermies. Telle est la manœuvre commune aux
coléoptères. Peu à peu l'insecte se colore ; il reste encore
une douzaine de jours sous terre, puis s'échappe et se
rend à l'eau après trois mois d'évolutions successives dont
nous avons présenté l'histoire. Selon une découverte
anatomique intéressante de C. Duméril, l'intestin de la
larve, à mesure que ses métamorphoses se poursuivent,
s'allonge de plus en plus, en même temps que le régime
tend à devenir herbivore. En effet, l'adulte préfère les
végétaux aux matières animales, dont il mange cepen-

dant si la faim le presse. La métamorphose inverse
s'observe pour le tube digestif du têtard, qui se nourrit
de végétaux aquatiques ; ce tube devient très-court sous
la forme adulte de la grenouille, avide au contraire
d'insectes et de mollusques.

Nous retournerons maintenant sur la terre, et nous
trouverons d'autres mœurs à étudier. Après les lions et
les tigres des insectes, viennent les hyènes et les chacals,
qu'un odorat des plus subtils amène vers les cadavres.
Qu'un mulot, une taupe ait trouvé la mort, qu'une grenouille ou qu'un poisson soit abandonné sur le bord des
eaux, bientôt arrive en volant une troupe funèbre ; ce
sont les *nécrophores* ou *fossoyeurs*. Le plus souvent leur
corps quadrangulaire offre les élytres bigarrées de jaune
et de noir, par bandes, comme on le voit dans le *necrophorus vespillo*, c'est-à-dire *fossoyeur*, le plus commun,

Fig. 46.
Nécrophore fouisseur.

Fig. 47.
Nécrophore germanique.

le type du genre, et aussi dans le *necrophorus fossor* ou
fouisseur, que nous représentons (fig. 46). On rencontre,
mais bien plus rarement, une grande espèce toute noire,
le *nécrophore germanique* (fig. 47). Une petite espèce à
bandes, *nécrophore des morts*, vit surtout dans les

champignons pourris. Le *nécrophore enterreur* (*huma-
tor*) est plus petit que le *germanique*, tout noir comme
lui mais avec le bout en massue des antennes de couleur
rousse. Ces insectes bizarres exhalent une odeur désagréable, mêlée de musc. Souvent leur corps est couvert
de petits animaux à huit pattes, les *gamases des coléoptères*, de la classe des arachnides. Mœurs étranges! ces
chétifs parasites ne semblent nullement vivre de l'insecte
qui les porte, ils se sont accrochés à ses poils, et leur
troupe s'en sert comme d'un véritable *omnibus* pour se
faire conduire là où la table sera à leur goût. On trouve
aussi ces gamases sur les carabes, les géotrupes, etc.,
et sur les bourdons, insectes hyménoptères.

On les rencontre aussi sur les petits mammifères,
comme les mulots; enfin ils courent librement entre les
mousses. Quand on inquiète les nécrophores, ils font
entendre un petit bruissement, en frottant leur corselet
contre les élytres.

Les femelles surtout entourent le petit cadavre; s'il
est trop lourd, elles vont chercher des aides de leur
espèce, en leur apportant sans doute des traces odorantes
de leur proie. Ce n'est pas seulement pour leur propre
nourriture que ces coléoptères sont attirés, c'est pour
préparer le berceau et les repas de leurs enfants, en
débarrassant le sol d'une source d'infection, par une
admirable harmonie. La terre est creusée au-dessous des
restes de l'animal au moyen des larges pattes de devant
des nécrophores, pareilles à des bêches (fig. 48); le petit
cadavre s'enfonce peu à peu, parfois à trente centimètres
au-dessous du sol. Après ce travail acharné, la troupe
festine et les femelles pondent leurs œufs. Le dîner des
pères servira aux fils. Promptement éclosent des larves à
douze anneaux, grisâtres, garnies sur la région du dos de
plaques écailleuses, à pattes très-courtes, car elles ont à
peine besoin de se mouvoir; à tête brune et dure, munie

de puissantes mandibules, elles s'enfoncent ensuite plus profondément, et s'entourent d'une loge ovalaire, en terre enduite d'une salive gluante qui durcit bientôt, puis sortent à l'état adulte environ un mois après. Quel-

Fig. 48. — Nécrophores enterrant un mulot.

ques espèces de nécrophores aiment les champignons pourris.

A côté des nécrophores, et plus utiles encore pour la salubrité atmosphérique, se placent les *silphes* ou *boucliers*, ainsi nommés à cause de leur forme large et arrondie. Ils s'attaquent aux mammifères et aux oiseaux morts qui gisent dans les bois et les campagnes ou que rejettent les eaux ; ils ne les enterrent pas, mais pénètrent avec avidité sous leur peau et bientôt ont dépouillé leurs chairs jusqu'aux os. Une grande espèce noire, le *silphe littoral*, se plait dans les poissons morts rejetés par les eaux. La femelle a l'extrémité de l'abdomen très-prolongée en pointe pour la ponte des œufs Leur livrée est en général sombre, en rapport avec leurs repoussantes fonctions. Leur odeur est nauséabonde. Les larves, comme les adultes, vivent au milieu des chairs putréfiées. Elles sont plates et paraissent très-larges par suite des prolongements latéraux et dentelés de leurs anneaux. Elles se remuent avec vivacité et se réfugient promptement dans les cadavres, quand on cherche à les saisir. Elles s'enfouissent en terre pour se changer en nymphes. Deux espèces, que nous trouvons abondantes près de Paris, ont des mœurs plus nobles et recherchent les proies vivantes. Elles grimpent aux arbres et vivent de chenilles,

Fig. 49.
Silphe thoracique.

Fig. 50.
Silphe à quatre points.

a nsi le *silpha thoracica*, dont le corselet fauve et arrondi tranche sur les élytres noires (fig. 49), et surtout le *silpha quadripunctata*, à élytres jaune clair, marquées de quatre points noirs (fig. 50). On le voit voler d'un arbre à l'autre, principalement entre les chênes et les ormes. Souvent les sentiers des bois sont jonchés de chenilles arrachées aux feuilles, mutilées et sur lesquelles s'acharnent les silphes à quatre points. Une espèce dite le *silphe obscur* cause souvent beaucoup de tort aux betteraves à sucre. Par un changement de régime dont les insectes offrent d'assez nombreux exemples, les larves mangent les feuilles de la plante. Sans doute aussi elles se nourrissent de chenilles et d'insectes qu'elles y rencontrent.

Plusieurs espèces de silphes dévorent les colimaçons. Nous signalerons surtout sous ce rapport le *silpha lœvigata* et sa larve. Quand on se promène sur les falaises crayeuses de nos côtes normandes, ainsi au Tréport, à Mers, etc., on écrase à chaque pas une hélix (*helix variabilis*) qui pullule sur tous nos littoraux, ravageant les avoines, les maigres luzernes de ces sols crayeux.

Les noirs silphes courent et grimpent, assurés d'une perpétuelle provende, et eux et leurs larves enfoncent leur tête avide dans la bouche de la coquille pour se repaître de l'habitant (fig. 51).

La famille des silphes nous conduit à dire un mot de créa-

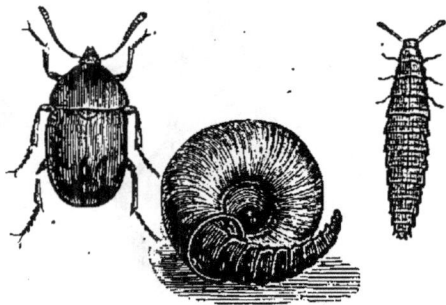

Fig. 51. — Silpha lœvigata. — Larve et Colimaçon dévoré.

tions bien étranges. On s'est longtemps refusé à croire que l'horreur de la profonde nuit des cavernes puisse servir de demeure habituelle et normale à des êtres vivants. On sait aujourd'hui, au contraire, que le Créateur a peuplé les abîmes de la mer comme les ténèbres des grottes. Les insectes souterrains ont d'abord été trouvés dans la célèbre grotte du Mammouth, dans le Kentucky; l'habitation dans des cavités à température constante, très-humides et sans lumière a imprimé à tous ces animaux un cachet uniforme. Les organes de la vue et du vol se dégradent, ceux du tact, de l'odorat et de l'ouïe acquièrent au contraire une sensibilité exquise, comme chez les personnes qui ont perdu les yeux. Près des silphes se range le plus singulier de ces insectes des cavernes, du genre *leptodère*. On en connaît aujourd'hui trois espèces, d'une taille qui varie de 4 à 6 millimètres, d'une couleur toujours uniforme, d'un brun clair ou ferrugineux, propre aussi aux autres coléoptères très-souterrains. La plus grande est le *leptodère de Hohenwart*, découverte en Carniole dans la grotte d'Adelsberg, où vit le protée décoloré. Qu'on s'imagine une sorte d'araignée roussâtre, translucide, à abdomen vésiculeux, avec la région antérieure du corps étroite et allongée, sans trace d'ailes ni d'yeux (fig. 52). On trouve toujours ces insectes dans les parties les plus profondes des cavernes les plus obscures, accrochés aux stalactites humides ou dans les fissures des stalagmites du sol. Le leptodère

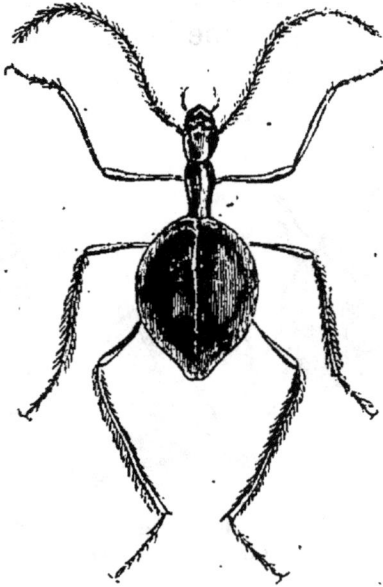

Fig. 52. — Leptodère de Hohenwart.

marche lentement, élevant son corps sur ses longues jambes comme sur des échasses. Il s'arrête au moindre bruit, paraissant stupéfait d'une commotion qui trouble sa silencieuse solitude, étale ses longues pattes, le corps collé au sol. Qu'on le touche ou qu'on approche une torche, il se cache dans les replis des pierres. Il paraît qu'une araignée, aveugle comme lui et vivant aux mêmes endroits, lui fait une chasse active et en détruit un grand nombre.

Les divers groupes de coléoptères, surtout les carnassiers, sont représentés dans la faune des cavernes. Les guides de nos Pyrénées françaises indiqueront aux touristes les cavernes où vivent ces êtres étranges, et savent les récolter pour un petit commerce assez lucratif. On trouve surtout communément une forme qui dérive des Leptodères, mais avec bien moins d'exagération, c'est le *Pholeuon Querilhaci*, et un autre type, court et ramassé, l'*Adelops pyrenæus*, à corselet aussi large que la base des élytres. On a cru longtemps que tous étaient aveugles, tant on trouvait naturelle la suppression des yeux chez des êtres destinés à passer leur vie dans l'obscurité. Il n'en est rien, ainsi que l'a reconnu M. le docteur Grenier. Si cela est vrai pour quelques genres, la plupart ont au contraire des yeux allongés, sans facettes et dépourvus de pigment foncé, ce qui est une condition pour que la lumière les impressionne avec la plus grande facilité. Bien plus, on voit souvent, dans la même espèce, des individus aveugles, et d'autres dont les yeux ont divers degrés de développement, en raison sans doute du degré variable d'obscurité de leurs retraites. A ce propos, M. Grenier se demande, avec beaucoup de raison, si l'obscurité des cavernes est véritablement absolue. Ne peut-il pas se faire que de minces filets de lumière, entrés par l'ouverture et réfléchis par les parois, tout à fait insensibles pour nos yeux habitués à l'éclat éblouissant du jour, puissent impressionner ces yeux particuliers. Il y aurait des yeux faits pour les ténèbres des cavités, comme d'autres animaux ont des yeux appropriés à la faible lumière de la nuit étoilée, et d'autres aux rayons douteux des crépuscules. La vie des ténèbres n'est pas une des moindres merveilles du Créateur, et l'on voit que l'observation exacte de la nature dépasse en curiosité les conceptions les plus hardies de l'imagination

des romanciers. Dans les espèces réellement aveugles à
l'extérieur, Lespès a reconnu l'absence du nerf optique;
c'est donc une cécité absolue.

Nous indiquerons aux amateurs un moyen assez simple de se procurer sans grande fatigue ces singuliers
insectes des cavernes, toujours rares dans les collections. On laisse sur le sol de la grotte quelques débris
organiques, par exemple une tête de mouton décharnée,
et on attire ainsi les insectes qu'on saisit sans peine.

Il faut qu'aucun détritus animal ne puisse rester
longtemps exposé à l'air, où il répandrait l'infection.
Matières stercoraires, fumiers, champignons corrom-
pus, tous ces débris doivent disparaître sous l'action
d'une foule d'espèces de coléoptères, la plupart de petite taille, les staphylins, dont les plus volumineux
chassent les proies vivantes et dépècent les petits cadavres. Ces insectes frappent les yeux à première vue par
l'extrême brièveté de leurs élytres. On dirait qu'ils portent un habit beaucoup trop court, ou une veste, laissant à découvert presque tous les anneaux de l'abdomen. Il y a là évidemment dégradation, persistance
d'une forme temporaire chez les nymphes. Cependant
des ailes développées sont cachées sous ces courtes élytres, et la plupart des espèces volent bien. Il est probable que les grands staphylins, qui fréquentent les
cadavres, y cherchent surtout les larves de diptères
provenant des œufs pondus par les muscides. Les grandes espèces ont de fortes mandibules qui serrent vivement, et ils dégorgent, comme les carabes, une salive
âcre et brune. A l'extrémité de l'abdomen du *staphylin
odorant* paraissent, quand on l'irrite, deux vésicules
blanches, ovoïdes, émettant une matière volatile odorante, éthérée ou musquée. Aristote croyait que les staphylins causaient la mort des chevaux qui les ava-
laient. On rencontre à chaque pas, dans les chemins de

toute l'Europe, le staphylin odorant (*ocypus olens*),
d'un noir terne, vivant de rapine, nommé vulgairement *le Diable;* au moindre danger, il écarte ses
mandibules et relève l'abdomen, d'où font saillie deux
vésicules blanches (fig. 53, 54, 55, 56). Ses méta-

Fig. 53, 54, 55 et 56.
Staphylin odorant adulte (face et profil), nymphe et larve.

morphoses ont été bien étudiées en même temps par
MM. Blanchard et Heer. La larve est allongée, atté-
nuée vers l'extrémité, avec deux longs filets écartés et
un tubercule par-dessous qui l'empêche de traîner sur
le sol. La tête et les anneaux du thorax sont d'un brun
brillant, avec des pattes grêles et longues; les autres
anneaux sont d'un gris cendré. Comme l'adulte, elle
relève l'abdomen d'un air menaçant. Très-agile et très-
carnassière, elle guette le jour sa proie au passage, à
demi-enfoncée dans un trou en terre, et sort la nuit
pour chasser. Souvent elle saisit à la gorge un autre
individu de son espèce et le suce avec avidité. Vers la
fin de mai, elle s'enfonce en terre et se transforme en
nymphe dans une cellule. La nymphe est d'un jaune
paille avec la tête repliée en dessous, ainsi que les
pattes, les ailes sur le côté. Elle est très-grosse à la région antérieure, puis amincie. Au bout d'une quinzaine

de jours, il en sort un insecte jaunâtre prenant bientôt la couleur noire.

Nous citerons aussi le *staphylin. à grandes mâchoires* (*maxillosus*), revêtu de bandes cendrées, grand amateur des cadavres, et le *staphylin velu* (*hirtus*), noir, à longs poils jaunes, qui lui donnent quelque ressemblance avec un bourdon, quand on le voit s'abattre sur les charognes. Aussi Geoffroy, le vieil historien des insectes de Paris, l'appelle le *staphylin bourdon*. Les *pœdères* chassent au bord des eaux, sous les pierres, et leurs espèces, dans tous les pays, présentent un agréable mélange de noir, de rouge et de bleu. De petits staphylins vivent en parasites dans les nids des fourmis, et une rare espèce, de forte odeur musquée, aplatie et laissant traîner son abdomen comme un petit lézard, habite le guêpier des frelons : il est fort difficile de se la procurer, vu les mœurs peu traitables de ses amis [1].

Quelques staphylins ont des mœurs très-singulières. Une petite espèce, découverte d'abord dans le nord de l'Europe, a été trouvée par le docteur Laboulbène au cap de la Hève, près du Havre.. C'est le *micralymna brevipenne*. Ainsi que la larve et la nymphe, l'insecte parfait vit sous l'eau à la marée haute. On les prend, à marée basse, dans les fentes des roches, qu'on fait éclater au ciseau. Dans certaines grottes de la Carniole se rencontre un grand staphylin, d'un centimètre de long, de couleur de poix, ayant un très-petit œil, allongé et sans facettes. On le nomme le *glyptomère cavicole*.

Il faut en finir avec ces tristes carnassiers. Nous avons vu les silphes fétides se nourrir avec avidité des chairs putréfiées ; les *dermestes*, qui attaquent de préférence les tendons et les peaux des cadavres, achèvent

---

[1] C'est le *Quedius* ou *Velleius. dilatatus*.

l'œuvre de destruction. Il n'y aurait qu'avantage, au
point de vue des grandes harmonies naturelles, si les
larves des dermestes ne mangeaient indifféremment
toutes les matières animales sèches, le lard, les pelleteries, les plumes, les crins, les objets en écaille, les
cordes à boyau, les vessies, etc. Une espèce très-commune, le *dermeste du lard*, abonde dans les charcute-
ries mal tenues (fig. 57, 58, 59). Il est noir avec une

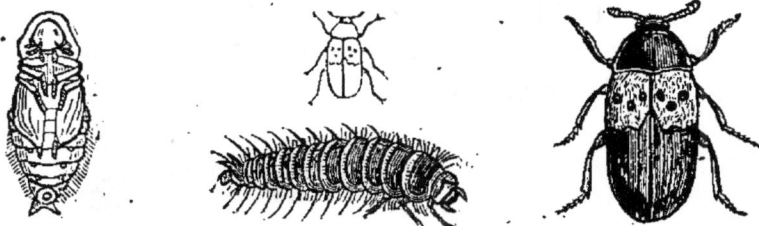

Fig. 57, 58 et 59.
Dermeste du lard, nymphe, larve, adulte.

large bande grise à la base des élytres. Il aime les endroits obscurs et malpropres. Ses larves, à fortes mandibules, ont des pattes courtes; elles marchent lentement et avancent en se servant, comme d'un levier,
d'un tube qui termine leur corps. De longs poils rougeâtres forment comme une couronne autour de leurs
anneaux d'un brun rouge. Pendant quatre mois elles
ne cessent de se repaître, et même se dévorent entre
elles, si la faim les presse. Elle se recouvrent d'excréments pour se changer en une nymphe qui conserve
pour s'appuyer les deux appendices postérieurs de la
larve. Cette larve fait beaucoup de mal dans les magna-
neries, en mangeant parfois les chrysalides du ver à
soie, et surtout en détruisant les femelles et les œufs
sur les toiles dites *à grainage cellulaire*, où l'on fait
pondre chaque femelle isolément (procédé de M. L. Pas-
teur), afin de pouvoir l'étudier plus tard au microscope

et s'assurer si elle manque des corpuscules maladifs.
On doit avoir grand soin de conserver toiles, et femelles
repliées dans un coin de la toile après la ponte, dans
de grands sacs de fin tissu empêchant les dermestes de
venir déposer leurs œufs.

Le *dermeste renard* (*vulpinus*), d'un gris fauve, se
plaît surtout dans les pelleteries, où il cause les plus
grands ravages. La compagnie de la baie d'Hudson,
dont les magasins à Londres étaient dévastés par cet
insecte, avait offert 20,000 livres sterling pour le moyen
de le détruire. Les sombres dermestes volent peu;
sans cesse ils fuient le jour; timides, ils s'arrêtent au

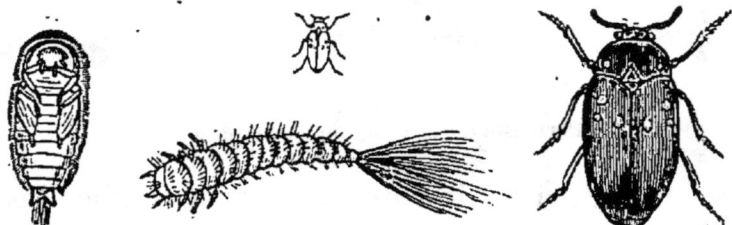

Fig. 60, 61 et 62.
Attagène des pelleteries, nymphe, larve, adulte.

moindre bruit, paraissent morts afin d'échapper au danger. Les pelleteries ont aussi à craindre un autre insecte du même groupe, le *dermeste à deux points blancs*
de Géoffroy (*attagenus pellio*); sa larve, couverte de
poils jaunâtres que termine un long pinceau, marche
par mouvements saccadés; sa nymphe est revêtue de
poils courts et blanchâtres (fig. 60, 61, 62). L'adulte,
fort différent des vrais dermestes, vole sur les fleurs, où
sans doute il chasse aux petits insectes. Enfin, un petit
coléoptère d'un genre voisin, l'*anthrène des musées* [1],

---

[1] Nom vulgaire, c'est réellement l'*anthrène varié*. Il y a ici une
confusion d'usage. Le véritable *anthrène des musées*, de Linnæus,
est fort rare.

est le désespoir des entomologistes. Il pénètre dans les boîtes d'insectes et dépose ses œufs sur leurs corps desséchés. Les larves s'introduisent dans l'intérieur, et un amas de fine poussière brune au-dessous trahit seul leur présence. Elles sont blanchâtres, entourées de faisceaux de poils qu'elles hérissent à la façon du porc-épic, dès qu'on les touche. Cette larve devient immobile huit ou dix jours avant la nymphose. La nymphe demeure dans la peau séchée de la larve et conserve les épines de la tête et des côtés des segments. C'est un moyen de protection, comme l'a reconnu M. Lucas, afin d'empêcher la nymphe molle d'être blessée lors des chocs. Un petit coléoptère globuleux, couvert de fines écailles agréablement colorées, en provient. Il replie ses pattes et semble mort quand on le veut saisir. Il vole bien et vit sur les fleurs. Une visite fréquente des boîtes, les vapeurs de benzine ou de sulfure de carbone, sont les meilleurs moyens de détruire les larves des anthrènes. Il est fort difficile de dire aujourd'hui quelle est la patrie première des insectes dont nous venons de parler. Le commerce les a transportés partout, et comme tous les insectes cosmopolites, ils sont fort peu sensibles à la température. Par suite des échanges, les collections d'insectes en Amérique sont infestées par l'anthrène des musées, comme les nôtres.

En général, tous les coléoptères dont il a été question jusqu'ici avaient des téguments durs et solides. Ces armures puissantes ne sont cependant pas nécessaires à tous les insectes de cet ordre qui vivent de proie. Il en est à élytres faibles et molles, d'un vol facile, très-carnassiers surtout à l'état de larve. Les transformations et les mœurs de deux groupes de ces malacodermes méritent toute notre attention. Dans toutes les nuits d'été, on voit scintiller dans l'herbe, sous les buissons, de petits feux blanchâtres et mobiles. On cherche à les saisir, et l'on a dans la main un être aplati, annelé, d'un gris brunâtre. Les plus gros, les plus brillants de ces *vers lui-sants* sont des femelles privées d'ailes, ayant conservé l'aspect des larves (fig. 63, 64). Seulement, chez les larves, tous les anneaux sont pareils, la tête très-petite et cachée; les femelles ont la tête plus apparente, à petites antennes, et le corselet en bouclier comme les mâles, et bien distinct. Les trois derniers anneaux de leur abdomen brillent par-dessous d'un vif éclat. La lueur est produite par là combustion lente d'une sécrétion qui laisse des traces lumineuses si on l'écrase entre les doigts. Dans l'oxygène, elle devient plus intense, et le gaz se mêle d'acide carbonique, comme par l'action de nos lampes, de nos foyers. Elle s'éteint bientôt dans les gaz inertes. Elle semble émise par scintillations et s'affaiblit à la volonté de l'animal, brillant d'un éclat incomparable quand s'opère la reproduction; elle se dégage violemment lors des contractions musculaires de l'insecte et quand on les excite artificiellement; ces propriétés appartiennent, au reste, à tous les animaux phosphorescents. Les adultes vivent peut-être de végétaux, mais les larves, très-carnassières, s'attaquent aux mollusques terrestres, pénètrent dans la coquille des colimaçons, en tuent l'habitant, et au moyen d'une brosse de poils roides, dont leur partie postérieure est munie, se débarrassent des mucosités qui gêneraient leur respiration. Elles sont phosphorescentes par-dessous, mais moins que les femelles, et de même les nymphes, dont la forme

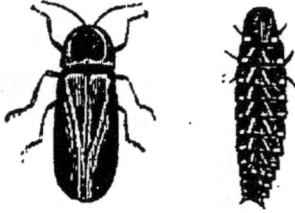

Fig. 63 et 64.
Lampyre noctiluque, mâle et femelle.

reste celle de la larve quand il en doit éclore des femelles. Les œufs sont aussi phosphorescents. La nymphe, au contraire, est tout autre si elle doit donner un mâle. Elle offre alors les ailes repliées sous une mince peau, et présente en dessous deux points très-lumineux, surtout quand l'air les frappe. Il en sort en automne un coléoptère ailé, à corselet arrondi comme un bouclier, à longues élytres recouvrant l'abdomen. Le mâle du *lampyre noctiluque* est très-faiblement phosphorescent comparé à la femelle, seulement en deux points sous l'avant-dernier anneau. Il recherche sa femelle immobile, attiré par l'éclat qu'elle projette au loin. On voit donc que cette brillante lumière est pour elle le seul moyen d'assurer la reproduction de son espèce, un véritable flambeau de l'hyménée. Telle Héro, prêtresse de Vénus, plaçait chaque soir un fanal sur une tour élevée, pour guider Léandre dans les flots écumeux de l'Hellespont. Le *lampyre splendide*, fort analogue au précédent, habite surtout le midi de la France. En Italie, en Espagne, en Portugal, dans un petit genre voisin (*luciola italica* et *lusitanica*), les deux sexes sont ailés, d'un brun foncé, et également phosphorescents. Ils se poursuivent la nuit à travers les sombres feuillages, et multiplient à un point prodigieux. Ils offrent, pendant les nuits d'été, un des spectacles les plus curieux qu'on puisse voir, car l'air est éclairé d'une multitude de petites étoiles errantes, fugitives étincelles du plus charmant effet. Ces insectes présentent en dessous de l'abdomen, à l'extrémité, l'appareil phosphorescent comme une large plaque d'un jaune soufré, conservant cette couleur chez les sujets secs de collection. Nous trouvons ces lucioles dans l'extrême midi de la France, près de Nice, de Cannes, de Marseille jusqu'à Grasse.

Il est d'autres mangeurs de colimaçons qui se montrent au jour et n'ont dès lors plus besoin des lueurs de feu des lampyres nocturnes. On connaissait depuis longtemps un petit coléoptère ailé et jaunâtre, à antennes munies de longs filaments, ressemblant de forme aux mâles des lampyres. C'est le *drile flavescent*, le *panache jaune* de Geoffroy. Un naturaliste polonais établi à Genève, Mielzincky, trouva, en 1824, dans les coquilles de l'*helix nemoralis* (la *livrée*, à coquilles à bandes) des larves qui dévoraient l'animal, mais il n'obtint de leurs métamorphoses que des insectes sans ailes, ressemblant beaucoup à ces larves carnassières et aux femelles de vers luisants, mais plus aplaties, dont il fit un genre spécial, ne connaissant pas les mâles. En France, G. Desmarest fut plus heureux. Ayant rencontré dans le parc de l'école vétérinaire d'Alfort un grand nombre de colimaçons remplis de ces larves, il en vit sortir, des uns les petits driles aux élégants panaches, des autres les lourdes femelles, dix à quinze fois plus grosses que les mâles et recherchées par

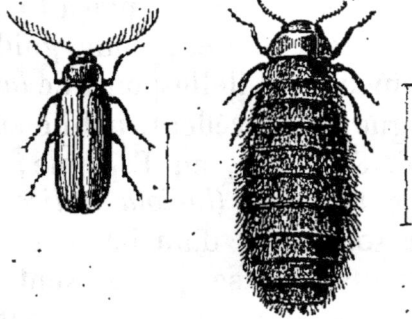

Fig. 65.
Drile flavescent, mâle et femelle.

ceux-ci. Nous représentons le drile flavescent et sa grosse femelle, tous deux grossis et en conservant les proportions relatives (fig. 65). Le mâle est souvent encore plus petit.

Nous montrons également, dans un autre dessin (fig. 66), l'habitation des femelles dans les coquilles des colimaçons et les mâles voltigeant autour d'elles. Le docteur Laboulbène a élevé à Agen les deux sexes du *drile flavescent* avec l'*helix limbata*, jolie espèce à trait blanc sur le dos de la spire. Nous rencontrerons

par la suite d'autres exemples de ces bizarreries de la
nature dans ces espèces dont rien ne montre au dehors
la ressemblance des sexes. La larve du drile, d'un
jaune blanchâtre, est transportée, on ne sait encore
comment, sur la coquille du mollusque, et s'y fixe par
une sorte de ventouse qu'elle porte à son extrémité postérieure, à la façon d'une sangsue. Ces larves aplaties

Fig. 66. — Driles et colimaçons.

ont de fortes mandibules et des bouquets de poils latéraux, des pattes assez longues et grêles. Elles se glissent entre l'animal et la coquille, le dévorent peu à peu,
puis, quand elles deviennent nymphes, elles ferment
l'entrée de la coquille avec la vieille peau de la larve.
Une espèce très-voisine, observée en Algérie, près d'O-
ran, par M. Lucas, le *drile mauritanique*, offre un instinct plus singulier. La larve s'attaque à des cyclos-

tomes, mollusques qui ferment l'entrée de leur coquille
avec un opercule de même substance. Le vorace ennemi
s'est cramponné par sa ventouse à la coquille, mais la
porte est close et trop dure pour ses robustes mandibules. Il ne se décourage pas, il est persuadé qu'elle
devra s'ouvrir. Sa patience égale son appétit; il demeure en sentinelle parfois plusieurs jours. Le malheureux limaçon sait sans doute que la mort attend à
l'entrée de sa maison, car il retarde sa sortie tant qu'il
peut. Enfin, vaincu par le jeûne ou par le besoin de
respirer, il détache son opercule. La larve du drile
aux aguets le blesse aussitôt au muscle qui fait adhérer
la petite porte au corps du limaçon, de manière à empêcher à l'avenir cette porte de se clore, puis se glisse
sans inquiétude à l'intérieur de la coquille, et, maîtresse
de la place, dévore à loisir le pauvre et inoffensif animal
qui l'habite.

Nous allons retrouver les facultés lumineuses dans
un autre groupe de coléoptères, de conformation remarquable à d'autres égards. Ce sont des insectes qui
vivent habituellement de végétaux, mais qui, dans certains cas, peuvent devenir carnivores. Ils sont de forme
ellipsoïdale, et plus ou moins aplatis. Leur tête est petite, leur corselet ou premier anneau du thorax, très-
grand, en forme de trapèze allongé, rebordé latéralement, et plus ou moins prolongé en pointe aux angles
postérieurs. Ce qui les fera immédiatement reconnaître,
c'est que, placés sur le dos, alors que leurs pattes trop
courtes ne leur permettent pas de se retourner, ils savent sauter et retomber sur le ventre par un ingénieux
mécanisme. De là leur nom d'*élatères*, de *taupins*, de
maréchaux, à cause d'un choc sec qu'ils produisent en
sautant. Leur corps retourné se cambre en s'appuyant
par la tête et par l'extrémité de l'abdomen. Une pointe
du dessous du corselet pénètre, par un brusque mou-

vement de l'insecte, dans une fossette du dessous de l'anneau suivant; en même temps le dos vient heurter avec force le plan d'appui, et, par réaction, l'animal est lancé en l'air, et recommence sa manœuvre jusqu'à ce qu'il retombe sur ses pattes (fig. 67, 68). Les larves de certaines espèces sont très-nuisibles à nos cultures, et vivent dans les racines; la plupart se trouvent dans les bois décomposés. Ces larves sont cylindriques, revêtues d'écussons cornés, à pattes courtes, mais fortes, avec de rares poils roides entre les anneaux (fig. 69). La dureté de la peau et leur forme les ont fait nommer, par les Anglais et les Allemands, *vers fils de fer.* Nous représentons la larve d'une espèce étudiée par M. E. Blanchard.

Fig. 67.
Organe de saut
du taupin (face).

Quelques espèces d'Amérique, appartenant au genre *pyrophorus* (porte-feu), répandent une lueur phosphorescente. Les plus célèbres (*pyrophorus noctilucus*) abondent à la Havane, à la Guyane, dans le nord du Brésil (fig. 70).

Fig. 68. — Profil.

Ils se cachent dans les creux des arbres, dans les troncs pourris, sous les herbes des prés et dans les parties fraîches des plantations de cannes à sucre. Leur lumière provient de deux taches sur les côtés du corselet, et aussi des anneaux de l'abdomen; elle est assez vive pour permettre de lire à petite distance. Les Indiens en attachent sur leurs orteils pour se guider la nuit dans les sentiers des bois. Ils les capturent

en balançant en l'air des charbons incandescents au
bout d'un bâton, ce qui prouve que la lueur qu'ils répandent est pour eux un appel. On les renferme dans de
petites cages de fil métallique,
on les nourrit de morceaux de
canne à sucre et on les baigne
deux fois par jour ; ce bain est
indispensable à leur santé et

Fig. 69.
Larve de l'élatère murin.

remplace pour eux les rosées du soir et du matin. La
nuit ils s'élèvent par milliers à travers les feuillages.
Lors de la conquête espagnole, une troupe nouvellement débarquée, et en hostilité avec les premiers ar-
rivants, crut voir les mèches
d'arquebuses prêtes à faire feu
et n'osa engager le combat. Ces
insectes deviennent des bijoux
vivants, d'un bien autre éclat
que les pierres précieuses. On
les introduit le soir dans de petits sacs en tulle léger qu'on dispose avec goût sur les jupes. Il
en est d'autres à qui on passe
sans les blesser une aiguille
entre la tête et le corselet, et
on la pique ensuite dans les
cheveux pour maintenir la man-
tille, en les entourant de plumes

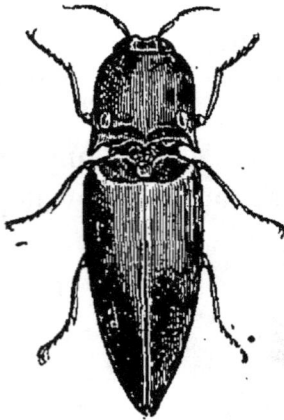

Fig. 70.
Pyrophore noctiluque.

d'oiseaux-mouches et de diamants, ce qui forme une
éblouissante coiffure. Voici quelque détails que nous empruntons à ce sujet à M. Chanut : « Ces insectes servent
de jouet aux belles dames créoles de la Havane, où ils sont
appelés *cucujos*. Souvent, par un charmant caprice, elles
les placent dans les plis de leur blanche robe de mous-
seline, qui semble alors réfléchir les rayons argentés de
la lune, ou bien elles les fixent dans leurs beaux cheveux

noirs. Cette coiffure originale a un éclat magique, qui
s'harmonise parfaitement avec le genre de beauté de ces
pâles et brunes Espagnoles. Une séance de quelques
heures, dans les cheveux ou sous les plis de la robe
d'une señora, doit fatiguer ces pauvres insectes habitués
à la liberté des bois. Cette fatigue se révèle par la dimi-
nution ou la disparition passagère de la lumière qu'ils
émettent; on les secoue, on les taquine pour la ramener.
Au retour de la soirée, la maîtresse en prend grand soin,
car ils sont extrêmement délicats. Elle les jette d'abord
dans un vase d'eau pour les rafraîchir; puis elle
les place dans une petie cage où ils passent la nuit à
jouer et à sucer des morceaux de canne à sucre. Pendant
tout le temps qu'ils s'agitent, ils brillent constamment,
et alors la cage, comme une veilleuse vivante, répand
une douce clarté dans la chambre. » Leurs larves se
trouvent à l'intérieur du bois; c'est ce qui explique
comment, au milieu du siècle dernier, le peuple du fau-
bourg Saint-Antoine fut agité d'une frayeur superst-
tieuse : des cucujos, sortis de morceaux de bois des îles,
s'étant répandus la nuit dans un atelier.

Il y a quelques années on a pu observer vivante, au
Muséum, une espèce de Pyrophore venant du Mexique, le
P. strabus : la lumière était verdâtre, comme celle des
lanternes de certaines voitures publiques; et, outre les
deux taches ovalaires du corselet, apparaissait aussi
entre les anneaux de l'abdomen et du thorax. MM. Pas-
teur et Gernez ont vu que cette lumière donne un beau
spectre, continu et sans raies obscures ni brillantes ; divers observateurs ont aussi constaté un fait analogue
pour la phosphorescence des vers luisants. En 1873 le
Pyrophore noctiluque a été apporté vivant à Paris, provenant de la Havane. C'est du ventre que part la plus
forte lumière, surtout après que l'insecte a été baigné
dans l'eau.

Ce sont les coléoptères à nourriture végétale qui vont maintenant nous occuper, à peu d'exceptions près. Les pièces de la bouche deviennent moins proéminentes et

Fig. 71. — Hanneton commun, mâle et femelle.

moins acérées. Au premier rang se présentent à nous les *hannetons*, aux antennes à larges lamelles, s'écartant à la volonté de l'animal, plus amples chez le mâle que chez la femelle. Nous sommes habitués à rire à la pensée de cet insecte sans défense, jouet infortuné des enfants, au vol lourd, retombant au moindre obstacle, ou ballotté par le vent, ce qui a amené le proverbe : *Étourdi comme un hanneton.* Les agriculteurs ne rient pas à la vue du hanneton ordinaire (*melolontha vulgaris*), au corselet noir, aux élytres et pattes fauves (fig. 71). A l'état parfait, le hanneton ne vit pas au delà de six semaines, généralement du milieu d'avril à la fin de mai. Il se tient sous les feuilles pendant la forte chaleur du jour, qu'il redoute beaucoup ; il dévaste tous les arbres, aimant principalement les ormes, dont les enfants désignent les fruits sous le nom de *pain de hanneton.* Ce n'est que par exception qu'il touche aux plantes herbacées. La durée totale de la vie du hanneton est de trois ans. La femelle, avec ses fortes pattes de devant, creuse le sol pendant la nuit, à un ou deux décimètres de profondeur, et y dépose de vingt à trente œufs d'un blanc jaunâtre, de la grosseur d'un grain de chènevis. Son instinct la conduit à choisir les terres les plus légères et les mieux fumées pour leur confier sa progéniture ; ce sont les terres où les végétaux abondent et qui sont les plus perméables à l'air, nécessaire à tout être vivant. Elle évite avec soin les lieux marécageux, les terres qui reposent sur un fond de glaise, ou compactes et battues que les jeunes larves ne sauraient percer ; elle redoute pour elles l'ombrage des grands arbres, ne pond pas dans les taillis serrés, ni sous les arbustes touffus et dont les branches et les feuilles descendent jusqu'à terre. La prudence conseille aux cultivateurs de terrains secs et légers de s'abstenir de fumer et labourer au printemps, et de remettre ces travaux après la ponte. L'état de la terre à cette époque explique comment, de deux champs contigus, l'un peut être ravagé par les vers blancs et l'autre épargné. Les cultures de l'homme et ses labours, rendant la terre per-

méable, ont fait devenir le hanneton plus commun qu'il
ne devrait être naturellement. Dans les années où il
abonde, on peut en effet remarquer dans les bois que ce
sont les arbres des lisières, contre les champs cultivés,
qui sont dépouillés de leur feuillage, et que le hanneton
n'est jamais dévastateur au centre des grandes forêts. Un
mois après la ponte sortent des œufs ces larves recourbées, à tête dure et cornée, à pattes grêles, d'un fauve
terne, dont la peau est gonflée d'une graisse blanchâtre et paraît noi-râtre à l'extrémité postérieure par l'amas des excréments (fig. 72, 73). Ce sont les insectes connus, selon les pays, sous les noms de *ver blanc*, *turc*, *man*, *terre*, *en-graisse-poule*, *chien de terre*, etc. Les corbeaux

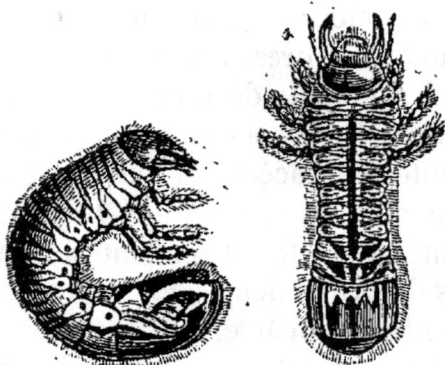

Fig. 72 et 73.
Larve de hanneton

et les pies, qu'on voit constamment picorer de motte en
motte, leur font une guerre très acharnée, mais bien
insuffisante. Les petites larves mangent peu la première
année, restant réunies en famille, caractère des êtres
faibles. En hiver, elles s'enfoncent profondément, échappant ainsi à la gelée et aux inondations. Au printemps
suivant, la faim les presse, elles se dispersent en tous
sens dans des galeries qu'elles creusent. Alors commencent d'affreux ravages. Les racines sont dévorées,
d'abord celles des céréales et des légumes, puis, lorsque
les larves sont plus fortes, les racines des arbustes et
des arbres. Bien que mangeant toutes les racines, et
même le bois mort, les vers blancs ont une prédilection
pour les salades et les fraisiers, et parmi les rosiers, pour
ceux des quatre saisons. Sur les racines des arbustes, les

morsures des vers blancs s'étendent dans toute la longueur et simulent celles des rats ; les plantes potagères,
au contraire, sont en général coupées au collet en travers, et viennent à la main dès qu'on les tire. D'immenses pièces de gazon, de luzerne, d'avoine ou de blé
jaunissent et meurent. Les rosiers, les arbres à fruits se
fanent sur pied, et on trouve parfois autour de chaque
souche de deux à huit litres de vers blancs. Aussi jadis
les foudres de l'excommunication furent lancées contre
ces ennemis souterrains, ainsi que contre les chenilles.
Les mans, cause d'une famine, étaient cités en 1479
devant le tribunal ecclésiastique de Lausanne, défendus
par un avocat de Fribourg, probablement trop peu élo-
quent ou mal à l'aise devant les méfaits de ses clients,
car le tribunal, après mûre délibération, les bannit
formellement du territoire. Il faut dire, à la décharge
de ces pieuses et naïves croyances, que nous ne sommes
pas plus avancés aujourd'hui contre leurs dévastations.
C'est encore à la Providence, par suite de gelées subites
au printemps, qu'il est donné d'en détruire le plus grand
nombre. Leurs ravages semblent augmenter d'année en
année, avec l'extension de nos cultures. Ainsi, en 1854,
un seul pépiniériste de Bourg-la-Reine évaluait à 30 000 fr.
la perte que lui causait cette terrible larve. M. de Reiset
estimait, il y a trois ans, à 25 millions, les dommages
causés au seul département de la Seine-Inférieure. Il a
reconnu que les vers blancs, très-sensibles à la chaleur,
s'enfoncent ou reviennent près de la surface, selon les
variations de la température, et cela au moyen de thermomètres enfoncés dans l'humus jusqu'à la couche à
vers blancs.

Ces larves s'enterrent et s'engourdissent pour passer
le second hiver et sont alors aux quatre cinquièmes de
leur taille. Elles remontent au printemps et continuent
pendant deux mois et demi les ravages de l'année précé-

dente, s'attaquant alors même aux racines des arbres, dont leur forme arquée leur permet d'embrasser le contour. Vers le milieu de l'été de la seconde année qui a suivi l'année de la ponte, le ver blanc, parvenu à toute sa croissance, s'enfonce profondément à plus d'un demi-mètre, se façonne une coque enduite d'une bave glutineuse, consolidée par la pression de son corps. Il s'y change en nymphe où les élytres et les ailes couchées recouvrent le pattes et les antennes (fig. 74, 75). Dès la fin d'octobre, la plus grande partie des hannetons sont devenus insectes parfaits, mais encore d'un blanc jaunâtre, mous et sans force. Ils passent l'hiver dans la chambre natale, se durcissent et se colorent en général vers la fin de février et remontent peu à peu pour sortir de terre en avril. Dans les hivers très-doux, on voit paraître accidentellement des insectes adultes beaucoup plus tôt, trompés par une chaleur insolite. Voilà pourquoi nous avons tous les trois ans une *année de hannetons;* ceux qui paraissent en bien grand nombre dans les deux autres années forment des générations dont l'origine première est une éclosion précoce ou retardée.

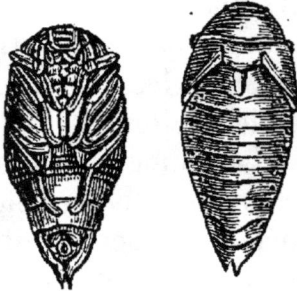

Fig. 74 et 75.
Nymphe de hanneton.

Pendant tout l'hiver on trouve des hannetons, éclos et colorés, dans les labours, dans les trous qu'on pratique dans les vergers pour planter les arbres. Dans les années chaudes, on en voit voler dens les mois de septembre et d'octobre, ce qui fut constaté dans tout le nord de la France en 1865. En janvier 1834, il en parut dans le Wurtemberg et en Suisse. Ces histoires de hannetons précoces figurent souvent dans les journaux.

La vie entière du hanneton, qui est en France de trois ans, peut se répartir à peu près de la manière suivante, les dates, n'ayant, bien entendu, qu'un sens approximatif :

TEMPS DE DOMMAGES OU DE VIE ACTIVE DES LARVES

Première année, à partir de l'éclosion des œufs, du 1er juillet au 1er novembre. . . . . 4 mois.

Seconde année, du 1er avril au 1er novembre. . . . 7 —

Troisième année, du 1er avril au 1er juillet. . . . . 3 —

TOTAL. . . . . . . 14 mois.

TEMPS D'ENGOURDISSEMENT, SANS NOURRITURE

Cinq mois en automne et en hiver des deux premières années, du 1er novembre au 1er avril. . . . . . 10 mois.

Total de l'existence en larves. . . . . 24 mois.

Temps de vie latente ou de nymphe du 1er juillet au 1er mars de la troisième année. . . . . 8 mois.

Hannetons adultes éclos, demeurant en terre. . . . . 80 jours ⎫
Hannetons hors de terre et dévorant ⎬ 120 jours
les feuilles. . . . . 20 — ⎮ ou 4 mois.
En œufs. . . . . 20 — ⎭

Durée de la vie totale avec toutes ses métamorphoses. 36 mois.

Pour donner une idée des quantités fabuleuses auxquelles le hanneton arrive en certaines années, nous rappellerons qu'en 1688 les hannetons détruisirent toute la végétation du comté de Galway en Irlande, de sorte que le paysage prit l'aspect désolé de l'hiver. Le bruit de leurs multitudes dévorant les feuilles était comparable au sciage d'une grosse pièce de bois, et, le soir, le bruit de leurs ailes résonnait comme des roulements éloignés de tambours. Les habitants avaient de la peine à retrouver leur chemin, aveuglés par cette grêle vivante. Les malheureux Irlandais furent réduits à cuire les hannetons et à les manger. En 1804, des nuées immenses de hannetons, précipitées par le vent violent dans le lac de Zurich, formèrent un banc épais de cadavres amoncelés sur le rivage, dont les exhalaisons putrides empestèrent l'atmosphère. Le 18 mai 1832, à neuf heures du soir, la route de Gournay à Gisors fut envahie par de telles myriades de hannetons, qu'à la sortie du village de Talmoutiers, les chevaux de la diligence, aveuglés et épouvantés, refusèrent opiniâtrément d'avancer et forcèrent le conducteur à revenir sur ses pas. En 1841, ils ravagèrent les vignobles du Mâconnais, et certaines de leurs nuées s'abattirent sur Mâcon, au point qu'on avait grand'peine à s'en garantir par les moulinets de canne les plus rapides, et qu'on les ramassa à la pelle dans certaines rues. Un *hannetonnage* de ces insectes adultes, mais général, mais obligatoire, serait le seul moyen efficace de combattre un fléau qui coûte bien des millions au pays ; mais en France, l'esprit de facétie, compagnon de l'ignorance, est encore plus funeste que le hanneton. On peut citer comme exemple un spirituel préfet du roi Louis-Philippe, M. Romieu, alors préfet de la Sarthe, qui rendit un arrêté en ce sens. Il devint la proie des petits journaux et fut représenté en hanneton dans *le Charivari*.

Nous rencontrons aussi, mais rarement dévastateur, le *hanneton du châtaignier*, à corselet brun, à pattes noires, et le *hanneton foulon*, de taille double du hanneton commun, agréablement bigarré de fauve et de blanc, mais qui n'habite que les rivages de la mer et surtout les dunes. En été apparaissent deux petits hannetons blonds et poilus, bien plus nocturnes que le hanneton commun, volant le soir dans nos prairies. Ce sont le *rhizotrogus solstitialis*, qui parait en juin, et le *rhizotrogus œstivus*, en juillet. Leurs larves, très-nuisibles, vivent des racines des arbres.

A côté des hannetons se rangent les *cétoines* inoffen-

sives, ornées souvent de magnifiques couleurs métalliques. Les pièces buccales des adultes sont très-molles ,
aussi ne vivent-ils que de fleurs. On voit la *cétoine dorée*
se jeter avec frénésie sur les lilas et sur les roses et s'y

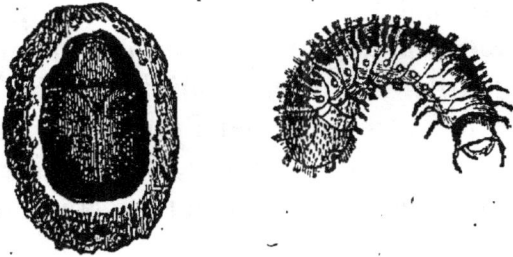

Fig. 76 et 77. — Coque et larve de cétoine dorée.

endormir. Les larves vivent dans le bois pourri, et les
nymphes s'y façonnent une coque ; dans ces deux états
l'insecte ressemble au hanneton (fig. 76, 77). A l'état
adulte, les cétoines volent le jour et très-facilement, en

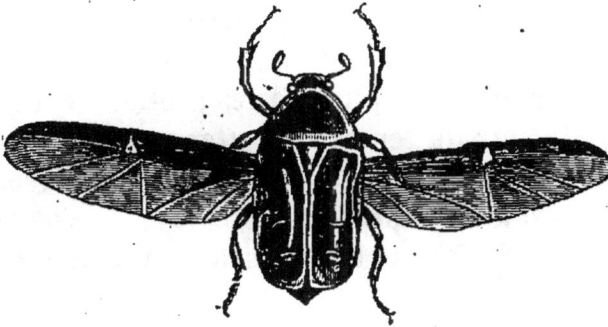

Fig. 78. — Cétoine dorée volant.

faisant glisser leurs ailes au-dessous des élytres qui
restent closes (fig. 78). Cette espèce est le *mélolonthe
doré* d'Aristote et partageait, avec le hanneton, le pri-
vilége fort peu agréable pour elle d'amuser les enfants
des Grecs. Nous devons citer deux petites cétoines, com-

mûnes sur les fleurs de chardons, la *cétoine stictique*,
noire, à points blancs, et la *cétoine velue*, toute couverte
de poils jaunâtres. A côté des cétoines viennent ces
gigantesques *Goliaths*, des côtes de Guinée et du Gabon,
vivant de la séve des arbres, d'un blanc ou d'un jaune
mat, avec des taches ou des bandes d'un noir velouté
(fig. 79); les femelles n'ont pas la tête bicorne des mâles
et leurs jambes de devant sont munies d'épines, sans
doute pour fouiller les arbres pourris où elles pondent ;
puis les *Trichies*, communes en France sur les fleurs, à
bandes parallèles noires et jaunes, dont les larves vivent
à l'intérieur des vieilles poutres en respectant leur super-
ficie.

Les cultures maraîchères, qui emploient fréquemment aux environs de Paris la tannée de l'écorce de
chêne, ont rendu très-commun un gros coléoptère brun,
bien connu sous les noms de *rhinocéros* ou de *licorne*
(*oryctes nasicornis*). Il est beaucoup plus rare dans les
bois, où se rencontrent peu souvent les écorces assez
divisées pour ses larves. Le mâle porte sur le front une
corne dont la femelle est dépourvue (fig. 80, 81). Les
larves vivent trois ou quatre ans, analogues à celles du
hanneton, mais bien plus fortes ; elles mangent les
détritus ligneux du terreau et attaquent aussi les racines des plantes. De même en Amérique, les énormes scarabées, tels que les scarabées *Hercule* et *Jupiter*, ont sur
la tête, chez les mâles, de longs appendices dont manquent les femelles. Leurs larves vivent dans les bois
décomposés.

La prédilection des larves de ce groupe pour les
matières ligneuses altérées nous explique les précieux
services rendus par certains insectes en débarrassant
le sol des excréments des animaux herbivores. Les
mœurs les plus curieuses sont celles de scarabées de
genres voisins, plaçant leurs œufs dans de petites boules

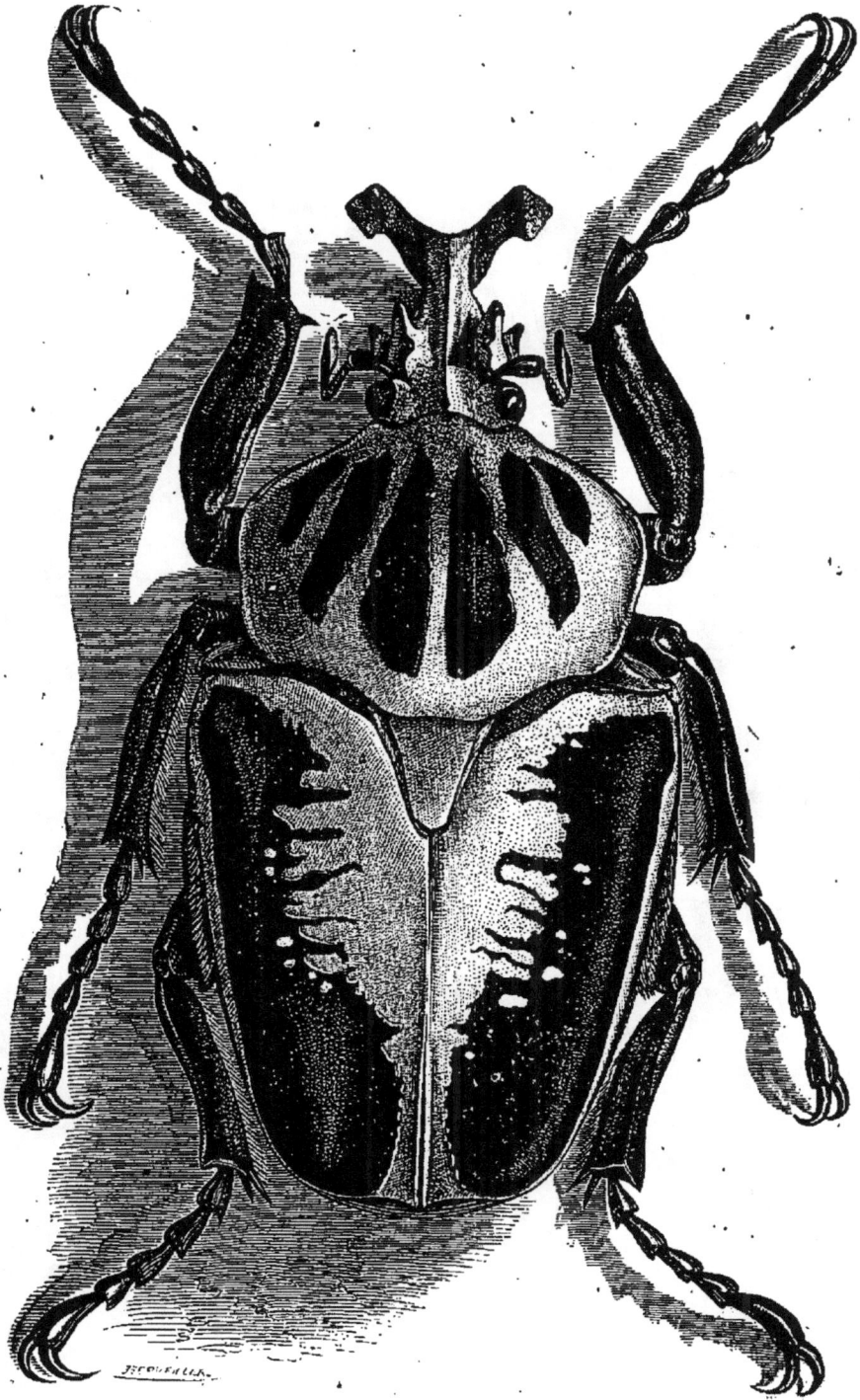

Fig. 79. — Goliath royal ou de Drury (mâle).

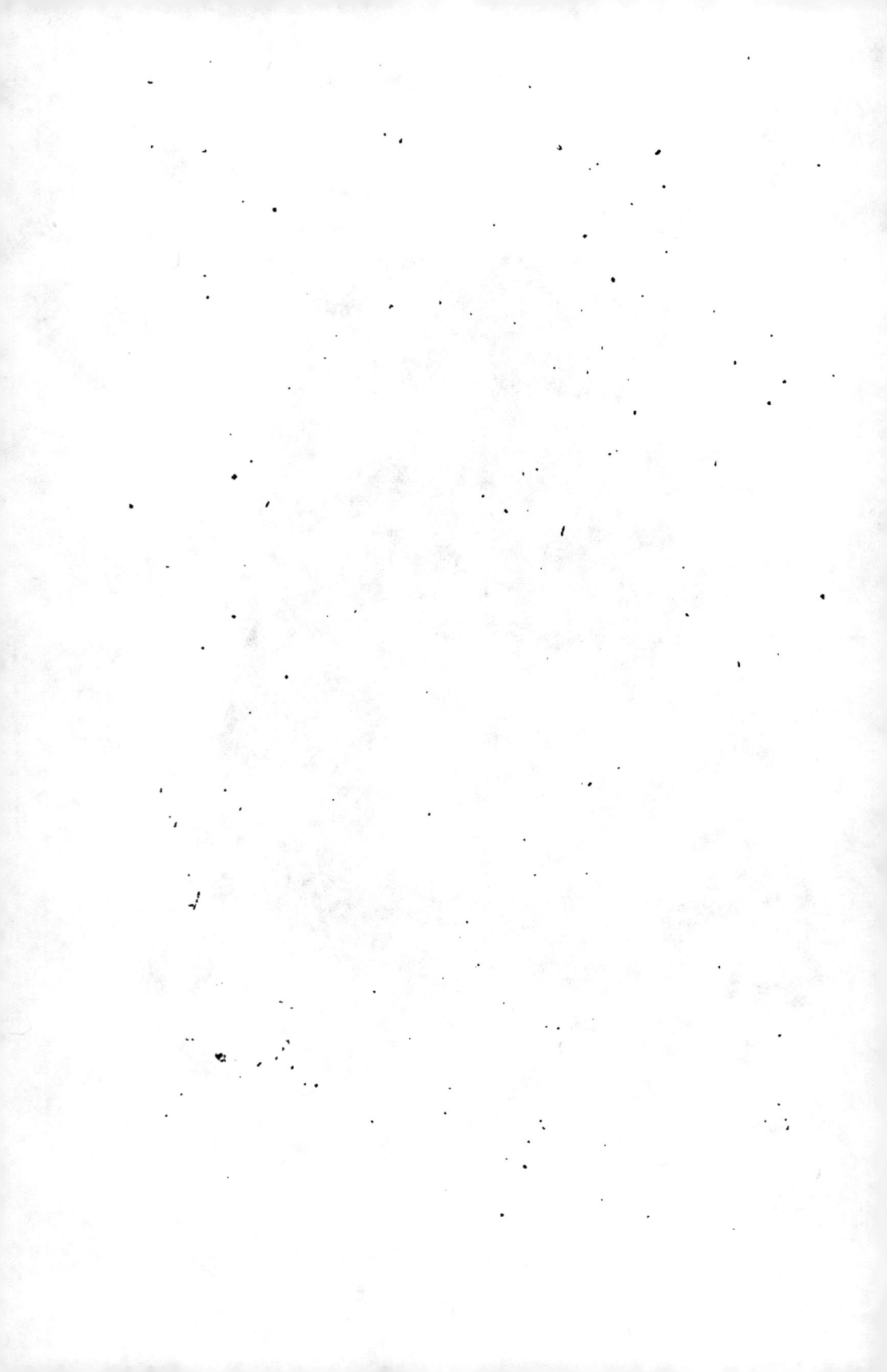

de fiente qu'ils roulent, et qu'ils enterrent. Les larves se développent dans ces boules, au milieu des aliments azotés qui leur conviennent.

Nous devons donner le premier rang, parmi les rouleurs de boules, aux *ateuchus*, à cause de la vénération qu'avaient pour certains de ces insectes les anciens Égyptiens. Le plus célèbre est l'*ateuchus sacré*, qui se trouve dans le midi de la France, et plus ordinairement

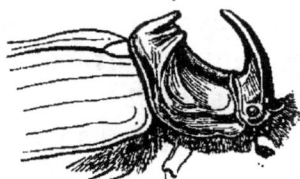

Fig. 80.
Tête d'orycte nasicorne mâle.

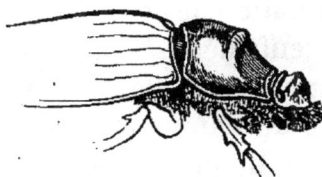

Fig. 81.
Tête de la femelle.

en Provence qu'en Languedoc ; il est commun à Marseille sur les bords de la mer, du côté de Montredon. Il habite en général tout le littoral de la Méditerranée, et remonte jusqu'à Montpellier. On le trouve à Cette, à Perpignan, etc. Il déploie, sous l'influence de la chaleur solaire surtout, une activité incroyable. Il choisit d'ordinaire un terrain en pente pour y placer sa boule. On voit souvent, au printemps ainsi qu'au commencement de l'été, dans les dunes ou dans les sables du bord de la mer, les ateuchus se livrer au travail nécessaire pour enfouir leurs pilules. Ils grattent avec une grande vivacité la terre qu'ils amoncellent d'abord derrière leurs pieds de derrière, puis, se retournant et se servant de leur front comme d'une pelle, ils poussent plus loin les débris qui les embarrassent.

Leur front large est muni de six dentelures, comme des rayons, et leurs pattes antérieures sont dépourvues de tarses qui auraient pu se briser en fouissant, ou, peut-

être, tombent-ils immédiatement; la jambe étalée et
tranchante fonctionne comme une pioche. C'est entre
les pattes de derrière, longues, épineuses, arquées, que
sont logées les boules, confectionnées avec les débris
stercoraires séparés des pailles et des grains non digé-
rés (fig. 82). L'insecte marche à reculons sur les quatre
pattes de devant, jusqu'à ce que, parvenu au trou qu'il a
creusé, il y précipite sa boule. On peut dire que les ateuchus contribuent à la salubrité atmosphérique et à la dis-
sémination des engrais dans le sol. Les larves qui sortent
des œufs déposés dans les boules sont conformées sur le
plan commun des larves de scarabées, dont le type est la
larve du hanneton. Elles vivent en terre, dans les trous
où ont été projetées les boules et aux dépens de la matière de celles-ci; c'est là aussi qu'elles deviennent
nymphes dans une coque de terre et de débris.

Les ateuchus, avons-nous dit, sont obligés de marcher
à reculons; ils sont renversés fréquemment pour peu
que le terrain soit inégal, et se relèvent avec peine. Ces
difficultés, loin de les rebuter, semblent redoubler leur
zèle. Ils font concourir leurs efforts à un but commun,
et, pour l'obtenir, paraissent fort indifférents au droit de
propriété; quand une boule, par la culbute de son pos-
sesseur, vient à rouler au loin, un autre s'en saisit, et le
dépossédé, relevé de sa chute, prend la première boule
qu'il voit à sa portée, ou travaille avec ardeur à en faire
une nouvelle.

Les prêtres égyptiens, à l'aspect des ateuchus, de
leurs boules roulant sans cesse comme le monde dont
ils trouvaient l'emblème, comparèrent leurs travaux à
ceux d'Osiris ou du Soleil.

D'après Porphyre, on honorait l'ateuchus sacré comme
la figure de cet astre. Aussi les monuments, les hiéroglyphes représentent, multipliée de mille façons, l'image
du scarabée sacré; il est ciselé, quelquefois de taille

Fig. 82. — Scarabées sacrés roulant leurs boules.

gigantesque, sur les murs des temples, sur les chapiteaux des colonnes, sur les obélisques, gravé sur les pierres précieuses, sur des médaillons, des cachets, des grains de colliers ou de chapelets. Il était le symbole de la transmigration des âmes et placé dans la tombe des personnes pieuses comme un dieu tutélaire. Une momie rapportée de l'expédition d'Égypte, par E. Geoffroy Saint-Hilaire, renfermait un scarabée sacré parfaitement conservé. Les mages et les empiriques le pendaient en amulette, d'après Pline, au bras gauche des malades qu'il devait guérir des fièvres intermittentes ; le zodiaque de Dendérah le présente dans les signes célestes au lieu du Scorpion des Grecs. Enfin cet insecte, sculpté au bas de la statue des héros, exprimait la vertu guerrière exempte de toute faiblesse.

De tous les auteurs anciens qui ont parlé du scarabée sacré, Hor-Apollon est celui qui a traité ce sujet avec le plus d'étendue. Il lui a consacré le chapitre X d'un ouvrage intitulé : *de la Sagesse symbolique des Égyptiens*, ouvrage mystique et compilation confuse qui ne mérite pas de citation textuelle. Nous y voyons que tous les individus des ateuchus étaient regardés comme mâles. Les boules demeuraient en terre vingt-huit jours, temps d'une révolution lunaire, pendant lequel la race du scarabée s'animait. Le vingt-neuvième jour, que l'insecte connaît pour être celui de la conjonction de la lune avec le soleil et de la naissance du monde, il ouvre cette boule et la jette dans l'eau. Il en sort un nouveau scarabée.

Les anciens voyaient bien cet insecte enterrer sa boule, mais, convaincus de l'existence d'une génération spontanée, il fallait nécessairement supposer que l'insecte venait ensuite la déterrer et la jeter dans l'eau, élément nécessaire pour produire, selon leurs idées, avec le concours de la chaleur, les êtres qui n'avaient ni père ni mère.

Un fait intéressant doit nous frapper dans les récits confus et erronés de Hor-Apollon. Il lance, dit-il, en parlant du scarabée sacré, des rayons analogues à ceux du soleil. On remarque fréquemment que les images sculptées de cet insecte ont été dorées. Latreille, dans son mémoire sur les insectes sacrés, avait d'abord supposé que les six dentelures du front représentaient les rayons de l'astre, mais une intéressante découverte amena une hypothèse plus vraisemblable. En 1819, M. Cailliaud (de Nantes) découvrit à Méroë, sur le Nil Blanc, dans son voyage au Sennaar, un autre rouleur de boules, très-semblable de forme à l'*ateuchus sacré*, avec six dents comme lui en avant de la tête ; mais, au lieu de la couleur noire uniforme de l'insecte de la basse Égypte, celui-là présente une belle couleur d'un vert doré, rappelant en conséquence, par ses reflets, les rayons étincelants de l'astre du jour. Or les Égyptiens, originaires de l'Éthiopie, c'est-à-dire des régions élevées de la vallée du Nil, vénérèrent d'abord ce brillant scarabée et, plus tard, quand le delta du Nil, suffisamment accru, devint habitable, ils y réunirent, dans une superstition commune, son noir congénère des bords méditerranéens. C'est dans cette croyance très-vraisemblable que Latreille a appelé la seconde espèce *ateuchus des Egyptiens*.

Fig. 85.
Ateuchus à large cou.

L'Europe ne renferme que des ateuchus d'un noir brillant. Outre l'ateuchus sacré, on possède en France, dans les mêmes localités, une espèce de dimensions moindres, l'*ateuchus demi-ponctué*. L'espèce la plus réduite comme taille, et qu'on rencontre dans notre pays le plus au nord, est l'*ateuchus à large cou* (fig. 83).

Le front a six dentelures, comme dans les précédents, mais les élytres sont fortement et régulièrement sillonnées. On voit cet insecte dans plusieurs de nos départements du Midi; il est commun près d'Aix en Provence. On le trouve dans l'Ardèche, et aussi, mais assez rarement, dans certaines parties des environs de Lyon, particulièrement sur les monts d'Or et les coteaux de la Pape. Il n'a pas été constaté, d'une manière bien authentique, aux environs de Paris, ni même, je crois, au centre de la France.

Les mœurs de toutes ces espèces sont toujours analogues à celles de l'ateuchus sacré. Il y a des espèces où les mâles aident, dit-on, parfois les femelles à rouler leurs boules. Ils paraissent d'habitude beaucoup moins occupés que leurs compagnes, et des observateurs peu attentifs leur ont fait l'injure de les comparer à ces guerriers des peuplades sauvages laissant aux femmes les pénibles travaux. Cependant, le fait seul que les mâles survivent à la fécondation et demeurent assidus auprès des femelles doit nous amener à une opinion plus conforme aux lois naturelles, qui ne laissent la vie qu'aux êtres nécessaires pour perpétuer l'œuvre du Créateur. Une espèce du midi de l'Espagne, étudiée sur les rivages de Malaga par M. de la Brûlerie, nous donnera une idée exacte du rôle des mâles.

« En certains endroits de la plage sont parqués, dans des clôtures mobiles, des porcs en nombre considérable. L'élève de ces animaux est une des richesses de la contrée, et Malaga l'un des principaux marchés où on les conduit. Là où les porcs ont séjourné, viennent bientôt les histérides, les lamellicornes coprophages, et notamment l'*ateuchus cicatricosus*. Je le vis rouler ses boules.

« La femelle seule se charge de ce soin; et, comme les autres espèces du genre, marche à reculons et se sert de ses pattes de derrière pour maintenir son précieux fardeau. Le mâle surveille le travail avec un intérêt visible, mais sans y prendre une part active. Qu'un obstacle se rencontre, et que la boule qui contient sa progéniture tombe dans une inégalité du sol, il faut voir comme il s'agite, tourne tout autour, pousse sa femelle du chaperon, et l'excite, j'allais dire de la voix, mais plutôt en faisant retentir, sur un ton désespéré, le bruit que produit le frottement de son abdomen contre ses élytres.

« Si l'observateur prend la femelle et la pose à terre, à quelque distance, le mâle redouble son cri plaintif. La femelle l'entend; elle paraît indécise, consulte les quatre points cardinaux, s'oriente enfin, et de sa course la plus rapide revient, tout en trébuchant, ressaisir la boule, objet de sa maternelle sollicitude.

« Vous accusez le mâle d'être un paresseux jouant le rôle de la mouche du coche. Mouche peut-être, mais mouche indispensable, car, si vous le prenez, la femelle s'arrête et reste la tête baissée sur le sable, de l'air le plus piteux du monde.

« Elle serre toujours sa boule dans ses pattes de derrière, mais rien ne la fera bouger, et, si on ne lui rend son compagnon, je crois qu'elle mourra sur place[1]. »

Un second groupe de constructeurs de boules est formé par les *gymnopleures*, de couleur noire, qu'on reconnaît au premier abord parce que les flancs du premier arceau ventral sont mis à découvert par un rétrécissement brusque des élytres au-dessous des épaules. Ils ont des tarses très-grêles aux membres antérieurs, de même que les sisyphes, du groupe suivant. Une espèce très-commune dans le midi de la France est le *gymnopleure pilulaire*. Il abonde aux environs de Lyon. Ces

[1] *Op. cit.*, p. 522.

insectes vivent rassemblés en troupe plus ou moins considérable, et couvrent parfois de leur multitude les déjections des chevaux et des bœufs ; mais, à peine les appro-
che-t-on, surtout dans les journées chaudes, qu'ils s'envolent avec facilité, au point que, dans un instant, on
n'en voit plus un seul.

- On a trouvé cette espèce jusqu'à Pithiviers, mais je
ne crois pas qu'elle arrive plus près de Paris. On prend
quelquefois, mais rarement, dans les chaudes journées
de juin, près de la ca-
pitale, une seconde es-
pèce de gymnopleure,
un peu plus petite, à
surface chagrinée, le
Gymnopleure flagellé
(fig. 84). Ces insectes
recherchent les matiè-
res stercoraires des
ruminants. Ils volent

Fig. 84.
Gymnopleure flagellé, de profil.

autour des chèvres et des moutons, et, à défaut de leurs
propres boules, se jettent sur les crottins et les roulent.

Quelquefois une véritable intelligence semble pré-
sider à leurs travaux. « Souvent, dit M. Mulsant, surtout parmi les scarabées[1], qui construisent une pelote
beaucoup plus grosse qu'eux, un ami obligeant vient
prêter ses bons offices. Il se place sur le sommet du
corps sphérique, et, en se penchant en avant, l'entraîne
dans un mouvement de rotation. Par moment, un accident arrive : la boule tombe dans un trou, et y reste-
rait inévitablement sans le secours de nouvelles forces
nécessaires pour l'en extraire. Un gymnopleure auquel
semblable mésaventure était arrivée se dirigea, dit
Illiger, vers un tas de bouse voisin, et revint bientôt

[1] *Hist. natur. des coléopt. de France,* Lamellicornes, 1842, p. 41.

avec trois camarades; tous quatre réunirent leurs efforts pour tirer la pelote du précipice, et ils y parvinrent enfin; ce résultat obtenu, les trois compagnons, dont la tâche était accomplie, s'en retournèrent aussitôt à leur ouvrage. »

Les *sisyphes* forment un troisième groupe, ainsi désigné par Latreille en souvenir de ce fils d'Éole et d'Arénète condamné, suivant la Fable, à rouler au sommet d'une montagne un rocher qui lui échappait toujours au moment où il croyait toucher au terme de ses peines. Les Sisyphes ont le corps court et ramassé, les pattes grêles et très-étendues, surtout celles de derrière, qui sont courbées pour mieux embrasser la boule. Cet aspect des membres a valu le nom de *bousier araignée* (Geoffroy) au *sisyphe de Schœffer* (fig. 85), la seule espèce d'Europe, qu'on a pris quelquefois accidentellement près de Paris. Ce noir et bizarre animal vit dans les matières les plus rebutantes; il marche gauchement

Fig. 85.
Sisyphe de Schœffer.

à cause de ses longues pattes postérieures, se plait sur les terrains en pente, les coteaux exposés au soleil. On peut dire de lui qu'il a la monomanie du jeu de boules; sans relâche les sisyphes sont occupés à en construire ou à en rouler, et souvent ils contentent leur instinct, à peu de frais, avec des crottins de chèvre. Écoutons encore les curieuses observations de l'entomologiste lyonnais :

« Les mâles, écrit M. Mulsant, montrent en général un attachement moins vif que l'autre sexe pour ces petites pelotes qui doivent servir de berceau à leurs descendants. Souvent, pour mettre à l'épreuve leur amour maternel, il m'est arrivé de transporter dans la main un couple de sisyphes avec le fruit de leurs travaux. Dès que je leur rendais la liberté, le mâle en usait pour s'envoler; la femelle ordinairement restait attachée à la pilule, objet de ses espérances, et se résignait à la conduire seule. J'ai vu quelques-unes de ces créatures surprises par la nuit avant d'avoir pu enterrer assez profondément leur globule; le lendemain, de grand matin, je les retrouvais le tenant entre leurs pattes, comme un trésor dont elles n'avaient pu se séparer. » Ces instincts affectueux sont propres à tous les scarabées rouleurs de boules.

En creusant la terre on trouve souvent, avec une boule, le couple d'insectes qui l'ont produite. On dirait qu'ils ont voulu rester attachés à cet objet pour veiller à sa conservation ou pour attendre, près de ce dépôt précieux, la mort qui doit mettre fin à leurs travaux.

Malgré l'odieuse exploration qu'exige l'étude des bousiers, nous oserons encore continuer un peu ce sujet, tant les mœurs de ces insectes, toujours liées à leurs métamorphoses, tiennent en suspens la curiosité. La science n'est-elle pas comme le charbon ardent qui purifiait les lèvres du prophète Isaïe?

Les *copris* ne construisent pas habituellement de boules, mais creusent des trous proportionnés à leur taille sous les matières stercoraires, et y accumulent, mêlées à leurs œufs, les substances nécessaires à la nourriture des larves, qui s'entourent, pour se transformer, d'une coque de bouse séchée. C'est ainsi qu'opère le *copris lunaire* ou *bousier capucin* de Geoffroy, très-commun dans le Midi, mais qu'on peut voir aussi près de Paris, surtout dans les lieux sablonneux où ont passé des chevaux. Il est d'un noir brillant et remarquable par les trois cornes qui ornent son corselet, celle du milieu étant la plus grande, et la corne qui se dresse au centre du front, longue et pointue dans le mâle, courte et tronquée chez la femelle. Il fait entendre une stridulation en frottant ses élytres contre le dos.

Les *aphodiens* sont les plus petits scarabées des fientes, les seuls communs dans les régions du Nord, existant même en Laponie. On les voit voler le soir en abondance sur les routes parsemées de déjections. Leur corps est arrondi et convexe en dessus, mais plat en dessous. Ils n'ont pas d'industrie, ne creusent pas la terre au-dessous des bouses dont ils se repaissent, dont ils ont percé la surface de petits trous et qu'ils sillonnent de galeries. Les femelles pondent dans le milieu où elles vivent, et c'est là que les larves se développent. Rien de plus commun que l'*aphodie du fumier*, noire, avec des élytres rouges striées. Quand on a bouleversé sa triste demeure, l'insecte fait le mort. Les cuisses courtes et aplaties, les jambes larges et dentelées indiquent un fouisseur. Chose étrange! de son asile immonde il sort net, sec et brillant, comme d'un bain immaculé.

Il est impossible de ne pas accorder notre attention aux géotrupes qui volent le soir, avec un bourdonnement sourd, sur tous nos chemins; leur présence dans les airs indique au laboureur qui regagne sa chaumière que le temps sera beau le lendemain. Leur abdomen est très-court, et par contre leur thorax énorme, donnant attache à des pattes larges, crénelées, éperonnées, constituées pour fouir avec force. Ils font entendre une stridulation par le frottement d'une saillie de l'article d'articulation du membre postérieur contre le bord de la cavité où il s'emboîte. Leur corselet n'est pas armé de cornes, du moins dans les espèces ordinaires. Les géotrupes creusent, sous les déjections des ruminants

et des chevaux, des trous verticaux ou obliques, ayant
parfois plusieurs décimètres de profondeur, à l'ouverture
desquels ils se tiennent pendant le jour, occupés à satis-
faire leur appétit et prêts à s'y réfugier en cas de danger.
Le soir, après des mouvements répétés de leurs élytres,
à la façon des hannetons, pour gonfler d'air leur corps
massif, ils se dressent sur leurs pattes de derrière et
essayent de prendre leur essor; mais souvent leur premier coup d'aile, frappant l'air avec trop de force, les
rejette en arrière sur le dos, et ils doivent s'y reprendre à plusieurs fois. Ils rasent la terre d'un vol court,
lourd et sinueux, se frappent contre les obstacles et
retombent étourdis. Si l'on cherche à les saisir, ils se
renversent sur le sol et contrefont les morts, en étendant leurs pattes, qui demeurent roides et sans flé-
chir aux articulations. Ces insectes sont tourmentés
par une multitude de gamases, petites arachnides d'un
fauve terne, dont nous avons parlé à propos des nécrophores; ils couvrent souvent le corps des géotrupes.
Les espèces les plus communes sont le *géotrupe ster-
coraire*, d'un noir brillant, le plus souvent avec reflet
bleu ou bronzé, et le *géotrupe printanier*, plus petit,
d'un bleu foncé à reflet rougeâtre, à élytres moins fortement striées.

Très-voisins des scarabées et des hannetons par leurs
larves et leurs nymphes, les *lucanes* ou *cerfs-volants*
présentent quelques différences à l'état parfait. Leurs
antennes sont coudées, et les lamelles, au lieu de se
replier comme les feuillets d'un livre, demeurent écartées. La plus grande espèce de notre pays, le *lucane-
cerf*, d'un brun foncé, est bien connue par ses énormes
mandibules, bifurquées à l'extrémité, crénelées, avec
une forte dent au milieu. L'usage de ces énormes appendices qui simulent un bois de cerf est mal connu; ils
n'existent que chez les mâles; la femelle ou *biche* ne

8

les offre qu'à l'état ordinaire (fig. 86, 87, 88, 89). Ils
peuvent serrer la peau jusqu'au sang et soulever un
poids considérable. Les Romains suspendaient ces mandibules cornues au cou de leurs enfants, pour les préserver des maladies du jeune âge. Linnæus dit qu'un
éléphant qui aurait une force proportionnée à celle d'un
lucane, ébranlerait une montagne. On croit, dans certaines parties de l'Allemagne, qu'ils prennent des charbons ardents entre ces pinces et vont propager des
incendies. Leurs mœurs sont douces, ils sucent avec
délices, au moyen de leurs mâchoires en forme de
houppe, les liqueurs qui suintent des crevasses des
chênes. Ils mangent aussi les feuilles de ces arbres. Ils
sont très-friands de miel et on prétend qu'ils peuvent
s'apprivoiser. Swammerdam, dit-on, en avait un qui
le suivait comme un chien quand il lui présentait du
miel. Accrochés pendant le jour au tronc des chênes,
ils ne volent que le soir et du vol le plus lourd, se tenant presque verticaux pour ne pas basculer par le
poids de leurs gigantesques mandibules. Leur taille
varie beaucoup. La collection du Muséum en présente
deux énormes individus, provenant de la dernière expédition de Syrie. Ils étaient venus frapper avec tant de
force dans le schako d'un capitaine commandant un
détachement, que celui-ci crut d'abord à une agression
à coups de pierres. La femelle pond ses œufs dans les
vieux troncs de chêne. La larve enroulée, ressemblant
beaucoup à celle des hannetons, à anneaux moins mar-
qués, vit près de quatre ans et commet souvent de
grands dégâts. On ne sait trop si c'est à cette larve ou à
celle du grand capricorne, dont nous parlerons bientôt,
qu'il faut rapporter ces vers, nommés *cossus* par les Romains, remplis d'une crème délicate, et qui figuraient
avec honneur sur les tables de Lucullus. Les meilleurs à
manger, dit Pline, sont les gros vers des chênes, ce qui

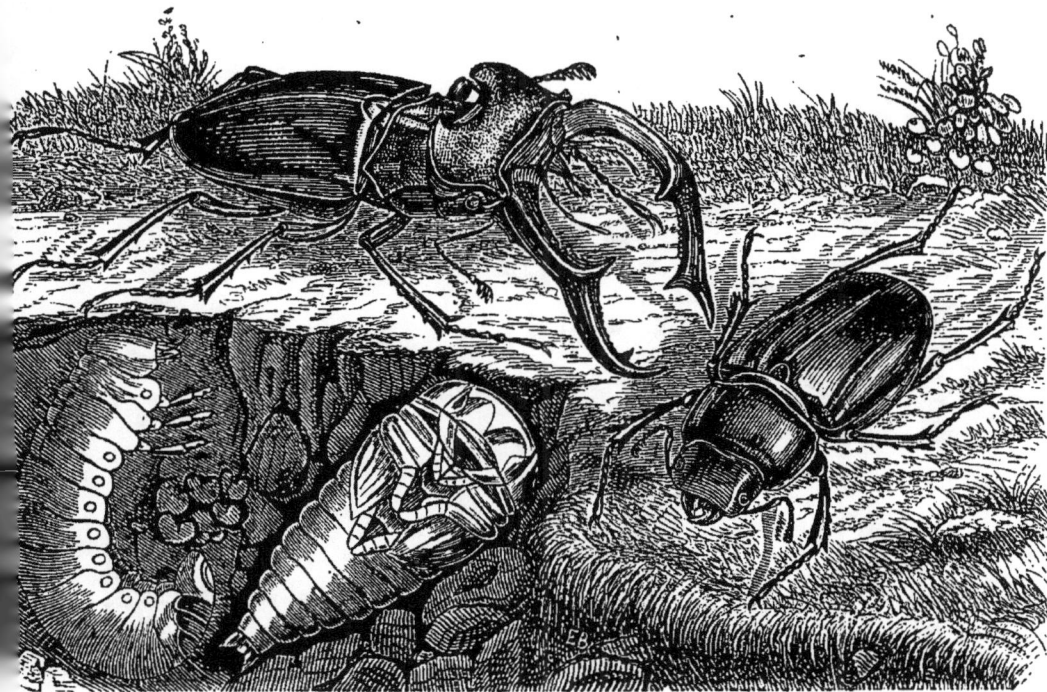

Fig. 86, 87, 88 et 89. — Lucane cerf-volant, larve, nymphe, insectes mâle et femelle.

se rapporte aux larves des deux genres. Les dames de-
mandaient à cette nourriture substantielle un embon-
point qui prolongeait leur beauté.

Pour se changer en nymphe, la larve s'enveloppe d'une
coque de parcelles de bois agglutinée, et l'adulte passe
souvent l'hiver dans cette coque après son éclosion pour
se consolider.

Passons rapidement sur le triste groupe des *mélasomes*, coléoptères au manteau noir. Nous y rencontrons les blaps, dont l'espèce commune, le *blaps
obtusa*, à odeur repoussante (fig. 90), et le *blaps mor-
tisaga* (présage de mort), à élytres soudées avec une

Fig. 90.
Blaps obtus.

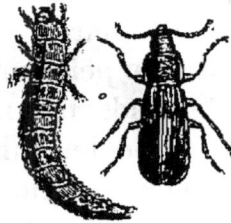

Fig. 91 et 92.
Ténébrion de la farine et sa larve.

pointe terminale, sans ailes, se traînant dans les caves, les celliers, les grottes obscures, vivant de débris
animaux et aussi des limaces de cave, et les *ténébrions*, habitant les boulangeries. Leurs larves séjournent dans la farine, ont un corps cylindrique et comme
vernissé. Les amateurs d'oiseaux les recherchent pour
nourrir les jeunes rossignols et divers oiseaux insectivores. Trop souvent nous en trouvons avec dégoût les
débris dans le pain, ainsi que les restes noirs de l'adulte
(fig. 91, 92).

Un très-grand intérêt, sous le rapport des métamorphoses encore imparfaitement connues, s'attache à la famille des coléoptères vésicants, fournissant à l'art de guérir un puissant caustique dérivatif et aussi un dangereux poison. Les plus employés en Europe sont les *cantharides*, au corps et aux longues élytres molles, d'un beau vert brillant, s'abattant en immenses essaims sur les frênes, dont elles dévorent le feuillage, et quelquefois sur les lilas. Dans le midi de l'Europe, en Orient, en Chine, on se sert, comme vésicants, des *mylabres*, qu'on rencontre en grappes sur les fleurs des composées, les chicorées, les chardons, etc. Les Romains en faisaient le même usage, et la loi *Cornelia* punissait de mort les empoisonneurs par les mylabres. Enfin, au printemps surtout, dans les prairies, on voit courir des coléoptères d'un noir violet brillant, aux élytres très-courtes, sans ailes, et dont les femelles traînent avec peine un énorme abdomen rempli d'œufs. Les Allemands les nomment *scarabées de mai* (Maykæfer). Si on les saisit, ils replient leurs pattes, et de toutes leurs articulations suinte une liqueur jaune, onctueuse, fétide. Ce sont les *buprestis* ou *enflebœufs* des anciens, car on a vu des bestiaux gonfler et mourir pour en avoir avalé. Dès le commencement d'avril, le *méloé proscarabée*, le plus commun, se rencontre en abondance dans les prairies qui sont contre le pont d'Ivry et bordent le confluent de la Seine et de la Marne. On a complétement ignoré longtemps les premiers états des coléoptères vésicants. Newport en Angleterre, M. Fabre en France, ont soulevé le voile en grande partie. On avait rencontré sur diverses abeilles solitaires, construisant des nids en terre et les approvisionnant du miel des fleurs pour leur progéniture, des petits êtres cramponnés dans leurs poils. On les prenait pour des parasites et ils furent décrits sous les noms de *pou de*

la mélitte, de *triongulin*. Ce sont les premières larves
des vésicants. Les nombreuses .transformations d'une
espèce nommée *Sitaris huméral* ont été. observées par
M. Fabre (fig. 93). La larve est tour à tour carnivore
et mellivore. La femelle va pondre à reculons dans les.
conduits terreux qui mènent aux nids des abeilles solitaires. De ces œufs sort une très-petite larve, d'un
millimètre de longueur seulement, très-agile, à fortes
mâchoires, à longues pattes, à longues antennes, avec

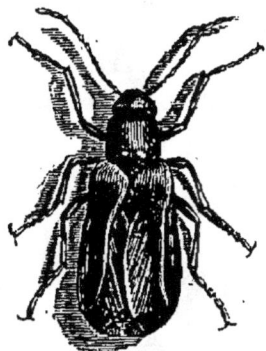

Fig. 93.
Sitaris huméral (grossi).

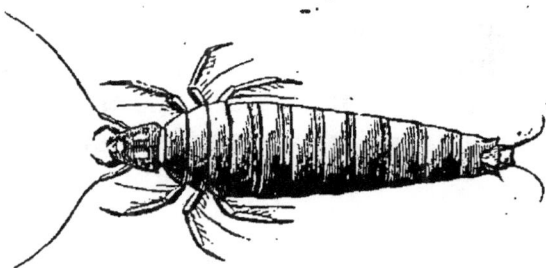

Fig. 94.
Première larve (très-grossie).

des filets caudaux, une peau cuirassée et des yeux au
nombre de quatre (fig. 94). Elle attend patiemment tout
l'hiver sans nourriture. Au printemps sortent du nid les
mâles, éclos les premiers. Prestement elle s'accroche à
leurs poils; ils la font passer soit directement, soit par
l'intermédiaire des fleurs où ils l'ont déposée, sur les
femelles. Celles-ci ont fait un nid comme leur mère, ont
garni les cellules d'un doux miel pour leurs enfants;
dans chacune doit être pondu un œuf. La petite larve
a l'instinct de se laisser tomber sur cet œuf, l'ouvre,
se nourrit de l'intérieur et se sert de la coque comme
d'un radeau pour ne pas se noyer. dans le lac de miel
qui l'entoure. Après la muc paraît une seconde larve

(fig. 95). Combien elle diffère de la première! Elle est
aveugle, n'a que des pattes et une bouche à peine formées, un énorme ventre renflé. Elle mange peu à peu
tout le miel de la cellule. Puis, dans la peau desséchée de cette seconde larve, mais distincte, se forme

Fig. 95.
Deuxième larve.

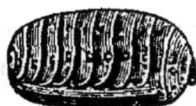

Fig. 96.
Pseudonymphe.

une pseudo nymphe, ovalaire, segmentée, inerte et ne
mangeant pas, de couleur ambrée, passant l'hiver
(fig. 96). Il en sort une troisième larve (fig. 97) très-
analogue à la seconde, devenant bientôt une nymphe

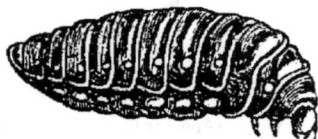

Fig. 97.
Troisième larve.

Fig. 98.
Nymphe.

ordinaire, d'un blanc jaunâtre, à organes repliés et d'où
sort un sitaris adulte, ne vivant que peu de jours pour la
reproduction et la ponte (fig. 98).

Les méloés pondent dans de petits trous, sous les gazons, des amas d'œufs oblongs, d'un beau jaune citron.
Les premières larves qui en sortent grimpent aux fleurs,
de là passent sur des mellifiques, et subissent toute une
série analogue de transformations. Il doit en être de
même, pour les mylabres et pour les cantharides, dont
les femelles ont peine à voler, tant leur abdomen est

gonflé par les œufs, tandis que les mâles volent vivement
au soleil autour des frênes ou des lilas ; mais l'observation directe est encore à faire (fig. 99, 100).

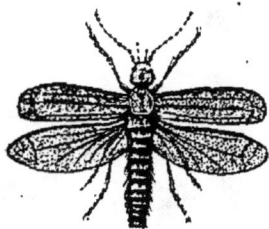

Fig. 99. — Cantharide mâle
volant.

Fig. 100. — Cantharide femelle
avant la ponte.

La plupart des coléoptères dont il nous reste à dire
quelques mots ont des larves souvent sans pattes, molles,
blanchâtres, ne se mouvant que par reptation, vivant
cachées dans les tiges, les graines, les fruits des végétaux. Ils se rattachent de plus ou moins près à une immense famille, les *charansons*[1] ou *porte-becs*, comptant
bien 30,000 espèces, décrites, nominales, inédites et à
découvrir, offrant un prolongement allongé du front qui
porte les antennes, le plus souvent coudées. On leur
donne le nom latin de *curculio* ou *gurgulio*, à cause de
leur voracité et de leurs dégâts :

> Le charanson ravage un vaste champ de blé
>
> Virg., *Géorg.*, liv. I, vers 185.

dit le poëte en parlant de la calandre des grains, fléau
de nos réserves de céréales. Chacun de nos légumes secs

---

[1] Nous écrivons *charansons* et non *charançons*, d'après l'ancienne
orthographe de Geoffroy.

a son hôte funeste. La *bruche du pois*, brune, tachetée
de blanc, ne sort du pois qu'à la fin de l'été. Chaque femelle, qui peut pondre une centaine d'œufs, dépose à la
fin de la floraison, sur la jeune gousse, un œuf par pois.
La larve vide peu à peu le pois, qui grossit avec elle, et
l'adulte sort en perçant un trou circulaire (fig. 101, 102).

Fig. 101 et 102. — Bruche du pois et pois percé.

La *bruche des fèves* dépose ses œufs dans les champs de
fèves et marque chaque fève d'un à trois points noirs.
Une fève peut nourrir plusieurs larves. La lentille et la
vesce ont aussi leurs bruches spéciales. C'est un cha-
ranson dont la larve dévore la noisette et qui sort de la
coque par un trou arrondi. Tous les végétaux sont ron-
gés par une ou plusieurs espèces de ces coléoptères :
ainsi la vigne, les arbres fruitiers, les bouleaux, les peupliers, les coudriers, les pins et les sapins (fig. 103), etc.
Il y a des charansons qui sautent au moyen de leurs
pattes postérieures repliées. Tels sont les *orchestes* qui minent le parenchyme des feuilles. Le docteur Laboulbène
a décrit la métamorphose d'une de leurs espèces (*Ann.
Soc. ent. de France*, 1858, p. 286). Parfois les femelles
ont l'instinct de couper à demi les jeunes tiges ou les
pétioles des feuilles où elles doivent pondre, afin que la
sève n'afflue que difficilement dans l'organe flétri et ne
puisse étouffer les jeunes larves. A côté, nous trouvons
les *scolytes*, les *hylésines*, les *bostriches*, dont les larves
vivent dans les galeries qu'elles creusent entre l'écorce et

lé bois des arbres de diverses essences (fig. 104). Chaque
espèce a sa propre forme de galeries. Elles sont très-nettes

Fig. 105. — Pissodes notatus.

sur le frêne. Ces petites larves sont sans pattes, à peau très-
froncée, repliées en deux, à bouche armée de pièces so-

Fig. 104.
Hylésine du pin (grossi).

Fig. 105.
Larve de scolyte replié (grossie).

lides (fig. 105). Les adultes dévorent les feuilles des arbres
où vivent les larves. On prétend que par là ils affaiblissent

ces végétaux et les rendent plus faciles à attaquer par
leurs larves, et que l'instinct les porte à choisir pour la
ponte des arbres ou vieux ou languissants, moins résistants que ceux où abonde la séve. Ces insectes, qui
creusent des galeries dans le bois, ont des mandibules si
dures qu'il y a dans la science des exemples où ils ont
perforé des plaques de plomb et même des clichés typo-
graphiques, formés d'un alliage plus dur que le plomb.

On dirait que certains charansons, principalement
d'Amérique, cherchent à faire pardonner, par leurs
riches couleurs, les méfaits de leur race. Cet éclat est
dû, non aux téguments mêmes, qui sont noirs, mais à
de brillantes écailles, imbriquées comme les tuiles d'un
toit, et que le frottement enlève. Dans le midi de la
France, vit sur les tamarix une petite espèce de cette
sorte, verte avec points d'un rouge vif, qui étincelle au
soleil comme des perles de feu.

Ce sont encore des larves sans pattes, ou à pattes très-
rudimentaires, et vivant dans les bois, qui produisent

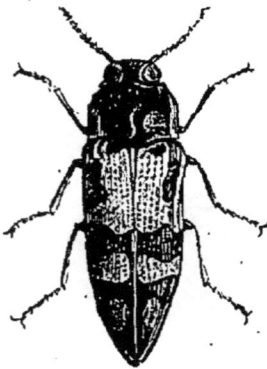

Fig. 106.
Bupreste impérial.

ces magnifiques coléoptères nommés *richards* ou *buprestes*, aux
colorations les plus vives, aux
teintes métalliques (fig. 106).
Aux Indes, en Chine, les femmes
s'en servent pour leur coiffure ou
comme pendants d'oreilles, et une
mode analogue commence à s'introduire en France. La forme extérieure des buprestes rappelle
un peu celle des taupins. Ils ne
sautent pas, et, par une excep-
tion unique chez les coléoptères, leurs ailes ne sont
pas repliées en deux sous les élytres. La France n'en
possède que de petites espèces, surtout du Midi. Les
larves sans pattes ont une petite tête, un très-large tho-

rax, sont très-allongées et vont en s'amincissant, comme
un pilon aplati. Elles restent isolées entre l'écorce et le
bois, se creusant des galeries irrégulières, et sont parfois, dit-on, de dix à vingt ans avant de donner l'adulte.
Nous figurons une de ces larves appar-
tenant à une espèce qui vit dans les
jeunes arbres des pins maritimes des
Landes, le *bupreste de Solier*, larve bien
propre à montrer la forme typique, et
qui vit une année (fig. 107). Nous devons citer la plus grande espèce d'Europe, le *Buprestis mariana*, atteignant
$0^m,02$ de longueur. Il est d'un beau
vert foncé à reflet cuivreux. Il vit sous
les écorces des arbres verts et se rencontre de la Suède à la Méditerranée,
zone d'habitation très-étendue, fait général pour les insectes des conifères.

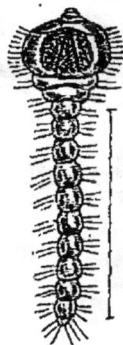

Fig. 107.
Larve de bupreste
de Solier.

Les buprestes n'ont que de petites antennes ; mais
leurs larves sont très-voisines, comme formes et comme
mœurs, de celles des *longicornes* ou *capricornes*, dont
les très-longues antennes, surtout chez les mâles, formées d'articles en fuseau, ont, dans certaines espèces,
deux et trois fois l'étendue du corps. Le type de ces insectes est le *grand capricorne* (*Cerambyx heros*), qu'on
rencontre en juin sur les chênes (fig. 109). Il est d'un
brun presque noir. Le mieux pour les amateurs qui veulent recueillir toutes ces espèces, à longues et si fragiles
antennes, est de les renfermer dans de grands sacs de
toile pleins de feuille. La larve, dite *gros ver du bois*,
creuse ses larges galeries dans l'intérieur des chênes
parvenus à toute leur croissance, et gâte les plus belles
pièces de charpente. Elle est allongée, à thorax renflé,
mais sans un rétrécissement aussi fort que chez les larves de buprestes, et présente des pattes tout à fait

vestigiaires, comme le montre la figure 108 grossie.

Toutes les larves de longicornes ont une forme qui rappelle, plus ou moins, celle d'un prisme à six pans, à arêtes obtuses. La tête est enchâssée dans un prothorax très-développé, et les segments portent, en dessus et en dessous, de forts mamelons rétractiles, tantôt lisses, tantôt chagrinés, tantôt tuberculeux. Parfois les pattes manquent complétement; quand elles existent au thorax, elles sont très-courtes, et le genre de vie est le même, dans les galeries creusées dans les troncs et les branches, ce qui montre que ces pattes

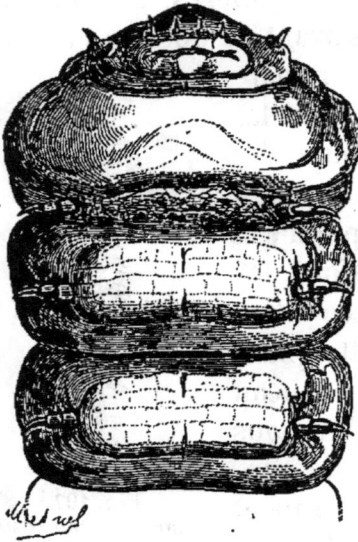

Fig. 108.
Larve du grand capricorne,
en dessous.

n'ont aucune importance. Certains longicornes répandent des odeurs agréables : il en est ainsi de cet élégant insecte, d'un vert métallique, vivant sur les saules, volant parfois à la forte ardeur du soleil de juin, et qui exhale le parfum pénétrant de la rose, et qu'on appelle *Aromia moschata*. Son odeur suave le décèle avant qu'on l'ait aperçu sur le saule.

Le longicorne européen le plus curieux par la grandeur démesurée des antennes est celui que les entomologistes nomment *Æstynomus edilis* ou *montanus*. Long de 0^m,012 à 0^m,015, il est un peu déprimé, d'une couleur cendrée, nébuleuse, avec un duvet jaunâtre et deux bandes arquées, irrégulières, brunâtres sur les élytres. La femelle porte en arrière un tube droit, lui servant à pondre sous les écorces (fig. 112, 113). Les antennes sont

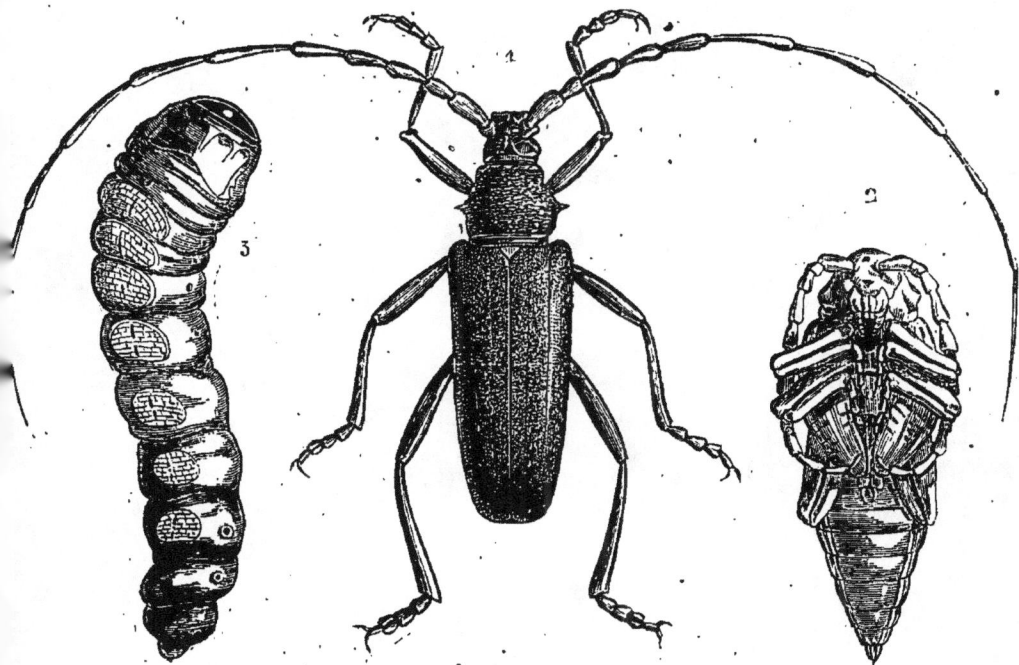

Fig. 109, 110 et 111. — Grand capricorne (1), sa larve (3), sa nymphe (2).

près de trois fois aussi longues que le corps dans les femelles, et jusqu'à cinq fois aussi longues chez le mâle. De tels appendices antérieurs seraient bien gênants pour le vol; aussi ces insectes se tiennent fort tranquilles sur les troncs des pins ou des sapins dans lesquels ils ont

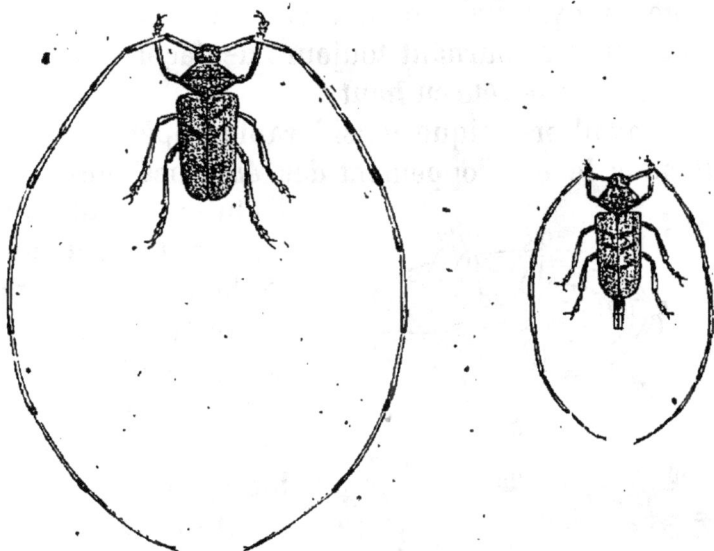

Fig. 112 et 113. — Æstinomus édilis, mâle et femelle

passé leurs premiers états. On trouvera ces curieux insectes dans toutes les localités où existe un bois de conifères un peu étendu. Nous recommandons sous ce rapport la forêt de Fontainebleau aux jeunes amateurs parisiens. Les adultes éclosent en août et septembre, et la femelle fait aussitôt sa ponte, surtout sur les souches et tiges des arbres morts. La larve est déjà parvenue à moitié de sa croissance à l'entrée de l'hiver, et creuse de larges galeries dans les couches intérieures de l'écorce. Elle vit une année, du moins dans les pins maritimes des Landes, où l'a observée M. E. Perris. Son corps est d'un blanc jaunâtre, entièrement revêtu de poils très-fins (fig. 114). Elle est aveugle et sans pattes. Elle a soin, en creusant le bois, de laisser toujours une épaisseur d'écorce ou d'aubier suffisante pour se protéger contre le bec des pics et la longue tarière des ichneumoniens, en prenant cette précaution d'autre part, que l'épaisseur ne soit pas trop grande ; il ne faut pas que l'insecte adulte demeure emprisonné et ne puisse la percer pour sortir. Elle se change en nymphe dans une cellule ainsi creusée dans la tige, en se retournant toujours de façon que la nymphe se trouve la tête en haut.

Un travail organique considérable s'opère alors, surtout pour le développement des énormes antennes de l'adulte, remplaçant les très-petites antennes de la larve. La nymphe, couverte d'épines rousses, présente les longues antennes des mâles disposées avec une admirable symétrie. Elles forment un double peloton qui passe en dessous du corps entre les pattes ; puis elles se contournent en décrivant trois quarts de cercle, et, remontant le long de la poitrine, passent par-dessus la tête, longent toute l'étendue dorsale du corps, et se courbent pour se croiser près de l'extrémité du dernier segment (fig. 115).

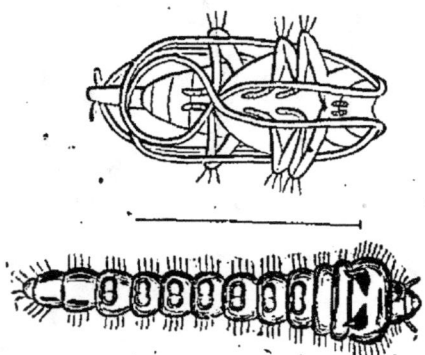

Fig. 114 et 115.
Larve et nymphe de l'Æstinomus edilis.

En terminant cette revue rapide des coléoptères, reparaissent des larves pourvues de pattes bien développées. Elles sont obligées de se déplacer pour ronger les feuilles de proche en proche. Les *chrysomèles*, à couleurs vives et tranchées, à corps globuleux, ont des larves ovoïdes, molles, sauf la tête coriace. Telles sont les larves assez allongées, d'un gris verdâtre terne, qui dévorent les feuilles des peupliers et des trembles.

Ces larves laissent suinter un liquide blanchâtre et fétide, sortant par des pores, dès qu'on les inquiète. C'est probablement un moyen défensif contre les oiseaux. Il y a deux espèces très-voisines, vivant en société, sans jamais se confondre, chacune sur son rameau, parfois du même arbre, l'une dite *du peuplier* (sa larve, fig. 116), l'autre *du tremble*. Les adultes ont les élytres d'un beau rouge et le corselet bronzé. L'espèce du peuplier, souvent un peu plus grande, offre une double tache d'un noir bleuâtre, très-petite, au bout de chaque élytre, qui manque dans l'autre espèce.

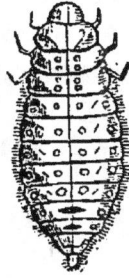

Fig. 116.
Larve de chrysomèle du peuplier.

Les *Clythres* sont d'autres chrysoméliens qui vivent surtout sur les arbres et arbustes, accrochés aux tiges des noisetiers, des osiers, des chênes, des bouleaux, etc., parfois aux graminées, aux chardons, enfin sous les pierres. La plupart sont convexes et oblongs, rouges ou jaunes, avec des taches noires. Ils appartiennent surtout au bassin européen et africain de la Méditerranée, et n'ont près de Paris que quelques petites espèces. Dans la plupart des Clythres, les mâles diffèrent des femelles par une grosse tête à mandibules saillantes en tenailles et

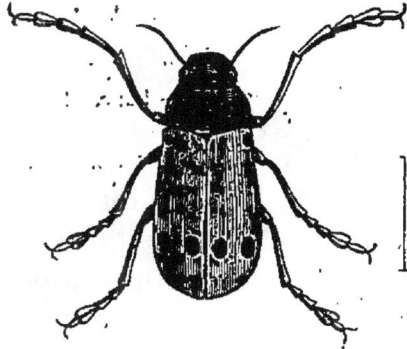

Fig. 117.
Clythre à longues pattes, mâle.

des pattes antérieures très-allongées, comme on le voit chez le mâle du *Clythre à longues pattes* (fig. 117) du

midi de la France. Le grand intérêt de ce genre est dans
les métamorphoses. Les larves et les nymphes sont entourées de très-jolis fourreaux, trigones, avec des côtes
en chevrons entre-croisés. La matière en est fort étrange.
Ce sont les excréments de la larve façonnés par ses mandibules, convertis par la dessiccation en une substance
noire, ou brune, ou rougeâtre, sèche et friable. Parfois ces fourreaux sont revêtus d'un feutrage de poils
tout à fait inexpliqué. Le fourreau n'a qu'une seule ouverture, par laquelle la larve fait sortir sa tête et ses
pattes thoraciques bien développées, les antérieures plus
allongées si la larve doit donner un mâle pourvu de ce

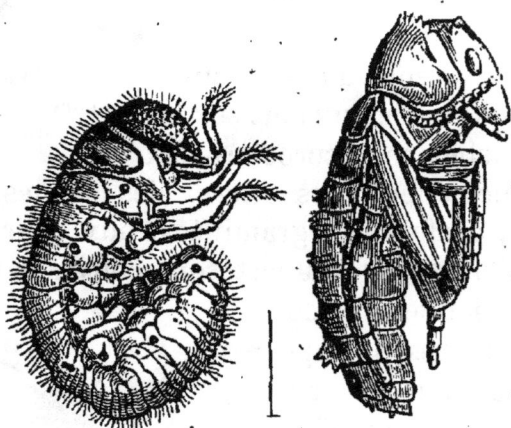

Fig. 118. — Larve et nymphe de clythra vicina.

caractère. Le reste du corps est recourbé en arc dans la
partie la plus large et fermée du fourreau. Cela pour deux
raisons : cette courbure permet à la larve de se maintenir sans adhérence dans le fourreau qu'elle traîne avec
elle, et en outre rapproche des mandibules les singuliers matériaux qu'elle doit utiliser pour la construction
de son domicile. On trouve ces bizarres traîneuses de
fourreaux sur les feuilles, sous les pierres, et aussi dans
les fourmilières, respectées des fourmis, qui, sans doute,

se repaissent de quelque sécrétion des clythres ; en même temps que, par un échange de services, celles-ci mangent certaines substances récoltées au loin et amenées par les fourmis. Nous représentons (fig. 118) la larve et la nymphe du *Clythra vicina*, la première jaunâtre, la seconde brune, qu'on rencontre sous les pierres humides des environs d'Alger et d'Oran, et aussi du sud de l'Espagne.

Lorsque la larve est arrivée au terme de son développement (et aussi à chaque mue), la larve ferme la partie antérieure et ouverte du fourreau avec un opercule qui n'est pas sans analogie avec celui dont beaucoup de colimaçons terrestres bouchent l'entrée de leurs coquilles pour se protéger contre le froid de l'hiver. La larve se retourne ensuite dans le fourreau, de sorte que la partie postérieure se trouve là où était la tête, et *vice versâ*. Il faut, en effet, que l'adulte puisse sortir en rongeant avec ses mandibules le fond élargi du fourreau qui contenait la larve courbée, tandis qu'il eût été gêné à la partie operculée plus étroite. On se fera l'idée de ces curieux fourreaux par le dessin (fig. 119) en dessus, en

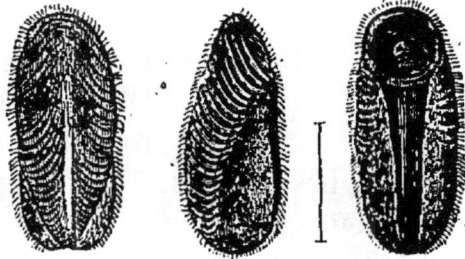

Fig. 119.
Fourreau du clythra octosignata.

dessous et de profil du fourreau qui entoure la larve du *Clythra octosignata*. M. Lucas a découvert cette larve, d'un noir roussâtre, et son fourreau, d'un brun ferrugineux, long de 10 à 12 millimètres sur 4 à 5 de large, en Algérie, près de Médéah, dans les matériaux de fourmilière d'une Mirmique ou Fourmi à aiguillon. Il est certain que la bonne intelligence régnait entre les Clythres et des hôtes aussi bien armés.

Les *Criocères* ont des mœurs étranges. On trouve en abondance sur les lis des petits coléoptères, à élytres d'un rouge luisant, faisant entendre une légère stridulation lorsqu'on les saisit. La larve est très-molle et serait promptement desséchée par le soleil. Son anus se recourbe vers le dos, et les excréments se projettent au-dessus de la larve, de façon à lui constituer un manteau protecteur d'où elle ne laisse sortir que la tête (fig. 120). Vient-on à lui enlever ce vêtement malpropre et singulier, elle se met à manger avec voracité afin de réparer le plus promptement possible le désordre de sa toilette. Elle marche assez vite, en attaquant les feuilles de lis par le bord. La *criocère de l'asperge* a des habitudes analogues. Ses élytres sont fauves, barrées de noir. Les larves des criocères deviennent nymphes en terre dans une petite

Fig. 120.
Criocère du lis, larve
et adulte.

coque. Les *cassides*, à corps aplati et élargi, leur ressemblent. La larve de la *casside verte*, qui vit sur les chardons et les artichauts, dont les côtés sont bordés d'épines rameuses, présente le dernier anneau du corps recourbé sur le dos en une longue fourche. Cette fourche retient les peaux des mues et les excréments. Cette larve n'a pas un manteau, mais un parasol.

Quelques chryséméliens ont une existence aquatique, à l'état de larve surtout, ce qui a longtemps retardé la connaissance de leurs métamorphoses. Les *Donacies* sont de brillants coléoptères qu'on trouve au mois de mai et juin sur les plantes qui bordent les rives des étangs, les typhacées, les roseaux, les sagittaires, les nénuphars, etc.

Leur corps, sculpté de jolis reliefs, brille d'un vert de bronze florentin ; leur forme et leurs antennes les rapprochent des Longicornes, dont ils diffèrent tout à fait par les larves. Ils se tiennent immobiles si le temps est couvert, mais volent à de faibles distances si le soleil printanier les réchauffe et les excite.

Nous recommandons aux jeunes collectionneurs de piquer ces élégants insectes au moyen d'épingles noires, à vernis inoxydable, qui se fabriquent à Vienne. Avec les épingles ordinaires, bientôt un empâtement de sels gras, à base de cuivre, recouvre l'épingle et le corps de l'insecte, fait habituel au reste pour tous les insectes dont les larves vivent dans les tiges des plantes, surtout des plantes aquatiques.

Les larves des Donacies sont allongées, subcylindriques et blanchâtres, mamelonnées en dessous, avec des pattes thoraciques fortes et roussâtres ; deux crochets postérieurs leur servent en outre à se cramponner aux plantes quand les eaux sont agitées. Elles collent contre les racines des nénuphars, des rubans d'eau, etc., des coques brunes sécrétées par elles, faites d'une sorte de parchemin imperméable à l'eau, et où se forment des nymphes blanches et molles dont la plupart passent l'hiver. Au printemps, l'adulte ronge la calotte supérieure de la coque et grimpe le long de la plante, tout entouré de bulles d'air retenues par ses poils.

D'autres phytophages des plantes aquatiques sont les *hœmonies*, qui paraissent vivre toujours dans l'eau sous tous leurs états. Ce sont des coléoptères plus petits que les Donacies, d'un jaune terne avec des bandes noires, longtemps fort rares dans les collections, parce qu'on ne savait pas les trouver ; bien que pourvus d'ailes sous les élytres, on ne les voit jamais voler. Ils adhèrent très-fortement aux tiges et aux feuilles submergées, cramponnés au moyen des ongles ou puissants crochets de leurs tarses longs et grêles. Les plus grandes secousses ne parviennent pas à leur faire lâcher prise, et on les reconnaît bien difficilement en épluchant brin à brin les paquets de plantes submergées, parce que leur couleur se confond avec celle de la vase. Ces insectes, qui sont surtout de l'Europe boréale et moyenne, se trouvent, les uns dans les rivières, mares et fossés, les autres dans les eaux de la mer, rejetés parfois en grand nombre au milieu des plantes marines sur les rivages de la Baltique, de la mer du Nord.

Le meilleur moyen de se procurer les Hæmonies, ainsi l'espèce la plus commune en France, l'*hæmonie du prêle*, est de les rechercher sous les premiers états. Il faut faire ses investigations dans les eaux douces, calmes et à fond vaseux, en entrant à demi dans l'eau sur le rivage ou en se servant d'un bateau. On arrache à la main en plongeant le bras profondément et en tirant sans secousse les tiges des *potamogeton*, des *myriophyllum*, des *equisetum*, avec le chevelu de leurs racines. On trouve fixées à ces racines à la fois des coques brunes, ressemblant à des pulpes de diptères, et des larves blanchâtres, plus petites que celles des Donacies, attachées d'ordinaire aux plantes par les ongles de leurs courtes pattes. Lors des crues de l'eau, pour ne pas être entraînées, elles s'y fixent par deux crochets postérieurs, et, quittant alors la plante de leurs pattes de devant, elles se tiennent droites et roides, comme les chenilles des Arpenteuses. Quand elles vont devenir nymphes, elles sécrètent une coque ellipsoïdale, formée d'une matière qui durcit sous l'eau comme un ciment hydraulique. On trouve ensuite les adultes. On élève très-bien ces larves dans des terrines pleines d'eau où l'on immerge les plantes aquatiques. Elles sont très-lentes dans leurs mouvements, mettant plusieurs heures pour se déplacer de quelques centimètres. On les voit enfoncer la tête et une partie de leurs corps dans la tige

des plantes qu'elles creusent avec leurs mandibules pour
se nourrir soit de parenchyme soit de séve. Les coques
sont comme un parchemin lisse, de couleur plus ou
moins ambrée, parfois noirâtre si les fonds vaseux contiennent des sulfures métalliques. On trouve ensuite les
adultes en ouvrant ces coques, où ils séjournent jusqu'à
ce qu'ils soient assez durs pour sortir. L'évolution complète dure quatre à cinq mois à partir de la ponte de
l'œuf, et se renouvelle de mai à octobre, où l'on rencontre à la fois les trois états, ce qu'explique le peu de
variations des températures de l'eau ; très-probablement
un certain nombre de nymphes et d'adultes hivernent en
léthargie. Les adultes ne sortent pas de l'eau, du moins
pendant le jour. Ils s'accrochent partout, et, quand on
les conserve captifs dans des bocaux pleins d'eau, il
n'est pas rare d'en voir des grappes de huit ou dix cramponnés les uns aux autres. Peut-être volent-ils la nuit
pour se poser sur les plantes à fleur d'eau? Peut-être
leurs ailes ne servent-elles que pour des cas exception-
nels et instinctifs de migration.

Les *Coccinelles* ne nous rendent, pour la plupart des
espèces, que des services et méritent bien leur nom de
bêtes à bon Dieu, vaches à Dieu. Elles ont des points noirs
sur leurs élytres globuleuses à fond rouge ou jaune, ou
bien la disposition des couleurs est inverse, car ces insectes offrent de continuelles variétés (fig. 121). Elles laissent suinter une humeur jaune, fétide, moyen de défense.
Si elles se promènent sur les végétaux, ce n'est pas pour
leur nuire; mais pour les débarrasser d'ennemis acharnés.
Elles pondent, en petits tas, des œufs jaunes, allongés,
au milieu des pucerons. Les larves à six pattes, que Réaumur nomme *vers mangeurs de pucerons,* ont un corps
allongé et mou, hérissé de petits tubercules de couleur
chocolat ou bleuâtre, avec des taches jaunes ou rouges
(fig. 122). Leur extrémité postérieure est munie d'un

mamelon visqueux, qui leur sert à marcher et à s'accrocher. Leurs pattes antérieures s'opposent l'une à l'autre
et saisissent, un à un, les pucerons pour les porter à la
bouche. Quand la nymphe doit se former, la larve s'attache à une tige ou à une pierre par son tubercule postérieur, qui se colle au moyen d'une sécrétion visqueuse.

Fig. 121.
Coccinelle à sept points.

Fig. 122.
Sa larve grossie.

L'animal se gonfle, se raccourcit; sa peau, fendue le
long du dos, se dessèche et reste en manteau sur la nymphe, dont les élytres écartées ressemblent à une fleur
flétrie. La nymphe se redresse brusquement dès qu'on la
touche, comme une momie qui sortirait de son suaire.
Il faut remarquer que si les larves sont en troupes, ce
n'est nullement une association amicale, mais une réunion de meurtriers forcément rassemblés par l'état so-
cial des pucerons ou des cochenilles dont ils vivent. Si la
proie manque les larves les plus fortes dévorent les plus
faibles. Introduisez les coccinelles sous les châssis vitrés
et dans les serres, et protégez-les contre l'affection naïve-
ment dangereuse des enfants qui enferment si volontiers
les *bêtes à bon Dieu* dans des boîtes avec du pain ou des
feuilles. Les ennemis des pucerons doivent être les amis
et les protégés de l'horticulteur intelligent.

CHAPITRE IV

NÉVROPTÈRES

Les fourmis-lions et leurs pièges. — Les ascalaphes. — Les némoptères. Les panorpes, métamorphoses nouvellement connues. — Les bittaques, les borées. — La semblide de la boue. — Les phryganes; larves à fourreaux mobiles, larves à abris fixes.

Une partie seulement des névroptères, en suivant la classification la plus connue en France, offre des métamorphoses complètes, ce qui nous oblige à scinder en deux sections l'histoire de ces insectes, à mœurs très-variées, comme les précédents, habitant les uns la terre, d'autres les eaux à leurs premiers âges.

Si l'on se promène pendant la belle saison sur des terrains secs et légers, et surtout contre les excavations d'où on retire du sable, il n'est pas rare que les yeux soient frappés par des entonnoirs creusés avec une régularité parfaite. Au fond apparaissent quelquefois deux crochets recouverts de sable. Ils appartiennent à une larve d'un gris rosé, courte, ramassée, à six pattes, les les deux paires antérieures dirigées en avant, la troisième en arrière. La tête est large, carrée, munie de deux mandibules en crochets acérés, avec un orifice absorbant communiquant à la bouche et permettant la succion. Cette larve ne peut marcher qu'à reculons. Elle creuse son entonnoir en moins d'une demi-heure, en décrivant en arrière des tours de spire de diamètre dé-

croissant. Sa robuste tête lui sert de pelle pour rejeter
le sable, chargé par une de ses pattes de devant. Puis
elle se tapit cachée au fond de l'entonnoir de sable, bien
exposé au midi, car la rusée chasseresse paraît frileuse
(fig. 123). Tout est prêt. Si quelque malheureux insecte

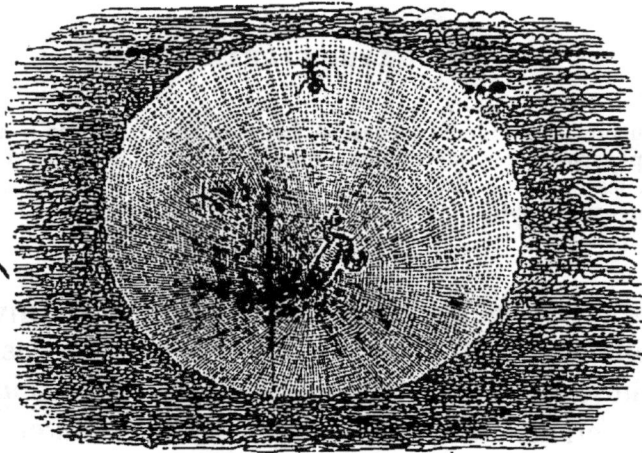

Fig. 123. — Entonnoir du fourmi-lion.

vient rôder autour de l'abîme mouvant, le sable s'écroule
sous ses pas. Il cherche à se cramponner au talus ; une
pluie de sable, lancée du fond du trou par la larve, l'a-
veugle et l'étourdit. Il tombe ; aussitôt les crochets cruels
s'enfoncent dans son corps, et tous ses fluides sont sucés,
comme par une araignée. Puis le cadavre est lancé hors
du trou d'un coup de tête, et la larve recommence l'affût.
Comme les fourmis sont souvent ses victimes, on nomme
le genre auquel elle appartient *myrméléon* ou *fourmilion*. Le *Myrmeleo formicarius* se trouve aux environs de
Paris, mais s'avance peu au nord. On le rencontre
encore à Compiègne. Par une erreur singulière, Réaumur
croyait que la larve n'avait pas d'orifice anal. Il est très-
petit, et les excréments très-fins se perdent dans le sable.
Elle se file un cocon ovoïde en soie tout satiné à l'inté-

rieur, revêtu à l'extérieur, de grains sableux, et y devient une nymphe à parties bien visibles, recouvertes d'une mince pellicule (fig. 124). On est étonné de la grandeur des ailes de gaze de l'élégant insecte qui sort de cette petite nymphe. On dirait, au premier aspect, une libellule ou demoiselle. Ses antennes grenues, terminées par un renflement, l'en distinguent (fig. 125). En outre, pour qui l'a vu voler, il est impossible de faire confusion. Ses ailes molles s'agitent lentement, et il est obligé de se reposer bientôt, tandis que les libellules ont un vol très-rapide et longtemps soutenu. Il répand une odeur de rose, comme plusieurs autres insectes des sables.

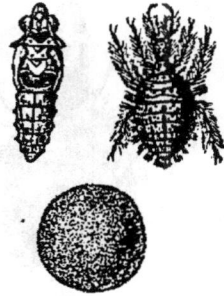

Fig. 124.
Larve, nymphe et cocon
du fourmilion.

Les espèces de ce genre augmentent à mesure qu'on

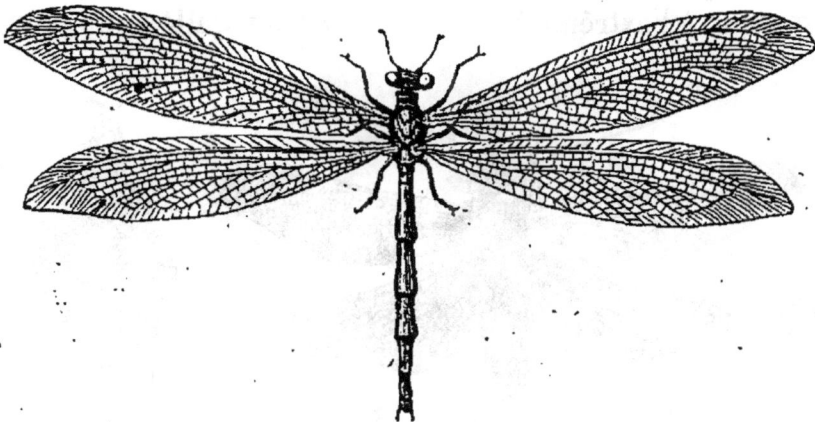

Fig. 125. — Fourmilion adulte.

s'avance vers les régions chaudes. On rencontre dans la partie la plus méridionale de la France, dans les endroits les plus secs, et sortant du repos seulement sous les rayons les plus ardents du soleil, une grande et superbe espèce, à ailes tachetées de noir, le *myrméléon libellu-*

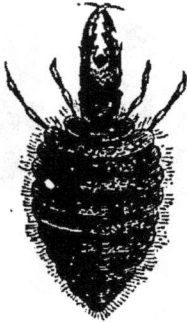

Fig. 127.
Larve de myrméléon
libelluloïde.

loïde (fig. 126). Sa larve ressemble à celle de l'espèce parisienne, mais beaucoup plus forte, également avide du sang des insectes. Elle peut se diriger en avant et chasse à découvert dans les lieux, arides et sablonneux, mais sans creuser d'entonnoir. Le fait a été bien prouvé récemment par une de ces larves, élevée pendant plusieurs mois chez M. E. Blanchard (fig. 127).

Les Parisiens connaissent très-peu de magnifiques insectes, au vol le plus vif pendant les chaudes journées où le soleil brûle la terre de ses rayons : ce sont les *Ascalaphes.* Des ailes amples, variées de noir et de jaune, un corps noir, velu, de longues antennes avec une large massue à l'extrémité, comme chez les papillons de jour,

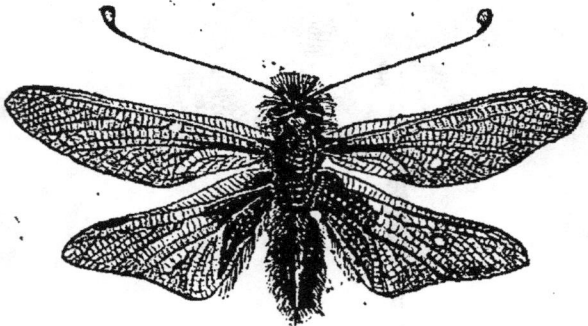

Fig. 128.
Ascalaphe méridional.

Fig. 129.
Larve d'ascalaphe.

les caractérisent. On en signale plusieurs espèces, très-analogues. L'*ascalaphe longicorne* se montre, toujours rare, dans le centre de la France et se trouve au mois de

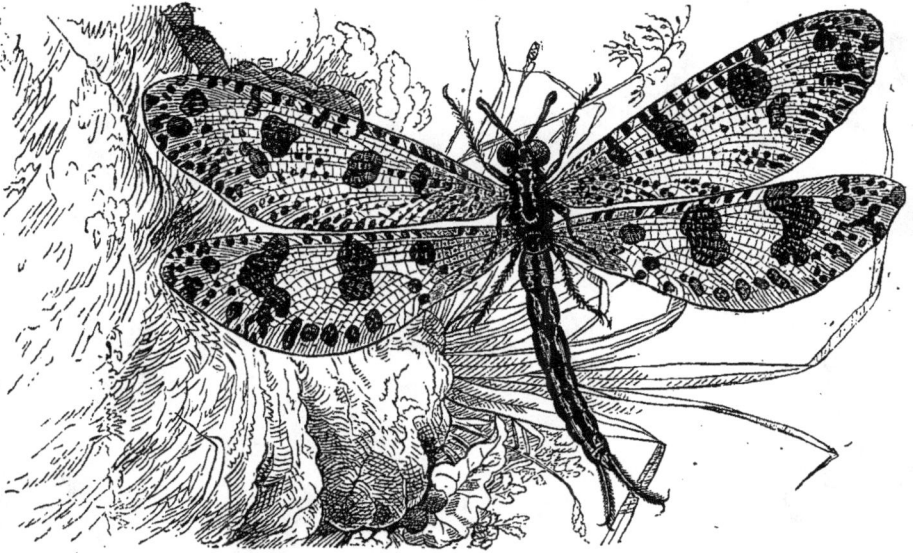

Fig. 126. — Myrméléon libelluloïde, male.

juillet près de Paris, sur lès coteaux secs de Lardy, de
Bouray et de Poquency; on observe en Provence l'*Ascalaphe méridional* (fig. 128). Les mâles, à la recherche des
femelles, volent avec la plus grande vélocité le long du
versant des collines arides, au plus ardent soleil. La femelle s'élève verticalement, qnand le mâle vient à passer au-dessus d'elle, comme une pierre lancée avec force.
Les deux insectes s'accrochent par leurs ongles arqués
et le couple va se placer sur quelque plante. Quand ces
puissants voiliers se reposent quelques instants, c'est sur

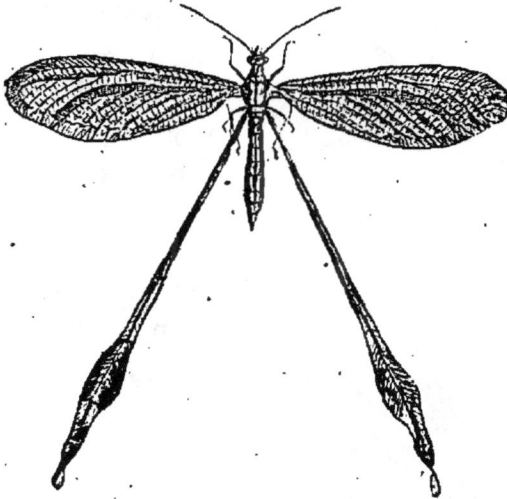

Fig. 130. — Némoptère de Cos.

l'extrémité des plantes. Les larves des ascalaphes ont
une tête très-grande, des tubercules épineux aux anneaux
de l'abdomen. Leurs mandibuless sont percées, comme
chez les larves [de fourmis-lions, de manière à sucer le
sang des insectes (fig. 129). Elles ne font pas d'entonnoirs, marchent en avant, se cachent dans les petites
pierres et les détritus, et de là s'élancent sur les insectes
qui passent. On peut dire qu'elles sont aux fourmis-lions
immobiles et rétrogrades ce que les araignées sauteuses
sont aux araignées tendeuses de toiles.

10

Les *némoptères* ont les ailes élégamment maculées de noir et de jaune, les inférieures très-grêles, presque linéaires, souvent dilatées en spatule à l'extrémité. On rencontre l'espèce la plus commune dans les îles de l'Archipel et en Égypte ; cette espèce, ou une très-voisine) existe aussi en Espagne et en Portugal, et, dit-on, très-rarement en France, aux environs de Perpignan (fig. 130). Nous serions heureux de provoquer à ce sujet d'intéressants travaux.

En effet, on suppose que la larve de ce némoptère est un très-singulier animal trouvé en Égypte par Polydore Roux. Il le nomme *nécrophile des sables*, car il le trouvait courant sur les sables qui encombrent l'intérieur des tombeaux creusés dans le roc aux environs des pyramides de Giseh. Rien de plus bizarre que le très-long cou grêle de cette larve portant une forte tête triangulaire, avec des mandibules énormes, fines et arquées, dentées en dedans, rappelant tout à fait celles des fourmis-lions, et servant sans doute comme elles à sucer le sang des insectes par un canal interne. Nous

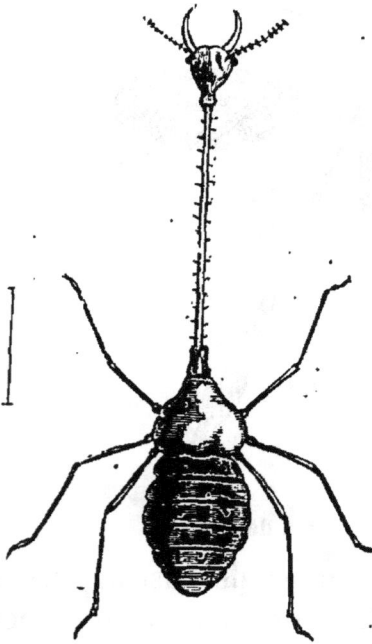

Fig. 131.
Larve supposée de Némoptère.

avons fait figurer (fig. 131) cette étrange créature, d'après le dessin très-grossier de P. Roux rectifié autant que possible par un habile artiste, en espérant par là appeler l'attention des chercheurs.

On observe dans les bois, les jardins, et souvent à la

fin de l'hiver, collés aux vitres, à l'intérieur des maisons
de campagne, de délicats insectes, au corps grêle, aux
ailes finement réticulées de vert ou de jaune, aux yeux
très-saillants et d'une teinte d'or ou de cuivre poli. Ils
laissent entre les doigts, si on les saisit, l'odeur la plus
infecte, plus infecte encore que celle des coccinelles,
autres mangeurs de pucerons. Cette sécrétion paraît être
la seule défense d'animaux aussi débiles, dont le vol est
faible et de courte durée. De longues et fines antennes
surmontent leur tête. Ce sont les *hémérobes* ou *demoiselles terrestres*. Elles pondent sur les tiges ou sous les
feuilles des œufs très-singuliers, portés sur de longs filaments, qui les firent prendre pour des champignons par
les premiers observateurs et décrire comme tels. La
femelle vole un peu après avoir déposé l'œuf, de sorte
que la matière qui l'entoure s'étire et se solidifie à l'air
en pédicule. Il naît de ces œufs des larves ressemblant à celles des fourmis-lions, mais plus élancées,
à tête moins aplatie. Elles marchent en avant, sur les
tiges et les feuilles, à la chasse des pucerons, dont
elles font un grand carnage, enfonçant dans leur
corps dodu et succulent leurs longues mandibules
percées d'un canal pour la succion. Ce canal est réellement formé, comme aussi chez les insectes précédents,
par les mandibules et les mâchoires soudées. Aussi l'habile historien des mœurs des insectes, Réaumur, les appelle les *lions des pucerons*. Elles attaquent également les
chenilles. Parvenues à toute leur croissance, elles filent
dans les replis de quelque feuille une très-petite coque
de soie, de forme sphérique, et l'insecte parfait en sort
au bout d'une quinzaine de jours. On est tout étonné de
ces dimensions si on le compare à la nymphe ramassée
qui était dans cet étroit cocon. Parfois un hyménoptère
parasite sort de ces cocons, dont la larve a dévoré l'habitant. Ainsi, A. Doumerc et M. Lucas ont obtenu des

cocons de l'*hémérobe perle*, l'espèce la plus commune
des bois et jardins de Paris, l'*acœnites perlœ*, Doumerc,
à abdomen moitié noir moitié roux.

Outre l'*hémérobe perle* nous rencontrons encore près
de Paris, surtout dans les jardins, l'*hémérobe chrysops*,
dont le corps jaune est varié de noir, et qu'on reconnaît
tout de suite à ses nervures vertes pointillées de noir. Sa
larve se met sur le dos un vêtement très-bizarre, formé
de toutes les peaux des pucerons qui ont assouvi sa faim.
On dirait un chef sauvage portant à sa ceinture les scalps
de ses malheureux adversaires. Si on lui enlève cette
belliqueuse couverture, elle sème le carnage autour
d'elle, et en quelques heures s'est refait une nouvelle
toilette de dépouilles opimes.

Les nombreuses espèces de ce genre se ressemblent
beaucoup et sont difficiles à distinguer. Nous avons
choisi, pour la faire figurer, la plus grande espèce
de France, d'un genre très-voisin, l'*osmyle tacheté*,
qu'on trouve près de Paris, au mois d'août, dans les
arbustes qui bordent les ruisseaux et les mares (fig. 132).

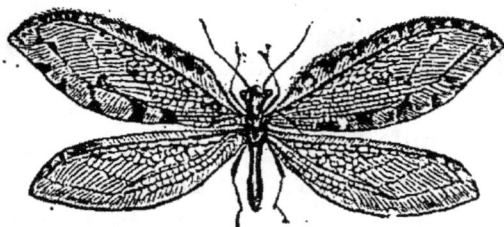

Fig. 132. — Osmyle tacheté.

Ce bel insecte est toujours rare. Caché pendant le jour,
il vole au crépuscule, faiblement et sans aucun bruit.
Il a été pris par M. J. Fallou, *à la miellée* au milieu des
noctuelles, c'est-à-dire attiré par le miel dont on enduit
les arbres. Sa larve vit dans la terre humide qui est au
contact de l'eau, et monte après les tiges des plantes
pour se métamorphoser en nymphe. Elle offre donc une

différence d'existence avec les larves des hémérobes propres. M. Hagen a constaté dans la jeune larve embryonnaire, encore dans l'œuf, la présence d'un tubercule corné sur le front, qui lui sert à percer la coque de l'œuf pour sortir.

Les névroptères carnassiers terrestres nous offrent encore un groupe singulier par le prolongement des pièces de la bouche, rassemblées en une sorte de bec perforant. Aristote et Théophraste avaient observé les *panorpes*, et, trompés par une analogie fort grossière, les appelaient *mouches-scorpions*, distinguant alors deux sections dans les scorpions, les uns fixés au sol et sans ailes, les autres pouvant s'élancer dans les airs pour saisir leurs victimes. Les panorpes se tiennent dans l'herbe et dans les broussailles, depuis le mois d'avril jusqu'à la fin de l'été. Elles ont le *corps* grêle, porté sur de longues pattes, tacheté de jaune et de noir. Quatre ailes droites, maculées de noir, chevauchent au repos

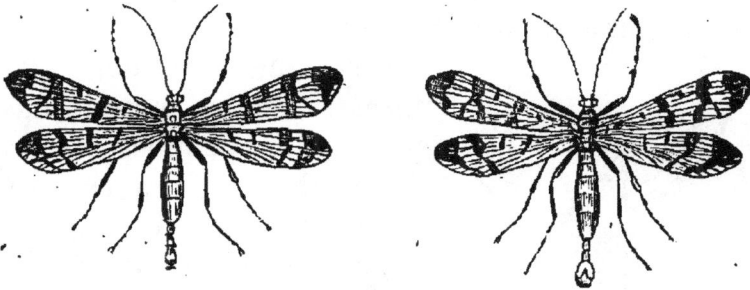

Fig. 133 et 134. — Panorpe femelle et mâle.

l'une sur l'autre et recouvrent l'abdomen (fig. 133 et 134). Chez le mâle l'abdomen se recourbe à l'extrémité sur le dos, et son dernier anneau est prolongé par un crochet rougeâtre et gonflé qui offre quelque ressemblance avec la griffe courbe qui termine la queue relevée du scorpion; mais ici il n'y a pas de poche à venin, et, en regardant mieux, on voit que le crochet est double.

Les deux pointes sont insérées sur deux tubercules renflés et forment une pince destinée à saisir la femelle
(fig. 135). L'abdomen de celle-ci se termine tout diffé-
remment ; ses anneaux s'effilent en un
long tube rétractile propre à la ponte
des œufs. En liberté, dans la nature,
ces insectes montrent leur audace et
leur bravoure. Ils saisissent au vol les
mouches et les papillons, les percent de
leur bec puissant, et les dévorent posés
sur les plantes. On les voit souvent se jeter sur des
libellules de beaucoup plus grande taille, les renverser
et les tuer. Quand on saisit les panorpes, elles laissent
couler par la bouche une salive brune, caractère propre
à beaucoup d'insectes carnassiers.

Fig. 135.
Pince du mâle.

Bien que ces panorpes soient communes, ce n'est que
tout récemment que leurs premiers états ont été bien
connus et décrits en Allemagne par M. Brauer. Les larves
et les nymphes vivent en effet profondément cachées dans
les terrains humides. M. Brauer réussit à élever pendant
six semaines une paire de ces
insectes en les nourrissant de
pommes, de pommes de terre et
de viande crue, et à les faire reproduire. La femelle dépose ses
œufs dans la terre (fig. 136). Ces
œufs, d'abord blancs, deviennent ensuite d'un vert brunâtre,
avec des lignes d'un brun foncé.
Ils sont volumineux et éclosent
au bout de huit jours. La larve
molle se tient courbée et se
nourrit de débris organiques.

Fig. 136.
Panorpe femelle pondant.

En captivité, on peut lui faire manger de la viande
pourrie et du pain. Elle grandit peu d'abord, subit

plusieurs mues, et ne parvient à toute sa croissance
qu'au bout d'un mois. Sa couleur est en dessus d'un
gris rougeâtre et blanchâtre en dessous. La tête a
la forme d'un cœur, des yeux saillants, de fortes pièces
buccales. Les anneaux du thorax ont de petites pattes
cornées, les autres charnus ont des pattes abdominales
molles et en forme de cône. Sur le dos des trois derniers
anneaux sont des stylets cylindriques terminés par de
longues soies. Le dernier anneau porte quatre tubes qui

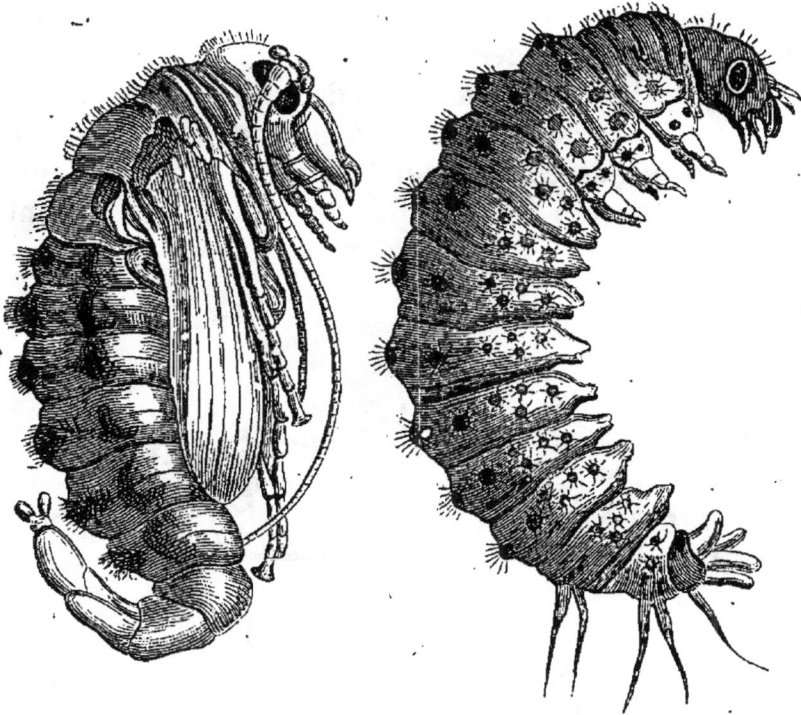

Fig. 157 et 158. — Larv   et nymphe de panorpe, très-grossies.

déversent une liqueur blanche. Ordinairemement tran-
quille, elle sait se mouvoir avec rapidité si on l'effraye.
Pour se changer en nymphe, elle s'enfonce plus profondément dans la terre et conserve encore assez longtemps

sa forme. Ce n'est qu'au bout de dix à vingt jours qu'elle
devient nymphe, laissant voir alors la figure définitive
de l'insecte et deviner son sexe (fig. 137 et 138). Elle
offre déjà les couleurs de l'adulte, avec cette différence
que le jaune est beaucoup moins intense, surtout en
dessous. C'est au bout de quinze jours environ que l'insecte remonte à la lumière. Il lui a fallu neuf semaines
pour atteindre, à partir de l'œuf, son entier développement. Comme les panorpes n'apparaissent pour la première fois qu'à la fin d'avril, il en résulte qu'il ne peut
y avoir que deux générations par an. Les larves de la
seconde génération passent l'hiver sous la terre et donnent les adultes d'avril.

Le midi de la France possède un autre genre de ces
névroptères à bec, de mêmes mœurs, la *bittaque tipulaire*, dont l'aspect est celui d'un grand cousin qui aurait
quatre ailes (fig. 139). Cette espèce, dit-on, se rencontre

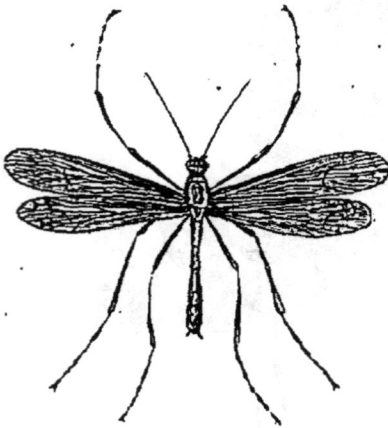

Fig. 139.
Bittaque tipulaire.

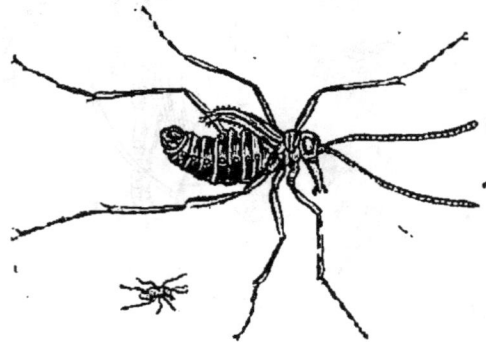

Fig. 140.
Borée hyémal grossi, mâle.

très-rarement et d'une manière accidentelle près de
Paris. On connaît ses métamorphoses étudiées par
M. Brauer et analogues à celles des Panorpes. La larve
est plus courte, plus ramassée.

Dans un autre genre, de très-petite taille, est le *Borée hyémal*. La tête présente un rostre, comme les panorpes. Les borées sautent, et sont d'un noir luisant avec des reflets d'un vert de bronze. Les mâles ont des ailes amincies en soie, finement ciliées (fig. 140) ; les femelles n'ont que de très-petits rudiments d'ailes, avec une tarière aiguë destinée à la ponte, presque aussi longue que la moitié du corps. C'est dans le nord de l'Europe, en Suède, et dans les régions élevées des Alpes, qu'on rencontre ces singuliers insectes, en troupes considérables sur la neige.

Chez le précédent ordre d'insectes, des larves vivaient dans l'eau, ainsi celles des dytiques et des hydrophiles, mais ne cessaient pas de respirer l'air en nature. Les moyens employés par le Créateur sont multiples, appropriés à des circonstances que nous ne saisissons pas toujours. Aussi ne devons-nous pas nous étonner si les larves aquatiques des névroptères nous présentent un autre mode de respiration, la respiration au moyen de branchies, organes qui absorbent l'air dissous dans l'eau, comme on le voit chez les poissons, les écrevisses, les huîtres, etc. Les eaux vaseuses contiennent en abondance des larves allongées, à tête écailleuse, pourvues d'yeux, de mandibules arquées et de courtes antennes. Les anneaux de l'abdomen portent des paires de filets libres, flottants, perpendiculaires au corps et articulés en quatre pièces qui vont en s'effilant. Un prolongement caudal le termine. Ces larves vivent de proie dans les fonds boueux, et ouvrent fortement les mandibules pour mordre. Les nymphes sont terrestres ; aussi les larves quittent l'eau et gagnent la terre sèche, au pied des arbres, parfois à plusieurs mètres de distance de l'eau. Elles s'enfoncent en terre et vivent encore environ quinze jours avant de se transformer, respirant alors l'air gazeux au moyen de ces mêmes branchies qui aupa-

ravant fonctionnaient dans l'eau. C'est un fait curieux,
analogue à celui des crabes de terre ou *tourlourous*, de
nos colonies des Antilles. Elles se creusent une cavité
ovoïde et y deviennent une nymphe, immobile et molle,
offrant des antennes, des pattes, des rudiments d'ailes
et des couronnes de poils roides aux anneaux de l'abdomen. Ces nymphes laissent éclore sur place l'adulte qui
sort de terre, en y abandonnant intacte sa peau de nymphe. L'espèce très-commune est la *semblide de la boue*,
nommée la *voilette* par les pêcheurs à la ligne qui s'en
servent comme amorce, à ailes réticulées de noir, d'aspect enfumé, les postérieures très-larges, recouvertes
au repos par les antérieures en forme de toit un peu
renflé sur les côtés (fig. 141, 142, 143). Les semblides

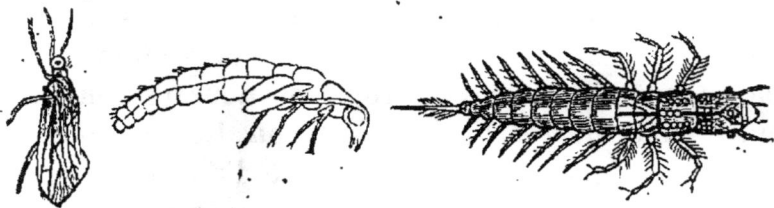

Fig. 141, 142 et 143. — Semblide de la boue, adulte, nymphe, larve.

ne vivent que quelques jours à l'état parfait. Le mâle est
d'environ un tiers plus petit que la femelle. Celle-ci
pond sur les feuilles, les roseaux, les pierres, les murs,
des œufs allongés à l'extrémité, et que la mère dispose
les uns contre les autres, comme des petites bouteilles.
La jeune larve est quelquefois forcée de parcourir une
certaine distance pour se rendre à l'eau.

Les pêcheurs à la ligne connaissent aussi parfaitement des larves, que Réaumur plaçait dans ses *teignes
aquatiques*, et dont le corps mou et délicat est protégé
par des fourreaux très-variés. Elles s'y cramponnent par
des crochets, placés à l'extrémité de l'abdomen, et il faut

un certain effort pour les retirer du fourreau quand on veut s'en servir pour amorcer la ligne. On les nomme *casets*, d'après cette habitude de se renfermer dans une case ; *charrées*, parce qu'on les voit souvent traîner après elle ces fourreaux. Les paysans les appellent *porte-bois*, *porte-feuilles*, *porte-sables*, parce que, selon les espèces et selon les eaux, les fourreaux sont recouverts de substances différentes. Le nom scientifique qui leur a été donné par Belon, notre vieux naturaliste des habitants des eaux, et adopté par Linnæus, celui de *phryganes*, a la même signification, car il veut dire fagot, réunion de petites branches. Ces insectes aquatiques, après avoir fixé l'attention des anciens observateurs, ont été étudiés avec soin par C. Duméril, puis par M. Pictet, à qui nous emprunterons quelques curieuses figures. Ils ont fait en Angleterre l'objet de travaux intéressants et nouveaux de M. R. Mac-Lachlan. Les œufs pondus par les femelles sont enfermés dans des sortes de boules gélatineuses qui se gonflent dans l'eau et se fixent aux pierres. Cette gelée conserve l'œuf quand les petites mares et les ruisselets sont à sec pendant les chaleurs de l'été, et nous expliquent comment on peut trouver des phryganes dans des fossés qui ont été privés d'eau pendant plusieurs mois. La larve s'aperçoit dans l'œuf transparent, comme un petit ver sans pattes ; elle éclôt peu de jours après la ponte, sort de l'œuf, puis de la gelée, après avoir séjourné plusieurs jours dans celle-ci. Ces larves sont alors comme de petites lignes noires. Les coques des œufs restent dans la gelée, qui bientôt se détruit. Toutes les larves de ce groupe vivent dans l'eau, mais se partagent d'après leurs mœurs en deux sections. Les phryganes proprement dites se construisent des étuis mobiles dont nous allons parler ; d'autres genres ne bâtissent que des abris fixes, plus ou moins imparfaits, contre le sol et les grosses pierres. Il est facile d'élever ces larves dans des aquariums et de voir leurs singuliers travaux ; c'est ce qui nous engage à entrer dans certains détails.

Si les larves à étuis mobiles vivent dans les eaux courantes, elles attachent leurs étuis par quelques fils de soie; dans les eaux stagnantes elles flottent ou marchent au fond de l'eau. L'abdomen est toujours protégé par l'étui; la tête et le thorax sont souvent plus ou moins dehors, et la larve se cramponne par les pattes. Tout rentre dans l'étui si l'animal est inquiété. Les anneaux de l'abdomen portent des houppes molles et couchées transversalement pour se placer commodément dans l'étui (fig. 144). Ce sont des sacs branchiaux, communiquant avec les trachées intérieures et servant à la respiration par l'eau aérée sans que l'animal ait besoin de venir à la surface. Ces larves sont omnivores. On

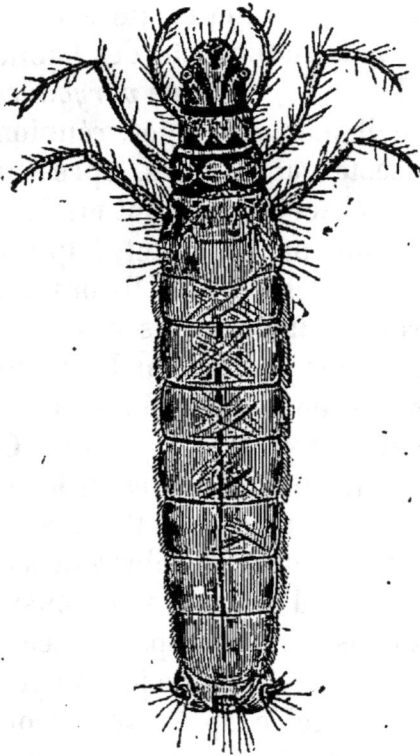

Fig. 144.
Larve de phrygane rhombique (grossie). les élève bien avec des feuilles dans l'eau, des feuilles de saule par exemple, en ayant soin de renouveler l'eau très-fréquemment, car elles meurent vite dans l'eau corrompue. Les grandes espèces mangent toute la feuille en commençant par le bord, les petites ne vivent que du parenchyme en laissant intactes les nervures. En outre, comme leurs mâchoires sont peu

tranchantes, elles mangent les parties molles des insectes aquatiques ou de leurs compagnes sorties par
accident de l'étui protecteur. L'instinct porte les larves, dès leur naissance, à s'entourer d'étuis cylin-
droïdes, un peu plus larges en avant qu'en arrière. Leur
intérieur, toujours lisse, est formé par un tissu fin et
assez fort de soie produite par deux glandes placées de
chaque côté du corps et sortant par la filière de la bouche. Le fourreau est toujours fortifié par des matières
étrangères qui le recouvrent à l'extérieur. Chaque espèce
choisit ses matériaux et les dispose suivant une loi régu-
lière et prédestinée. Ainsi la *phrygane rhombique* (que
nous figurons, fig. 145, 146), dispose transversalement

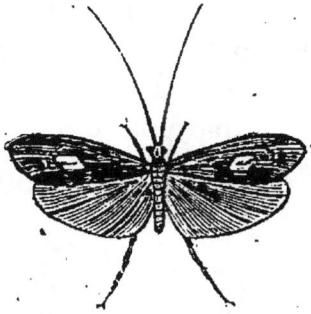

Fig. 145.
Phrygane rhombique.

Fig. 146.
Phrygane au repos.

des brins de bois et des débris végétaux (fig. 147, 148);
d'autres espèces disposent ces mêmes matériaux longitudinalement, d'autres en spirale. La *phrygane flavicorne*
se sert volontiers de petites coquilles, ainsi que de pla-
norbes très-jeunes, pour constituer son étui; souvent
les mollusques continuent de vivre (fig. 149). Réaumur dit
à ce sujet: « Ces sortes d'habits sont fort jolis, mais ils sont
aussi des plus singuliers. Un sauvage qui, au lieu d'être
couvert de fourrures, le serait de rats musqués, de tau-

pes ou autres animaux vivants, aurait un habillement
bien extraordinaire ; tel est en quelque sorte celui de nos
larves. » Les espèces qui se servent de pierres ou de sable
ont des étuis plus régu-
liers et plus constants
que celles qui emploient
les matières végétales.
L'instint de construction
est perfectible et laisse
parfois entrevoir une
lueur d'intelligence. Ainsi
une larve habituée à faire
un étui de pailles ou de
feuilles, mise dans un vase
où il n'y a que de peti-
tes pierres, finit par s'en servir pour se construire
un étui inaccoutumé. Si on expulse une larve de son
étui en la poussant en arrière avec une pointe mousse,

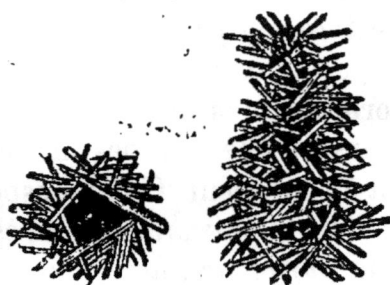

Fig. 147 et 148.
Fourreaux réguliers.

Fig. 149.
Fourreau de coquilles.

Fig. 150.
Fourreau de mousses.

elle cherche à y rentrer par la plus large extrémité,
celle de la tête, mais alors elle doit se retourner ou
couper l'étui et le modifier. Si on le lui retire, elle
en fait un autre. Supposons la larve nue se promenant
sur un fond sablé de petites pierrailles. Elle reconnaît

d'abord et choisit ses matériaux. Elle fait ensuite une voûte de deux ou trois pierres plates, soutenues et liées par des fils de soie et se loge en dessous. Puis elle choisit les pierres une à une, les tient entre ses pattes et les présente, comme un maçon, de manière qu'elles entrent dans les intervalles des autres et que les surfaces planes soient intérieures. Quand la pierre est bien placée, la larve, la colle par des fils de soie aux pierres voisines. C'est toujours par la partie postérieure que se commence l'étui. Les étuis de petites pierres, les plus longs à construire, demandent cinq à six heures.

La larve doit venir à l'état de nymphe, immobile, impropre à se défendre. Il faut un surcroît de précautions. Elle ferme les extrémités de son étui par des fils de soie, à interstices assez lâches, laissant passer l'eau. Ces grilles de soie sont fortifiées par des brins de bois, des herbes, des pierres. Les nymphes laissent voir les organes de l'adulte; elles ont sur le dos des panaches de filaments blancs, servant à la respiration. Elles font osciller presque constamment l'abdomen dans le fourreau. Au bout de quinze à vingt jours, elles rompent la grille, sortent du fourreau, et on voit ces nymphes blanchâtres nager librement dans l'eau, le plus souvent sur le dos, au moyen de leurs pattes intermédiaires ciliées servant de rames (fig. 151). C. Duméril a pu ainsi en conserver vivantes et mobiles pendant huit jours, en les empêchant de sortir de l'eau où elles ne sauraient se transformer. Vient-on à présenter un support à cette nymphe, elle le saisit, puis, quand elle est hors de l'eau, on la voit tout d'un coup se boursoufler comme une vessie pleine d'air. Elle se déchire sur le dos; par cette crevasse saillit le corselet entraînant les ailes; celles-ci s'allongent et s'étendent. Les antennes se déroulent comme par ressort, puis les pattes se déplient, enfin l'abdomen sort de la peau, qui reste en place complète et transparente

comme un spectre. Comme les nymphes marchent très-
mal sur la terre, l'éclosion a toujours lieu très-près du
bord de l'eau. Les phryganes adultes, d'abord pâles et
molles, ne se colorent complétement qu'au bout de quelques heures. Elles ne mangent pas à l'état adulte et leur

Fig. 151.
Phrygane poilue
(nymphe grossie).

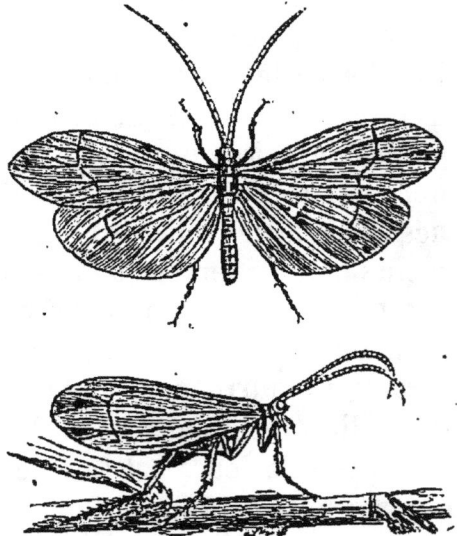

Fig. 152.
Phrygane poilue
(adultes).

bouche est rudimentaire. Leurs couleurs sont peu variées, le gris jaunâtre y domine. Leurs ailes sont poilues. L'aspect de ces insectes rappelle certains papillons
de nuit; aussi furent-ils appelés *mouches papillonacées.*
C'est ce que rappelle le nom scientifique *Trichoptères,*
donné à tout ce groupe d'insectes dont les entomologistes
anglais font un ordre spécial. Elles volent peu et ne

quittent guère le bord des eaux. Pendant le jour elles se
tiennent sous les feuilles des buissons, sur les murs, les
troncs d'arbres; les ailes supérieures sont alors repliées
en toit sur les inférieures, bien plus larges et plus délicates (fig. 152). Ces ailes supérieures sont des sortes
d'élytres. Au repos, les longues antennes sont accolées

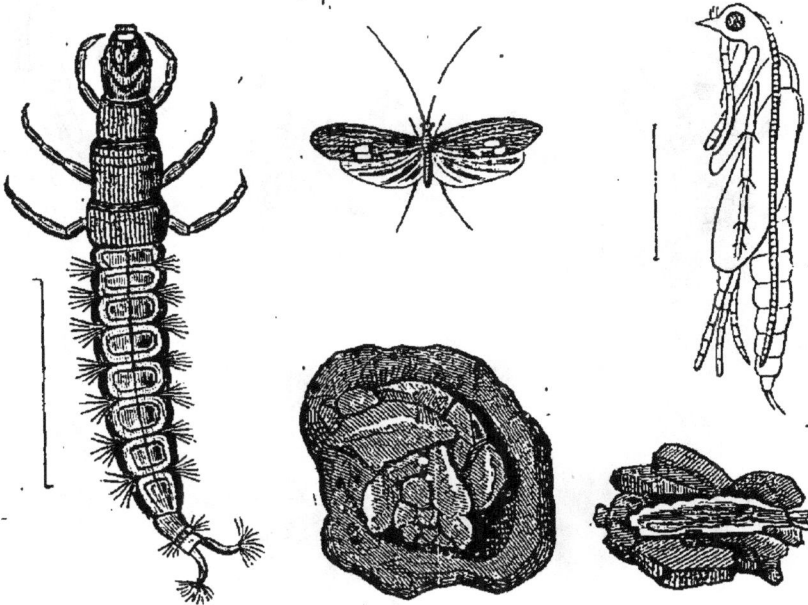

Fig. 155, 154, 155 et 156.
Hydropsyche atomaire, larve adulte, nymphe, sa maison.

et dans le prolongement du corps. Si la phrygane entend
quelque bruit, elle les écarte vivement, puis s'envole à
quelque distance. Le printemps et l'automne voient paraître des espèces différentes, dont la vie, dans sa durée
totale, est d'un an. Le soir, les phryganes volent au-dessus des ruisseaux et sont parfois si nombreuses que certaines espèces forment des nuées au-dessus des rivières.
Comme tous les insectes nocturnes, la lumière les attire,
et on les trouve parfois en grand nombre sur les réver-
bères des quais.

Il y a de petites espèces, très-analogues à l'état adulte, mais dont les larves ont certaines différences. Ce sont les *rhyacophiles* et les *hydropsyches*. Il est de ces larves qui ont des branchies en touffes, et, en outre, au bout de l'abdomen, deux longs pédicules à crochets entre lesquels sortent quatre tubes rétractiles communiquant avec les

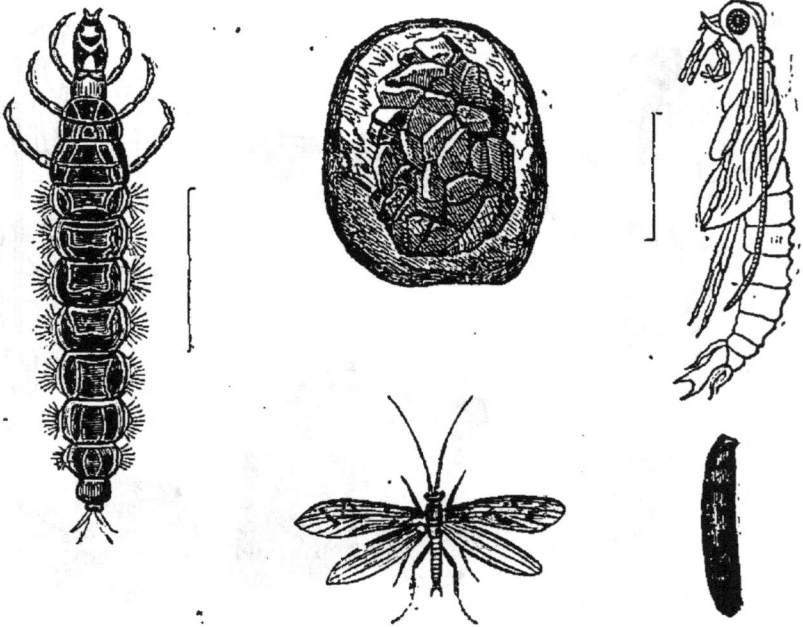

Fig. 157, 158, 159, 160 et 161.
Rhyacophile vulgaire, larve, nymphe, abri, cocon et adulte mâle.

trachées. D'autres n'ont pas de branchies et offrent à l'abdomen deux tubes pour respirer l'air au dehors (fig. 153, 154, 155, 156). Toutes ces larves se font des abris momentanés et fixes, dont elles sortent au reste souvent pour y rentrer à volonté. Le plus habituellement l'abri consiste en une calotte ou réseau de fils de soie, collée à une pierre plate, à une souche, à une tige immergée. Cette calotte est fortifiée de corps étrangers, herbes ou pierres, et la larve rampe en dessous, dans un

canal ménagé entre la pierre et la calotte. Telles sont les
larves d'hydropsyches sans branchies. Parfois les réseaux
sont très-grands, lâches, irréguliers, et plusieurs larves se
logent dedans. Il arrive aussi que ces réseaux flottent dans
la vase. Enfin il est des larves qui se font des boyaux sinueux en terre durcie, dont un côté est appliqué contre
une pierre, et circulent dedans; la pierre en paraît réticu-
lée. Au moment de se changer en nymphes, toutes ces
larves ferment les entrées et sorties de leur dernier abri
fixe, façonné avec plus de solidité que les précédents. Les
rhyacophiles présentent une particularité propre ; leur
nymphe n'est pas libre, comme chez les autres insectes
qui nous occupent ; outre l'abri fixe, la larve se file une
seconde enveloppe soyeuse, exactement adaptée à son
corps, et subit sa métamorphose dans ce véritable cocon
(fig. 157, 158, 159, 160, 161).

CHAPITRE V

HYMÉNOPTÈRES

Les abeilles; mères, faux-bourdons, ouvrières. — Éducation des larves, influence de la nourriture. — Les mélipones, ou abeilles sans aiguillon. — Les bourdons. — Parasites de leurs nids. — Abeilles solitaires, perce-bois, maçonnes, coupeuses de feuilles et tapissières — Anthidies. — Guêpes et polistes. — Guêpes solitaires. — Hyménoptères fouisseurs. — Le philanthe apivore.— Le pompile des chemins. — Pélopées et Sphex. — Fourmis; travaux, soins maternels, combats. — Essaimage des mâles et des femelles. — Ichneumoniens zoophages. — Cynips et galles végétales. — Hyménoptères porte-scies; ravages, perforations.

Si notre intention était de faire connaître dans leurs merveilleux détails l'intelligence et l'instinct, les mœurs et l'industrie des insectes, aucun ordre de la classe ne nous arrêterait aussi longtemps que les hyménoptères, qui tiennent le premier rang par leurs aptitudes. Nous trouverons, au contraire, une grande uniformité dans l'étude des larves et des nymphes. La majeure partie des hyménoptères ont des larves privées de pattes et demeurant toute leur vie dans le berceau où la mère est venue pondre son œuf. Ces insectes qui, à l'état adulte, sont les plus élevés de leur classe, comme division du travail physiologique et développement de la sensibilité, sont au contraire très-peu avancés en sortant de l'œuf. Rien ne varie plus que la première demeure, ainsi que l'alimentation propre au jeune insecte. Un instinct admirable a guidé la mère dans le choix et la disposition de ces nids, dans leur approvisionnement, et toute la vie de l'adulte est destinée à assurer la conservation d'une postérité que la mère ne connaîtra jamais, dans la plupart des cas. Les différentes provisions qui serviront à nourrir les larves nous amènent, de la manière la plus naturelle, à classer les objets de notre examen.

Les mets les plus délicats et les plus suaves, puisque les anciens en faisaient le seul aliment des dieux immortels, sont offerts à la progéniture des hyménoptères mellifiques. Le nectar, ou miel des fleurs, mêlé à leur pollen, constitue une gelée parfumée, sorte d'ambroisie, servie à ces enfants débiles, et soignés avec la plus tendre et la plus inquiète sollicitude. Les anciens, qui ne connaissaient pas le sucre, avaient divinisé le miel exquis des habitantes de l'Hymette et de l'Ida. Ils savaient qu'il existait dans chaque ruche d'abeilles un individu unique, mais ils le croyaient mâle et le nommaient *roi* (βασιλεύς, *rex*) ; malgré les idées prédominantes de la génération spontanée des abeilles, Aristote avait pressenti sans doute leur reproduction sexuelle ; il semble croire que les faux-bourdons sont des femelles, et les ouvrières des mâles particuliers. C'est Swammerdam qui, le premier, par une anatomie interne, établit la vérité à cet égard. L'individu unique est une mère ou femelle, qui porte à tort le nom de reine, car elle n'exerce pas de commandement ; les faux-bourdons ne sont pas ses soldats, mais ses époux aléatoires ; les ouvrières ne sont pas ses sujets, mais de singuliers et indispensables compléments de sa fonction maternelle. En effet, si deux êtres différents sont en général nécessaires, mais suffisants, pour assurer la perpétuité de l'espèce, les insectes nous offrent certains exemples où il en faut un plus grand nombre. Nous avons la manie d'affubler les animaux de nos gouvernements. La ruche n'est ni une monarchie ni une république, c'est une communauté de trois sortes d'individus d'une utilité forcée pour la reproduction, et chez qui tous les instants de l'existence concourent à ce but, avec la plus parfaite concordance harmonique. Les faux-bourdons servent à assurer la fécondité complète de la mère, de telle sorte qu'elle puisse pondre des œufs des deux sexes; mais cette mère, cette reine imaginaire que ses enfants retiennent souvent captive ou dont ils retardent l'éclosion, est incapable de recueillir sa propre nourriture, de construire la demeure de son innombrable postérité, d'en nourrir les premiers âges. Les ouvrières, ou femelles imparfaites, rempliront ce rôle accessoire de la maternité, l'abeille mère passant uniquement sa vie à pondre. Cette mère est plus allongée et plus grosse que les ouvrières, principalement au moment de la grande ponte. Sa couleur est plus brillante et plus fauve, surtout dans sa jeunesse, car elle vit quatre à cinq ans. Ses pattes sont plus colorées et plus longues que celles des ouvrières, mais sans brosse ni cuilleron pour récolter le pollen. On la distingue tout de suite en ce que ses ailes ne dépassent guère le milieu de son abdomen, lorsqu'elles sont couchées sur le dos (fig. 162). Un aiguillon, plus fort et plus recourbé que chez les neutres, arme l'extrémité terminale de son corps. La prétendue reine, avec ce glaive redoutable, est très-timide, se cache au moindre danger dans la partie la plus reculée de la ruche, alors que les ouvrières furieuses se pressent à l'entrée et se jettent sur l'agresseur. On peut saisir impunément la reine sans qu'elle sache piquer votre main; une abeille étrangère ne craint pas de la molester, de lui tirer les ailes et les pattes; singulière harmonie! Ce craintif insecte devient un tigre féroce à l'égard de tous ses pareils. Deux mères ne veulent pas exister ensemble; elles se poursuivent avec fureur et se lancent adroitement, entre les jointures

Fig. 162.
Abeille femelle.

des anneaux, le mortel aiguillon. Quand une seule mère, après l'essaimage ou la mort de ses rivales, est restée maîtresse de la ruche, elle se hâte d'aller tuer dans leurs berceaux les mères plus jeunes encore emprisonnées, de sorte que normalement il ne s'en trouve qu'une seule en activité par ruche. Les mâles ou faux-bourdons sont au nombre d'environ quinze cents par ruche ; ils sont plus gros et plus longs que les ouvrières, sans organes collecteurs de pollen. Leur couleur est d'un brun noirâtre, leurs yeux énormes occupent toute la tête et se rejoignent (fig. 163). Leur abdomen arrondi et poilu à l'extrémité n'a pas d'aiguillon, fait général chez les mâles des hyménoptères. Malgré la grosse tête, le cerveau de ces mâles

Fig. 163.
Abeille mâle.

est plus petit que celui des neutres ou ouvrières; aussi sont-ils peu intelligents. Ils ont des mœurs douces et paisibles, comme il convient à des êtres désarmés. Ils dorment dans la ruche quand le temps incertain ou le vent ne les invitent pas à la promenade. Ils mangent du miel à leur fantaisie, puis, par les beaux jours de printemps, se décident à sortir, font autour de la ruche ces évolutions sonores qui leur valent leur nom, car leur bruit en volant est bien plus fort que celui des ouvrières, et bien différent, ainsi que leur odeur. Leur vie est limi-

Fig. 164.
Abeille ouvrière.

tée forcément, comme nous le verrons, à deux ou trois mois. Les ouvrières varient en nombre de quinze mille à trente mille par ruche, et dix mille pèsent un kilogramme. Elles vivent de douze à dix-huit mois. Elles voient à grande

distance, et leur odorat subtil les guide, à deux ou trois
kilomètres, vers les fleurs préférées. Leurs ailes attei-
gnent presque le bout de l'abdomen (fig. 164). On y
distingue deux classes d'individus : les *pourvoyeuses* et
nourrices s'occupent de récolter au dehors le miel et le
pollen, de nourrir les larves, d'aider à l'éclosion des
nymphes, de ventiler la ruche lorsque la température s'y
élève trop, en agitant rapidement leurs ailes près de
l'entrée, et déterminant ainsi un courant d'air frais, de
faire sentinelle à la porte pour écarter les ennemis ou
jeter le signal d'alarme auquel répond ce bourdonnement aigu précurseur de la sortie de l'armée. Les autres
sont les *cirières* ou *architectes*, à abdomen plus long que
celui des précédentes, ressemblant plus à la mère. Elles
ramassent entre les anneaux de leur abdomen de minces
plaques de cire, produit d'une sécrétion intérieure, la
pétrissent et construisent les alvéoles des gâteaux. Selon
beaucoup d'apiculteurs, et notamment M. Hamet, la division des fonctions n'est pas absolue. Les jeunes ouvrières sont cirières, les vieilles butineuses. En outre, par les
beaux jours, la plupart vont récolter au dehors ; elles
construisent beaucoup plus au dedans dans les jours
moins propices. Les architectes font trois sortes de cellules. Les trois quarts des cellules des gâteaux sont les
plus petites. Elles ont une section hexagonale, comme
par une géométrie innée chez les abeilles, la figure de
l'hexagone régulier étant celle qui permet de remplir
une surface donnée du plus grand nombre de compartiments. Ces cellules servent à deux usages. Les unes sont
des réserves de miel et sont bouchées par une mince
couche de cire formant un couvercle plat ; les autres sont
employées comme berceaux des larves et des nymphes
d'ouvrières, et remplies elles constituent leur *couvain*. Il
en est qui contiennent du pollen, servant à la pâtée des
larves. Chaque gâteau offre deux rangs de cellules se

touchant par le fond. D'autres cellules de même forme,
un peu plus grandes, sont destinées uniquement au couvain des mâles. Enfin, sur le bord des gâteaux sont construites d'énormes cellules arrondies, en très-petite quantité, employant de cent à cent cinquante fois plus de cire
qu'une cellule d'ouvrière. Ce
sont les cellules royales, à
surface guillochée de petits
trous triangulaires (fig. 165),
et où s'élèveront les mères.
Les ouvrières, sans avoir vu
les œufs que pondra la mère,
ont le pressentiment exact
des cellules à édifier et varient leur travail selon les
époques. Au milieu du printemps, de mai à juin chez
nous, selon la température
extérieure, une activité extraordinaire s'empare de la
ruche. Elle est remplie de

Fig. 165.
Diverses cellules d'abeilles.

couvain, et de nombreux mâles sont nés. Les abeilles
respirent avec force, par de rapides pulsations ; elles fré-
missent continuellement des ailes, et, en raison de la
combustion considérable qui se produit en elles, une
chaleur étonnante est dégagée, maintenue, puis accu-
mulée par les parois de la ruche, qui conduisent très-mal
la chaleur. Un thermomètre placé dans la ruche
peut alors monter de 40° à 45°, et Réaumur a vu parfois
la cire des gâteaux couler à demi fondue. C'est aussi,
pour les visiteurs de ruches, le moment dangereux.
Une véritable fureur maternelle a saisi les ouvrières, ces
mères imparfaites, qui gardent la progéniture de la
mère commune ; continuellement de nouveaux défenseurs
éclosent, les sentinelles vigilantes avertissent au moin-

dre bruit. Il ne faut alors s'approcher qu'avec précaution, sans aucun mouvement brusque qui effraye et irrite
les abeilles, et surtout ne pas frapper contre la ruche.
Une mère nouvelle sort de sa cellule, c'est elle que nous
allons suivre. L'ancienne mère cherche à la tuer. Si elle
ne réussit pas, une grande partie des ouvrières se groupe
autour d'elle, et, dépossédée de son domaine, elle sort
entourée de son essaim qui se pend en pelote à une
branche voisine, la vieille mère au centre. On se hâte de
le recevoir dans une ruche nouvelle ; sinon, averti par
les éclaireurs, il irait construire dans quelque creux
d'arbre ou dans une cavité fortuite du sol. La jeune mère
est restée maîtresse. Six à sept jours après sa naissance,
par un beau matin où brille le soleil, elle sort, tourne
autour de la ruche pour bien la reconnaître, puis s'é-
lance dans les hautes régions de l'air, où voltigent en
tourbillonnant de nombreux faux-bourdons. Elle revient
bientôt à la ruche, féconde pour toute sa vie, et ne la
quittera que pour essaimer. Elle commence sa ponte dès
le second jour. Ses œufs sont ovoïdes, allongés, un peu
courbés, d'un blanc bleuâtre. Ils sont de deux sortes, les
uns de femelles, les autres de mâles. La jeune mère,
pendant la belle saison de la première année et l'hiver,
s'il est doux, ne pond que des œufs de femelles, dans les
petites cellules vides. Ces œufs doivent produire des ouvrières ou femelles imparfaites. Pendant la ponte la
mère est l'objet des soins empressés des ouvrières. Elles
l'essuient avec leur langue, lui dégorgent de temps à
autre du miel dans la bouche et détruisent les œufs qui
tombent par hasard ou dont le nombre dépasse un par
alvéole.

La mère s'arrête quelques secondes dans chaque cellule et dépose un œuf au fond, où il est maintenu par un
enduit visqueux. La température de la ruche, de 25° à
30°, suffit pour faire éclore cet œuf au bout de trois jours

habituellement. Il en sort une larve sans pattes, d'un blanc un peu grisâtre ou jaunâtre, ridée circulairement, à tête à peine plus colorée que le corps. Sa bouche n'offre que deux faibles mandibules écailleuses, sa lèvre inférieure a une filière comme celle des chenilles. Ces larves restent toujours roulées en anneau au fond de la cellule et peuvent s'y mouvoir lentement en spirale (fig. 166). Les nourrices leur apportent une pâtée formée de miel et de pollen et variant selon l'âge du ver, d'abord blanche et insipide, puis devenant de

Fig. 166.
Larve d'abeille
(grossie).

plus en plus sucrée et sous forme de gelée transparente. Les soins les plus tendres sont ainsi donnés plusieurs fois par jour, pendant six jours environ. Alors les nourrices ferment les cellules des larves avec un couvercle bombé et non plat, comme celui des cellules à miel; les larves se redressent, s'allongent, et pendant un jour et demi tapissent les cellules d'une pellicule de soie roussâtre. La même cellule peut avoir ainsi plusieurs pellicules, si elle a logé plusieurs larves. Cette chemise de soie est destinée à empêcher la peau si délicate de la nymphe d'être blessée par les parois. Après trois jours de repos, la larve se change en nymphe blanche, emmaillottée d'une fine peau qui laisse voir les yeux, les antennes, les ailes et les pattes couchées le long du corps. Pendant sept jours environ, la nymphe reste immobile, et ses organes internes se forment. La larve n'a eu besoin que de la chaleur de la ruche. S'il faut admettre qu'on puisse généraliser par analogie les observations bien positives de Newport sur les bourdons, les nourrices seraient aussi des couveuses et augmenteraient volontairement, par une plus puissante respiration, la chaleur ambiante, en se posant, à la fin de la vie de la nymphe, sur le couvain operculé. Les mâles pourraient aussi participer à cette incubation qui serait nécessaire pour donner aux nymphes leur vitalité complète. Celles-ci déchirent avec leurs mandibules les couvercles qui les maintenaient captives, et sortent sans secours étranger ; mais aussitôt que les jeunes abeilles, encore molles et plus pâles, ont réussi à quitter les cellules et sont reconnues par là aptes aux travaux communs, les ouvrières les essuient, les brossent, étendent leurs ailes et leur offrent du miel.

Tant que la chaleur du début de l'été se soutient et que les fleurs pullulent, les mâles, paresseux et indolents, ont continué leurs excursions et rentrent le soir à la ruche ; mais les provisions deviennent moins abondantes, une fureur subite s'empare des ouvrières contre ces bouches devenues inutiles. La consigne du meurtre est donnée ; des sentinelles spéciales signalent l'arrivée des malheureux faux-bourdons, une escouade d'exécuteurs se précipite sur chaque mâle qui rentre plein de confiance, à l'heure habituelle du souper ; il est percé de coups d'aiguillons, et le lendemain les alentours des ruches sont noirs de cadavres. Ce n'est pas tout ; les larves et nymphes de mâles qui existent encore sont arrachées des berceaux et jetées dehors, criblées de blessures mortelles. Cependant on peut trouver accidentellement, à la fin de l'automne, quelques mâles dans les ruches ; tantôt ce sont des ruches en décadence où les neutres semblent devenus indifférents à l'intérêt général : tantôt, au contraire, par les années florissantes où les rayons regorgent de miel, c'est à une dédaigneuse insouciance que quelques faux-bourdons doivent la vie, comme le riche bien repu qui tolère un insignifiant parasite à sa table.

La ponte de la mère diminue peu à peu, à mesure que la saison s'avance. Aux premiers froids, les abeilles se rassemblent en peloton dans la ruche et ne mangent plus. Ce peloton est d'autant plus serré que la tempéra-

ture du dehors s'abaisse davantage. Réaumur et Huber
ont affirmé que pendant l'hiver il régnait dans les ruches la chaleur d'un perpétuel printemps. Au contraire,
Newport soutient que les abeilles tombent en engourdissement dans les grands froids, et que la température de
la ruche diffère alors peu de celle du dehors. Dubost,
tous les praticiens modernes, ont une opinion contraire :
les abeilles ne s'endorment pas en hiver et la ruche
reste toujours très-chaude, au moins au tempéré. Il paraît très-probable que l'erreur du célèbre naturaliste
anglais vient de ce que le thermomètre placé dans la
ruche, pour ce genre d'observations, n'est pas toujours
recouvert par la masse serrée des abeilles. Alors la température peut s'abaisser au-dessous de la glace, et même,
dans les hivers très-froids, comme l'a vu Dubost en 1788-
1789, des glaçons tapissent la ruche et s'arrêtent tout
près du peloton d'abeilles où se maintient, mais là seulement, une température élevée.

Aux premières chaleurs du printemps, elles consomment le miel qui a été mis en réserve, jusqu'aux premières fleurs. La ponte de la mère reprend, et pendant
deux mois environ ce sont encore des œufs femelles
qu'elle dépose dans les petites cellules et qui donnent
des ouvrières destinées à réparer les pertes dues aux
décès de l'hiver. Puis, la ponte d'ouvrières continuant
toujours, en avril et en mai, à certains jours, la mère
pond des œufs différents, des œufs de mâles, et, sans
hésitation, les confie aux grandes cellules hexagonales.
L'œuf du mâle éclôt en trois jours ; sa larve vit six jours,
nourrie de la même pâtée que celle des ouvrières, avec
la même tendresse. Après la pose du couvercle de cire
bombé, cette larve reste trois jours à filer, puis douze
jours environ en nymphe, ce qui fait que le couvain du
mâle n'éclôt qu'en vingt-quatre jours au plus tôt, au lieu
de vingt et un jours qui ont suffi au couvain des ou-

vrières. Les jeunes mâles qui seront massacrés par la suite reçoivent en naissant les mêmes attentions dévouées que les ouvrières. Par intervalles, à des jours distincts, la mère, au milieu de sa ponte de mâles, va déposer des œufs de femelles, pareils en tout à ceux d'où naissent les ouvrières, dans les immenses cellules latérales dont nous avons parlé. Un des plus étonnants prodiges dont abondent les métamorphoses des insectes va nous être offert. A la petite larve, toute pareille aux larves d'ouvrières, qui sort de l'œuf au bout de trois jours, les nourrices apportent une nourriture toute particulière, d'abord acidulée, puis plus sucrée que la pâtée ordinaire. En outre, cette *pâtée royale* est prodiguée et reste en excès dans cette vaste loge où la jeune larve dilate son abdomen à son aise. Qu'arrive-t-il ? les organes producteurs des œufs, au lieu de rester stériles comme chez l'ouvrière peu nourrie et resserrée dans sa petite loge, se développent, et, à la place d'un neutre, la larve donnera une mère féconde. Tout va aller plus vite sous l'influence de cette succulente nourriture. Elle ne met qu'un jour à filer, prend deux jours et demi de repos, devient nymphe et ne reste sous cette forme que quatre à cinq jours, de sorte qu'au bout de quinze à seize jours après la ponte, la jeune mère est prête à percer le long couvercle pointu avec lequel les ouvrières ont fermé la cellule royale. Il arrive quelquefois que les ouvrières ne jugent pas l'instant de sa sortie favorable ; elles renforcent le couvercle avec de la nouvelle cire, et maintiennent la femelle en prison, de quatre à huit jours, en lui passant du miel par un petit trou. L'influence de la pâtée royale est bien évidente, car il en tombe quelques miettes dans les cellules d'ouvrières placées près de la grande cellule, par la confusion inévitable de la multitude des nourrices empressées autour de la larve de mère. Cela suffit pour donner une demi!

fécondité à ces ouvrières et leur faire pondre exclusivement des œufs de mâles. Ces ouvrières pondeuses, comme les vraies femelles, sont exposées à toute la colère de la mère. Les ouvrières connaissent très-bien cette propriété merveilleuse qui assure la durée des ruches. Si un accident les prive de la reine à un moment où la ruche n'a pas de couvain d'ouvrières, tout est perdu, les abeilles se dispersent et vont mourir dans la campagne, car les abeilles des autres ruches tuent sans pitié toute étrangère qui cherche à entrer. S'il y a du couvain, le travail continue. Vite on isole une larve d'ouvrière en massacrant les voisines pour rompre les cloisons, et une vaste cellule, cette fois au milieu du gâteau (cellule royale *artificielle*), entoure la préférée; on lui apporte la précieuse nourriture, elle devient une femelle; la ruche est sauvée.

Nous connaissons en Europe deux espèces très-voisines d'abeilles, l'*abeille commune* (*Apis mellifica*), à abdomen brun, de l'Europe centrale, et l'*abeille ligurienne* (*Apis ligustica*), d'Italie, de Sicile, de Crète et de Grèce, celle qu'a chantée Virgile. Son abdomen est fauve. Peut-être n'a-t-on que deux races constantes, car on peut les croiser et l'on a des ruches mixtes fécondes. En Égypte, on élève, également en ruches, l'*abeille à bandes*. Dix ou douze autres espèces d'abeilles existent dans l'ancien monde, au Sénégal, au Cap, à Madagascar, aux Indes orientales, à Timor, etc. On récolte leur miel sauvage. L'Amérique n'avait point d'abeilles; on y a introduit, au nord et au sud, l'abeille d'Europe qui y a multiplié. Seulement elle y devient très-facilement sauvage dans les bois, ce qui lui arrive au contraire très-rarement chez nous. Cette influence du continent américain s'est manifestée sur tous nos animaux domestiques importés, sur les bœufs et les chevaux libres aujourd'hui dans les pampas comme sur les abeilles. Les vaches n'y gardent le lait que pendant l'allaitement de leur veau.

Les populations primitives de l'Amérique connais-saient cependant le miel, un miel moins doux que le nôtre, plus parfumé, plus coloré et plus fluide. Lors de la conquête, les Espagnols constatèrent au Mexique et en Colombie l'existence d'insectes plus petits que nos abeilles, faisant leurs gâteaux dans les creux d'arbre, où l'on va encore habituellement les chercher, présentant des mâles, des femelles et des neutres, mais tous sans aiguillon (il est rudimentaire chez les femelles et ou-vrières), ce qui rend la récolte très-aisée. La cire est brune et de médiocre qualité. Sous d'épais feuillets de cire sont des gâteaux à alvéoles hexagonales, les unes des mâles, les autres des femelles ou d'ouvrières. Ces cellules des larves sont bouchées par les ouvrières, et les larves se filent un cocon. Tout autour de cet amas de berceaux sont de grands pots arrondis, ou amphores, où s'amasse le miel, de forme tout autre que les cellules à couvain. Il est très-probable que les mâles, les neutres et plusieurs femelles fécondes existent ensemble. En ef-fet, ici personne n'a d'arme, la bonne intelligence doit ré-gner. On doit être porté à croire que les femelles fécondes se font, à la volonté des ouvrières, par une pâtée spéciale ; car, quand on veut multiplier les nids de ces douces méli-pones, on prend au hasard quelques gâteaux et on les porte dans un creux d'arbre, et toujours une nouvelle colonie se fonde. Il reste encore à connaître beaucoup d'espèces de ces insectes. A. Doumerc a rapporté le premier plusieurs espèces de mélipones de la Guyane. Les trigones, un peu différentes par les ailes, sont plus petites. On com-mence en Amérique à rendre domestiques certaines espèces de mélipones, qui consentent à accepter pour ruche des pots de terre, des caisses de bois ou des troncs d'arbres perforés. On a amené plusieurs fois en Europe ces nids de mélipones. En été, les insectes ont butiné,

mais ont toujours péri aux premiers froids, en refusant
le miel qu'on leur offrait. Ainsi, on a conservé au Muséum, pendant l'été de 1865, une ruche de la *mélipone
scutellaire*, du Brésil (fig. 167). On
ne trouva pas de couvain dans le
nid, les amphores à miel étaient vides, et tous les individus qui arri-
vèrent jusqu'en octobre étaient des
neutres. Il est très-probable que les sociétés des mélipones sont permanentes, comme celles des
abeilles. L'ancien monde offre aussi quelques mélipones
en Abyssinie, au Bengale, etc.; la Tasmanie et l'Australie également. M. Thozet, qui a beaucoup observé les
mélipones d'Australie, dit que les indigènes sont très-
friands de leur miel parfumé. Pour découvrir les nids,
très-bien cachés dans les creux d'arbres, ils suivent de
l'œil une mélipone au sortir d'une fleur d'*Hibiscus*, dont
ces insectes raffolent, et souvent, pour les mieux reconnaître en l'air leur attachent un petit plumet de coton.

Fig. 167.
Mélipone scutellaire.

Les mellifiques sociaux dont il nous reste à parler ne
font que des colonies annuelles, dont tous les individus
meurent à la fin de l'automne, à l'exception de certaines
femelles fécondes, qui vont passer l'hiver engourdies
dans quelque trou, et commenceront au printemps le
logement de leur nombreuse postérité. Parcourez, au
mois de mars, les prairies où commence le gazon, les
bois encore dépourvus de feuilles; vous verrez voler çà
et là des bourdons au corps velu, tous de la plus grosse
taille. Ce sont les femelles réveillées par les premiers
soleils du printemps. Elles visitent les interstices des
pierres, les trous creusés par les mulots; elles se glissent sous les amas de mousse, cherchant une place convenable pour leur nid. Si nous suivons le travail d'une
de ces grosses femelles, nous la verrons apporter d'abord
de la mousse, des herbes sèches pour façonner les pa-

rois du nid, dans lequel elle pénètre par une longue et étroite galerie couverte, afin d'en rendre l'accès difficile aux insectes ennemis. Puis elle y dépose une pâtée de miel et de pollen ; des petits trous y sont creusés où elle pond ses œufs, opération assez pénible pour elle et dans laquelle son aiguillon lui sert d'appui. Il en naît des larves blanches, sans pattes, trouvant tout de suite leur subsistance dans cette boule mielleuse que la mère accroît sans cesse autour d'elle. Les larves se filent des coques de soie, placées l'une contre l'autre, où elles se transforment en nymphes. Il n'éclôt d'abord que des ouvrières ou *petites femelles* infécondes, qui aident aussitôt la mère de son travail et amassent la nourriture des larves. Elles achèvent le nid, l'agrandissent, y façonnent des gâteaux grossiers formés de cellules ovoïdes de cire. Un miel très-fin y est déposé, servant à humecter la pâtée des larves et à nourrir la colonie, seulement dans les jours pluvieux, car les bourdons meurent à l'entrée de l'hiver ; certaines cellules sont remplies de boulettes de pollen. Bientôt la mère ne fait plus que pondre, mais aux œufs d'ouvrières s'ajoutent des œufs de *mâles* et de *femelles fécondes*, de taille très-variée, souvent plus petites que la mère, plus grosses que les ouvrières. C'est sans doute une nourriture spéciale qui provoque la formation de ces femelles. On croit que ces sortes de femelles ne donnent naissance qu'à des mâles, et on explique ainsi le grand nombre de ceux-ci à l'arrière-saison. Au mois d'août éclosent quelques *grosses femelles* fécondes, pareilles à celle qui a fondé le nid. Il n'y a pas de cellules distinctes pour ces divers individus ; la colonie des bourdons est une dégradation évidente de celle des abeilles. Les femelles fécondes demeurent ensemble dans le nid sans combat. Les grosses femelles, nées à la fin de l'été, ne pondent pas, bien que fécondées. Elles se dispersent à la fin de l'année, alors que la mère fondatrice de l'année d'avant, les mâles de bonne heure, un certain nombre de femelles, les ouvrières, meurent. Ce sont elles qui, après l'engourdissement de l'hiver, seront les mères des colonies de l'année suivante. Chaque nid de bourdons peut avoir de cent cinquante à deux cents individus, mais il est rare qu'ils y soient tous en même temps ; beaucoup, surpris par la nuit ou par la pluie, restent à dormir sur les fleurs et découchent du nid. Le petit nombre d'habitants des nids de bourdons rend ceux-ci bien plus faciles à observer que les abeilles et les guêpes. Ce sont les bourdons (*humble bees* des Anglais) qui ont permis à Newport de constater le rôle des femelles, et aussi des mâles, se plaçant comme couveuses au-dessus des coques de soie où résident les nymphes prêtes à éclore, et par une respiration volontairement activée, ainsi que le témoignent les rapides inspirations de leur abdomen, élevant la température de leurs corps et par suite celle des nymphes au-dessus de celle de l'air du nid. Voici, sur l'espèce que nous avons figurée dans l'introduction, p. 23, quelques observations du célèbre naturaliste anglais, traduites en degrés centigrades. Des thermomètres très-étroits, à réservoir gros comme une plume de corbeau, étaient glissés entre les coques à nymphes et les bourdons placés au-dessus. Dans une expérience, la température de l'air du nid étant de 21°,2, celle des bourdons, au nombre de sept, recouvrant les nymphes, fut de 33°,6, et la température des coques voisines, sous la même voûte de cire, mais non recouverte par les bourdons, seulement 27°,5. Dans une autre expérience, l'air du nid étant à 24°,0, le thermomètre placé sous quatre bourdons couveurs monta à 34°,5. Les jeunes bourdons sortaient de leurs coques, après plusieurs heures de ces incubations dans lesquelles les insectes couveurs se relayent. Ils sont d'abord mous et grisâtres, mouillés, très-sensibles au moindre courant d'air, s'insinuant pour se réchauffer au milieu des gâteaux ou entre les bourdons anciens. Ce n'est qu'au. bout de plusieurs heu res qu'ils durcissent, et qu'on voit se dessiner les bandes jaunes et noires de leurs anneaux.

C'est en étudiant les bourdons que le comte Lepelletier Saint-Fargeau fit une bien curieuse découverte qui éclaira toute l'histoire des hyménoptères nidifiants. Il avait reconnu qu'on trouve dans nos bois certains insectes ayant tout à fait l'apparence de bourdons (fig. 168), par leur corps poilu, à bandes de diverses couleurs, mais dont les pattes postérieures, étroites et non dilatées,

Fig. 169.
Jambe et tarse postérieur.
Psithyre rupestre.

Fig. 168.
Psithyre rupestre.

Fig. 170.
Jambe et tarse postérieur.
Bourdon terrestre.

sans épines, ni corbeille, ni brosses, ne peuvent permettre la construction des nids ni la récolte du pollen (fig. 169, 170). Ces *psithyres* ou *apathes* des entomologistes anglais, n'ont que des mâles et des femelles fécondes. On trouve au mois de septembre beaucoup de mâles de psithyres dans nos bois, sur les capitules des scabieuses, des chardons. Incapables de nourrir leurs larves, les psithyres pondent leurs œufs au milieu dè la pâtée des bourdons, et ceux-ci confondant les enfants étrangers avec les leurs, les entourent de la même solli-

citude. Les psithyres sont de véritables parasites, selon
la signification antique donnée très-souvent mal à propos aux animaux épizoïques qui vivent sur le corps d'autres animaux. Vêtus comme les légitimes propriétaires
du nid, ils trompent, sous cette analogie de livrée, les
yeux vigilants des ouvrières. Les hyménoptères présentent bien des exemples de ce genre.' Il y a chez les insectes de nombreuses espèces pareilles aux coucous
qui portent leurs œufs dans les nids des fauvettes,
et dont les petits, avides et gloutons, prennent toute
la nourriture apportée par les pauvres parents, dont
ils jettent souvent au dehors la malheureuse postérité.

Nous trouvons fréquemment aux environs de Paris, un
peu plus tard que les vrais bourdons, le *Psithyrus
rupestris*, noir, à abdomen terminé par des poils rouges,
habillé comme le *Bourdon des pierres* dans le nid duquel
il vit. On rencontre encore les *Psithyrus campestris* et
vestalis, ornés de bandes jaunes et blanches au bout de
l'abdomen, comme les *bourdons terrestre* et *des jardins*.
Ces psithyres ont les ailes plus enfumées que leurs bourdons.

Un grand nombre de mellifiques vivent isolés. Les femelles seules construisent des nids divisés en cellules et
ne sécrètent plus de cire. Dans chacune est déposé un
œuf, et la jeune larve sans pattes se nourrit de miel et
de pollen accumulés par la mère, puis devient nymphe,
tantôt nue, tantôt dans une mince coque de soie. Il y a
une complète identité dans les métamorphoses avec les
constructions de nids les plus diverses. Toutes ces
abeilles solitaires qui nidifient sont des femelles, nées
d'ordinaire au printemps et qui vivent une grande partie
de l'été, tandis que les mâles, éclos en même temps,
meurent très-vite. Elles bouchent le nid, après qu'il est
rempli d'œufs et de pâtée mielleuse, et meurent sans

voir éclore cette postérité, pour laquelle elles ont cependant l'attachement le plus vif.

Un premier groupe de ces abeilles solitaires a encore, comme les abeilles et les bourdons, les pattes postérieures élargies et munies de brosses, de façon à pouvoir amasser sur ces pattes une boulette de pollen. Les *anthophores*, à trompe allongée, qui ressemblent à des abeilles, mais plus velues et grisâtres, font leur nid entre les fentes de muraille, entre les pierres des lieux arides, dans la terre sèche. Ce nid est un tuyau courbe, en terre gâchée et agglutinée par leur salive. Il est divisé par des cloisons terreuses en cellules, dont chacune contient une larve entourée de pâtée. La cellule du fond, la plus ancienne, se rapproche du sol, de sorte que le premier insecte qui éclôt n'a qu'une mince couche de terre à percer pour sortir. Les autres éclosent successivement, chacun perçant la cloison de la cellule du frère qui l'a précédé, et tous profitant du trou de sortie du premier-né. Les anthophores abondent dans les ravins arides de la Provence, exposés au brûlant soleil du Midi. Ce sont elles qui ont fourni à M. Fabre ses curieuses observations sur les métamorphoses des coléoptères vésicants, à larves parasites. Cet habile observateur a d'abord remarqué que l'on peut étudier sans danger ces abeilles solitaires, bien qu'on soit effrayé au premier abord par la quantité d'insectes qui bourdonnent sur les talus criblés de nids. A cet aspect, on croirait à une ruche ; mais, en réalité, on n'a pas ici des insectes sociaux, solidaires pour la défense d'une progéniture confiée à tous. Ces insectes sont des voisins indifférents, qui laissent bouleverser sans émoi la maison d'autrui ; on n'a à craindre que l'aiguillon de la mère dont on attaque les berceaux. M. Fabre a bien examiné aussi des insectes, poilus comme les anthophores, noirâtres, tachetés de blanc, les *mélectes*, dépourvus d'instruments propres à recueillir le pollen. Ces mélectes ne peuvent que déposer leurs œufs au milieu de la pâtée des anthophores, et celles-ci laissent les mélectes entrer en toute liberté dans leur galerie, leur font place, en se serrant contre la paroi, pour leur livrer passage, sans colère, sans inquiétude. Ineffables harmonies! Qu'une anthophore, au contraire, pénètre étourdiment chez sa voisine, qu'elle se montre seulement à la porte : aussitôt celle-ci se précipite sur l'imprudente, et, toutes deux, ivres de fureur, se mordent, se roulent dans la poussière du chemin, cherchant à s'enfoncer l'aiguillon. Cette anthophore, si courroucée pour une sœur inoffensive, capable de prendre à peine une gorgée de miel, se montre pacifique, débonnaire pour la mélecte, qui ne sait élever ses larves, et qui, pour leur procurer le vivre et le couvert, extermine à demi la race de l'aveugle mère, dont une partie des enfants périront affamés.

Les *xylocopes* (abeilles *charpentiers* ou *perce-bois* de Réaumur) sont ces gros insectes à ailes très-enfumées, d'un beau violet métallique, qui butinent au printemps dans les jardins sur les fleurs des arbres fruitiers (fig. 171). Les femelles creusent des galeries dans le bois vermoulu, selon le sens des fibres, et y placent une série de cellules superposées. Dans chaque cellule est déposé un tas de pollen mêlé de miel, exactement calculé pour chaque larve, dans lequel un œuf est pondu ; puis la cellule est fermée par un plafond de sciure de bois humectée de salive gluante. Sur ce plafond, nouveau dépôt de pâtée, nouvelle cellule construite (fig. 172). Le premier œuf pondu est dans la cellule la plus éloignée du trou d'entrée de l'insecte ; elle se recourbe très-près de la paroi, de sorte que la jeune xylocope n'aura qu'une mince lame de bois à percer, et chacune de celles qui naissent successivement n'ont à perforer que le plancher de leur cellule. De cette façon, il n'y a jamais de massacre, l'insecte qui sort de la nymphe trouve le chemin libre, chacun naissant dans l'ordre de la ponte. Les nymphes passent l'hiver et les adultes paraissent au début du printemps..

Fig. 171 et 172. — Xylocope femelle et son nid.

Nous engageons à rechercher les nids de la xylocope dans les vieux arbres, surtout dans l'espérance d'y rencontrer les cocons d'un brun noirâtre et ovoïdes d'un très-rare parasite, de la taille d'une forte guêpe, nommé *Polochrum repandum*, à ailes d'un jaune enfumé, à antennes en fuseau, avec l'abdomen noir rayé de bandes jaunes. C'est M. le docteur Giraud qui a découvert l'habitation et les mœurs de cet insecte, décrit par Spinola, qui ne savait d'où il provenait.

Dans un autre groupe d'abeilles solitaires, les pattes postérieures sont impropres à récolter le pollen des fleurs. Celui-ci est ramassé entre les anneaux de l'abdomen, qui est muni de poils. Telles sont les *chalicodomes* et les *osmies*, ressemblant à de petits bourdons, construisant contre les murs des nids en terre gâchée, d'une dureté extrême, et pleins de cellules à larves. Réaumur nommait à juste titre *abeilles maçonnes* ces insectes, dont il trouvait les nids en abondance sur les murs de sa maison de campagne de Conflans. Il désignait sous le nom d'*abeilles coupeuses de feuilles* d'autres hyménoptères du même groupe, nidifiant dans des tubes enroulés faits avec des feuilles de rosier, de poirier, de bourdaine (*mégachiles*), et sous celui de *tapissières* les *anthocopes*, qui revêtent avec des pétales de fleur, par exemple de coquelicot, les tubes creusés en terre, contenant les larves et la pâtée de pollen et de miel.

Très-souvent dans les jardins, les rosiers offrent à leurs feuilles des découpures circulaires faites par les mandibules des mégachiles, comme dans un dessin de broderie, bien plus régulièrement que par les chenilles. On voit la mère emportant au vol la petite tenture du berceau de ses enfants.

Dans ce groupe d'abeilles solitaires ramassant du pollen sous le ventre sont les *anthidies*, insectes velus à bandes fauves et brunes. Le midi de la France et l'Algérie possèdent l'*anthidie tacheté*, à abdomen noir, avec six taches transversales rousses de chaque côté de la ligne médiane, à ailes obscurcies (fig. 173). M. Lucas a observé son nid aux environs d'Oran. Le choix de l'insecte est bizarre; c'est dans des coquilles vides de colimaçons qu'il dépose ses œufs et la pâtée de miel et de pollen. En hiver, on trouve à l'intérieur de ces coquilles des cocons oblongs, formés de plusieurs couches superposées d'une soie très-fine et roussâtre. Ils sont placés au nombre de un, deux ou trois contre la spire, et entre eux sont des amas de petits cailloux qui séparaient les larves et consolident la coquille (fig. 174). Afin de dérober sa postérité

Fig. 173.
Anthidie tacheté,
adulte.

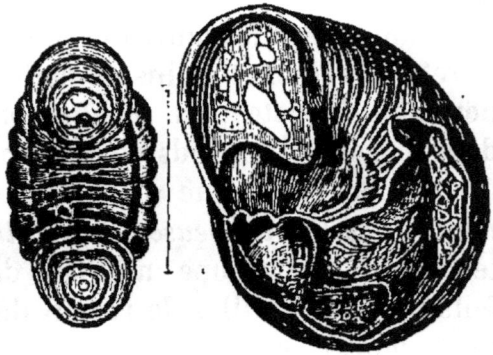

Fig. 174.
Larve et cocon de l'anthidie dans une
coquille d'hélix.

aux insectes ennemis, l'anthidie a eu soin de fermer la bouche de la coquille avec une sorte de mur de maçonnerie faite en terre gâchée, mêlée de débris de coquilles, et parfois de fiente de chameau. La larve qui vit à l'intérieur des colimaçons est inerte, courbée, entièrement d'un jaune clair. Ses yeux sont d'un brun foncé ainsi que l'extrémité de ses mandibules.

Tous les hyménoptères précédents conservent au repos les ailes supérieures étalées; d'autres, au contraire, ne les étendent que pour voler et les plient en deux au repos, selon leur grand diamètre, de sorte qu'elles paraissent alors très-étroites. Nous trouvons d'abord dans cette subdivision la grande famille des *guêpes*. Ce sont des insectes sociaux dans lesquels trois sortes d'individus sont nécessaires pour perpétuer l'espèce. Leur corps dépourvu de poils nous indique que ces insectes ne peuvent plus

récolter le pollen des fleurs. Les guêpes ne sécrètent pas
de cire ; elles coupent les végétaux avec leurs fortes
mandibules, et, au moyen d'une salive particulière,
composent une sorte de carton servant à faire les guêpiers, et sur lequel on peut écrire. Les guêpes proprement dites ont le corps épais. Leurs nids présentent des
feuillets papyracés entourant les gâteaux composés de
cellules hexagonales sur un seul rang. La *guêpe commune*
fait son nid sous terre avec un boyau de sortie ; la *guêpe
rousse* ou *guêpe des arbustes*, un peu plus petite, suspend son guêpier, entouré de nombreux feuillets et sphé-
roïdal, aux branches des arbres ; la *guêpe frelon*, de
très-grosse taille, fait son nid dans les troncs d'arbres,
avec un carton jaunâtre, très-friable, composé d'écorces
d'arbres. Les nids sont toujours commencés au printemps par une seule femelle féconde, à la fois architecte
et nourrice. Ses premiers œufs donnent des ouvrières
(femelles avortées) qui ne tardent pas à suppléer la mère
dans ses soins et agrandissent le nid. Les guêpes butinent sur les fleurs et amassent du miel qu'elles dégorgent dans certains alvéoles ; en outre elles déchirent des
fruits, des morceaux de viande, des insectes qu'elles tuent.
Dans les beaux jours de l'automne, on voit les diptères,
qui pullulent sur les fleurs des allées des bois, s'éloigner avec crainte dès qu'ils entendent le bourdonnement du terrible frelon. Au milieu de l'été, la mère
guêpe pond des œufs de mâles, de femelles et encore de
neutres. Les larves sont soignées dès lors par les ouvrières seules, qui leur apportent du miel et aussi des
morceaux de fruits et d'insectes, du jus de viande, etc.
Les larves ont la bouche plus forte que celle des abeilles
en vue de cette nourriture plus résistante. Elles filent
un petit couvercle soyeux à leur alvéole, s'y changent en
nymphe. Celle-ci, au bout de peu de jours, devenue
adulte, coupe avec ses mandibules le couvercle de la cel-

lule et prend son essor. Le nid est gardé par des sentinelles qui veillent aux abords, rentrent lors du danger
et avertissent les guêpes qui sortent en colère et piquent
les agresseurs. Si on bouche tout de suite l'entrée du
guêpier et si on tue les sentinelles avant qu'elles aient
jeté l'alarme, ou si on les distrait de leur devoir avec
des morceaux de sucre, les guêpes demeurées dans le
nid sont pleines de confiance, ne s'irritent pas, ne cherchent pas à piquer. Les mâles des guêpes sont notablement plus petits que les femelles. Les sociétés des guêpes sont bien moins nombreuses que les ruches d'a-
beilles, ont, au plus et rarement, deux à trois mille individus. Au mois d'octobre, les neutres cessent de construire et de nourrir les larves, tuent et jettent dehors
les dernières larves, qui du reste périraient de faim;
puis les mâles, les ouvrières, une partie des femelles
meurent de froid. D'autres, plus vivaces et fécondées,
sortent du guêpier abandonné et hivernent dans des
trous pour perpétuer l'espèce au printemps. C'est dans
cette saison qu'avec un peu d'entente il serait aisé de
diminuer singulièrement le nombre des guêpes, si nuisibles plus tard aux fruits, en chassant au filet les mères
guêpes, qu'on attirerait en abondance au moyen de gro-
seilliers-cassis en fleur. Quand on trouve en hiver ces
guêpes femelles fécondes et engourdies, on observe que
leurs ailes sont repliées en dessous ainsi que les pattes,
absolument comme dans la nymphe; de même, dans le
sommeil, les petits enfants, les jeunes animaux tendent
à s'enrouler, à reprendre la station fœtale.

Les *polistes* sont des guêpes particulières, plus petites,
élancées, à abdomen aminci à sa base. Leurs nids sont
moins parfaits que les vrais guêpiers, en ce qu'ils n'ont
jamais d'enveloppes; les gâteaux sont à nu. On trouve
en abondance sur les arbustes, sur les genêts, la *poliste
française*, dont la femelle, aux premiers beaux jours du

printemps, attache à une tige où contre un mur un gâteau porté par un pédicule et contenant un petit nombre
de cellules (fig. 175). Elle nourrit d'abord des larves
d'ouvrières seulement, et celles-ci augmentent le gâteau

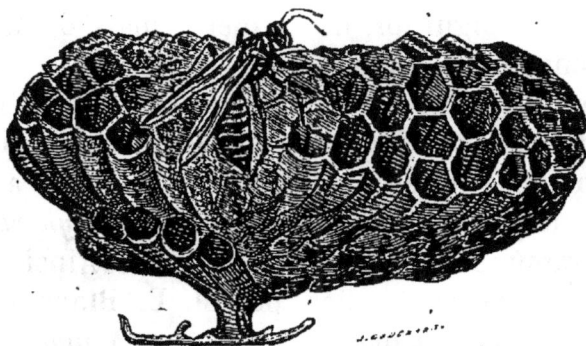

Fig. 175. — Nid de poliste française.

et quelquefois en superposent un second, attaché au
premier par des piliers. La seconde ponte de la mère
donne à la fois des mâles, des femelles et des neutres.
On peut détacher le nid et le transporter où on veut,
sans que la mère et les ouvrières songent à le quitter,
et ces pauvres insectes sont si attachés aux larves et aux
nymphes renfermées dans les alvéoles, qu'ils ne pensent
pas à piquer l'observateur, s'oubliant en entier dans
leur préoccupation maternelle.

Les guêpes solitaires, aux couleurs variées de jaune
et de noir comme les guêpes sociales, vivent à l'état
adulte du miel des fleurs, mais leurs larves sont devenues exclusivement carnassières. Les mères font des
trous dans la terre et dans des tiges de diverses plantes,
et y établissent des cellules dans chacune desquelles est
pondu un œuf que la mère entoure d'un certain nombre
de larves, souvent toutes de la même espèce et destinées
à fournir une proie à la larve molle et sans pattes qui
sortira de l'œuf. Admirable et aveugle instinct ! un in-

secte qui ne vit que de miel chasse des insectes vivants qu'il ne doit pas manger ni voir manger à ses petits. En outre, comment la larve pourra-t-elle trouver une pâture toujours fraîche et cependant incapable de résister à ses morsures? Les larves ou les insectes adultes sont percés par l'aiguillon de la mère, mais demeurent vivants, engourdis et immobiles, en véritable anesthésie. De même, certaines peuplades sauvages de l'Amérique du Sud lancent au gibier des flèches empoisonnées, avec une dose de curare telle que l'animal atteint est seulement paralysé et sans défense. Les *odynères* sont les plus communes de ces guêpes solitaires. Ainsi l'ancienne *odynère rubicole*, étudiée par M. E. Blanchard, nommée maintenant *oplope à pieds lisses* ou *épipone* (fig. 176),

Fig. 176. — Oplope adulte.

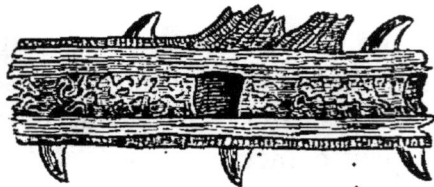

Fig. 177. — Nid de l'oplope.

creuse une tige de ronce sèche et y dispose des loges, à parois de terre sableuse pétrie, et chacune séparée par un plancher de moelle et de terre (fig. 177). Dans chaque loge est un œuf, entouré de chenilles de pyrales. La larve à anneaux gonflés, moyen d'appui et de mouvement limité (fig. 178), tapisse la loge d'un enduit soyeux, et construit, au-dessus de sa tête et de celle de la nymphe, un couvercle de soie à deux tuniques séparées par de la moelle très-serrée; puis elle devient nymphe (fig. 179). Ici la première cellule n'est pas rapprochée de la paroi,

Fig. 178.
Sa larve grossie.

comme chez les abeilles solitaires. Aussi un fait inverse se présente. C'est l'œuf le dernier pondu, dans la dernière cellule, qui se développe le plus vite, et dont l'adulte sort le premier. Le plus anciennement pondu, au contraire, donne l'adulte le dernier.

Sans cela, si un insecte parfait était sorti d'abord d'une loge inférieure, il aurait détruit tous les autres sur son passage. La même chose se produit pour d'autres odynères qui font leurs nids en terre ou dans de vieilles murailles. On peut s'amuser, à l'exemple de Réaumur, à élever au fond d'un petit tube de verre une jeune

Fig. 179.
Sa nymphe.

larve, retirée d'un de ces nids d'odynères, en ayant soin de lui fournir chaque jour une chenille ou une larve appropriée à son espèce. On la voit manger avec voracité et atteindre toute sa croissance au bout d'une quinzaine de jours.

Un très-grand nombre d'hyménoptères, différents des guêpes en ce que leurs ailes supérieures au repos ne se replient pas, sont désignés sous le nom de *fouisseurs*, parce qu'ils nidifient en terre ou dans des troncs d'arbres. On y distinguera encore des solitaires et des sociaux. Les premiers approvisionnent leurs nids avec les proies les plus variées, engourdies par le venin de l'aiguillon, qui n'est plus mortel comme celui des abeilles et des guêpes. Nous nous contenterons de citer quelques exemples.

Les *cerceris* donnent à leurs larves des insectes adultes, toujours de la même espèce pour le même cerceris; ainsi, dans les Landes, le *Cerceris bupresticide* va, à plus d'une lieue de sa demeure, chercher des buprestes; comme ces coléoptères sont très-rares, le plus sûr moyen, pour les amateurs, de se les procurer est de visiter les nids des cerceris et de guetter leur retour. Le *philanthe*

apivore rôde autour des ruches. Il est moitié plus petit
qu'une abeille ; mais sa peau est très-épaisse, et sa vivacité est telle qu'il se jette sur le dos de l'abeille butinant dans une fleur et lui enfonce son aiguillon dans le
cou avant qu'elle ait le temps de se mettre en défense. Il

Fig. 180. — Philanthe apivore emportant une abeille.

la porte engourdie dans le trou en terre où seront ses
larves, en la tenant retournée, le ventre contre le sien,
et entourant de ses pattes ce lourd fardeau ; aussi son
vol est alors très-lent. Si elle ne peut entrer, il lui coupe
les pattes et les ailes et la tire à lui, à reculons, en la
comprimant comme à la filière. Le trou est foré oblique-
ment, de préférence tourné au levant, sur les talus, au
pied des murs, dans les amas de sable. La femelle creuse,
la tête en avant, avec ses pattes de devant et sa large
tête ; elle sort fréquemment, à reculons, repoussant les
déblais avec ses deux pattes postérieures, les ailes croisées
longitudinalement au repos. La larve du *philanthe*, bien
repue d'abeilles, se file un très-curieux cocon dans lequel
elle parait être mise en bouteille (fig. 181). Lepelletier
Saint-Fargeau a depuis longtemps observé et décrit les

mœurs du philanthe apivore. Il a vu qu'il ne prend que les abeilles ouvrières et jamais les mâles. En Algérie, M. Lucas a constaté qu'une espèce voisine, le *philanthe Abd-el-Kader*, emporte aussi l'abeille dans son nid, et toujours l'ouvrière, jamais le faux-bour- don. Cependant les mâles sont sans au- cune défense, tandis que l'ouvrière a un aiguillon redoutable. Les *pompiles* sem- blent les vengeurs de la race des insec- tes, car ils donnent à leurs larves des araignées engourdies par l'aiguillon. Ils saisissent surtout les araignées errantes, mais ne craignent pas d'affronter le dan- ger des toiles, et parfois l'on voit le *pom-*

Fig. 181.
Larve de philanthe apivore.

pile des chemins venir jusque dans les maisons saisir l'araignée domestique (fig. 182). Rien de plus intéressant que les manœuvres du *pompile*, si bien étudiées par le Dʳ Giraud. Ce n'est qu'après avoir engourdi une araignée destinée à nourrir une larve, qu'il creuse son trou. Il pose son araignée au haut d'une grande herbe et non à terre, près de lui, car les camara- des, qui chassent en rasant le sol, la lui prendraient pendant qu'il fouit. De temps à autre, inquiet de son butin, il re- tourne voir son araignée, la touche avec sa tête, et, satis- fait, reprend son travail. L'*am- mophile des sables*, noir, très- allongé, avec une partie de l'abdomen fauve, emporte dans

Fig. 182.— Pompile des chemins enlevant une lycose.

son nid les chenilles des gros papillons de nuit. Les *sphex*, à pédicule de l'abdomen très-grêle, ont un aiguil-

lon à piqûre très-douloureuse, surtout chez les grandes
espèces exotiques. Beaucoup attaquent les araignées;
nous en avons en France qui arrachent de sa toile l'araignée des jardins (*Epeira diadema*), bien plus grosse
qu'eux, lui coupent la tête et les pattes, et donnent à
leurs larves son énorme abdomen gonflé de sucs. A l'île
de la Réunion, les *chlorions*, à corps métallique, percent
de leur aiguillon ces hideuses blattes ou *cancrelats*,
fléau de nos colonies, les traînent avec effort, leur enlèvent les pattes et les font entrer dans leur nid en terre
en les comprimant.

M. Fabre a étudié les mœurs des Sphex dans le midi
de la France. L'un d'eux, le *Sphex flavipennis*, approvi-
sionne sa nichée avec des Grillons, l'autre le *Sphex al-
bisecta*, avec des Criquets. Le Sphex amène sa victime
sur le bord du trou, descend faire la visite du trou, sans
doute pour voir si quelque parasite n'y est pas caché, et
cela trente ou quarante fois de suite avant d'introduire à
reculons la proie qu'il traîne par la tête. Il bouche son
terrier approvisionné, et cela même si on a enlevé les
aliments de la petite famille future. Un instinct aveugle
semble obliger l'Hyménoptère, une fois exécutées un
certain nombre d'expéditions en rapport avec le nombre
de ses œufs, à clore le berceau garni ou non d'une pâtée
suffisante. Il en est de même pour les Ammophiles et
leurs chenilles. On voit encore, chez les Grillons et les
Criquets, des mouvements de l'abdomen et des pattes.
Quand la chétive larve sort de l'œuf, la gigantesque victime ne bouge pas malgré les morsures. Sa croissance
achevée, la larve se file un cocon enduit d'un vernis violacé, et y devient nymphe, avec les pattes, les ailes et les
antennes couchées. La larve vit plus de neuf mois, la
nymphe environ vingt-quatre jours; l'adulte reste environ
trois jours à se sécher, se fortifier et à rejeter un méconium formé de petits granules d'acide urique, puis

prend son essor, butine et nidifie pendant deux mois.

L'aiguillon des Sphex et, en général, des Hyménoptères fouisseurs, continuellement employé pour anesthésier les proies, est peu douloureux pour l'homme, car il est sans dentelures à rebours, comme celui des Abeilles ou des Guêpes, et sort aussitôt de la piqûre. Ils ne s'en servent contre l'homme qu'à la dernière extrémité ; on peut s'approcher sans danger de leurs nids et même saisir les insectes entre les doigts. Les Abeilles et les Guêpes sont plus dangereuses, car on peut dire que chez elles la colère maternelle est collective. Elles se ruent en foule sur l'imprudent qui leur parait menacer les berceaux chéris, et se servent, comme suprême ressource, d'un aiguillon barbelé qui reste dans la blessure, en causant la mort de l'insecte qui paye de sa vie le plaisir de la vengeance.

Quelquefois, mais très-rarement, aux environs de Paris, vole un élégant insecte de cette tribu, le *pélopée tourneur*, très-singulier par le long pédicule qui rattache l'abdomen au thorax (fig. 183). Bien difficile doit être la circulation du sang d'une région à l'autre avec une telle organisation. Les pélopées font des nids en terre, d'où le nom du genre qui veut dire *potier* ou *pétrisseur de terre*, et l'espèce tourne sans cesse au vol autour de ce nid. L'es-

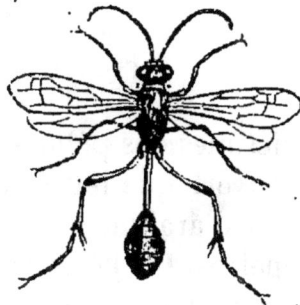

Fig. 183.
Pélopée tourneur, adulte.

pèce est bien plus fréquente dans le midi de la France et en Algérie, où M. Lucas a observé ses métamorphoses. L'insecte construit sous les grosses pierres, avec de la terre et du sable agglutinés par une salive particulière, des nids de forme grossière, contenant chacun cinq à six larves. Les cellules des larves sont assez rappro-

chées et toutes verticales (fig. 184). Ces larves sont molles,
immobiles, tenant la tête recourbée contre le milieu du
corps, jaunes, marquées en dessus et en dessous de taches arrondies, blanches et faisant saillie. Parvenues à
toute leur croissance, elles se renferment dans un cocon
formé d'une soie fine, serrée, recouverte d'une couche
gommeuse. On a longtemps ignoré quelles étaient les

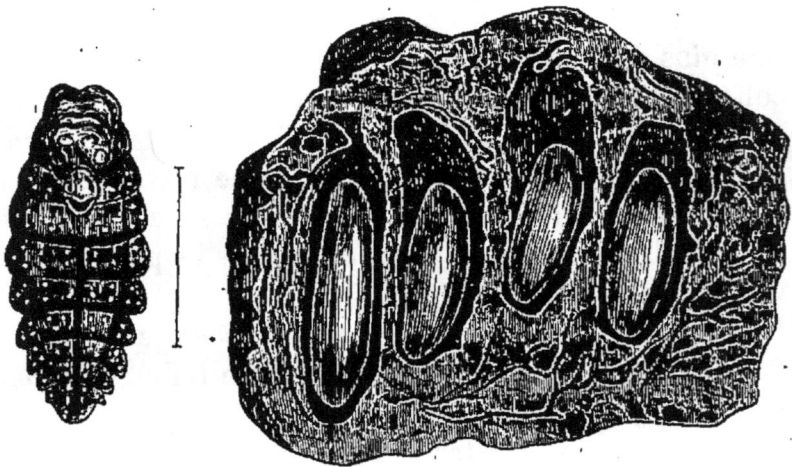

Fig. 184. — Larve, nid et cocons du pélopée.

victimes des pélopées. Tout récemment M. Lucas a découvert que leurs nids sont exclusivement approvision-
nés d'araignées et très-principalement du genre des
épeires. Les pélopées, bien différents des chlorions, nous
rendent donc de mauvais services en détruisant nos
utiles auxiliaires contre une foule d'insectes dévastateurs.

On trouve dans le midi de la France et très-rarement
près de Paris, à Fontainebleau, un singulier genre de ce
groupe, les *mutilles*, dont les femelles, toujours sans
ailes, ressemblent à des fourmis, agréablement variées
de rouge et de jaune (fig. 185). Les mâles, ailés et bien
plus petits, sont noirs (fig. 186). On a longtemps ignoré

les métamorphoses des mutilles. On sait maintenant que ces hyménoptères des terrains sablonneux vivent parasites dans les nids des abeilles solitaires. Leurs larves dévorent, non la pâtée mielleuse, mais les propres larves des abeilles. Sans doute la mutille femelle les perce de son aiguillon acéré.

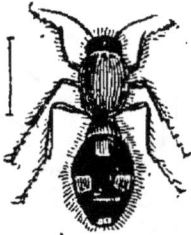

Fig. 185. — Mutille maure,
femelle grossie.

Fig. 186. — Mutille maure,
mâle grossi.

Les hyménoptères fouisseurs ont des parasites, encore très-mal connus, de leurs nids, ne sachant pas s'emparer de proies vivantes et devant cependant les fournir à leurs larves. Telles sont, entre autres, les jolies *guêpes dorées* (*chrysidiens*) à corps brillant de bleu métallique et de rouge cuivreux. Leur abdomen, continuellement agité ainsi que leurs antennes, étincelle au soleil comme une pierre précieuse. Les unes vont pondre leurs œufs au milieu des larves amassées par les cerceris et les philanthes ; d'autres entrent dans les nids de mellifiques solitaires pour tuer leurs larves, comme les mutilles, au bénéfice de leurs propres enfants.

Les fouisseurs sociaux constituent l'immense légion des *fourmis*, répandues dans tous les pays. Nous ne devons voir dans les fourmilières aucune espèce d'organisation à la façon de nos gouvernements ; ce sont des associations pour la reproduction de l'espèce composées de mâles, de femelles et de neutres ou femelles incomplètes plus modifiées encore que chez les abeilles et les guêpes, car elles ont perdu les ailes. On distingue trois

groupes principaux, dont les mœurs et les métamorphoses sont analogues. Les *myrmiques* ont deux nœuds
au pédicule de l'abdomen, un aiguillon chez les femelles
et les neutres (fig. 187, 188). Les *ponères* n'ont qu'un
nœud au pédicule et un aiguillon chez les femelles et
les neutres. Dans ces deux groupes, les larves ne filent

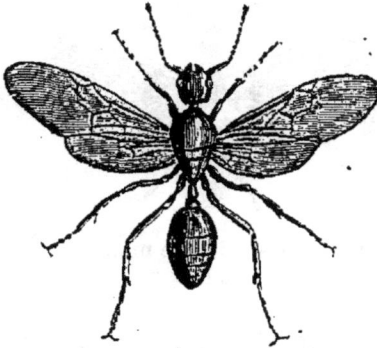

Fig. 187.
Myrmique lævinode, mâle,
grossie.

Fig. 188.
Myrmique ouvrière,
grossie.

pas de cocon pour se changer en nymphe. Enfin les
fourmis proprement dites, de beaucoup les plus nombreuses en espèces, n'ont qu'un nœud au pédicule de
l'abdomen. Leurs larves se filent une petite coque de
soie. Elles n'ont pas d'aiguillon, mais versent dans les
blessures que font leurs mandibules un liquide acide,
l'acide formique, produit de combustion des matières
ligneuses et amylacées. Leur corps en est imprégné et a
une forte saveur aigre. Les *fourmilières* ou habitations
communes des fourmis sont construites avec des matières végétales ou en terre. On y trouve des séries de
chambres soutenues par des piliers, des galeries, des
corridors multipliés pour le service de ces chambres où
sont déposés dans les unes des œufs, dans les autres des
larves et des nymphes; certaines enfin contiennent des
femelles fécondes retenues captives. Les fourmis ont de

tout temps été citées comme des modèles d'économie et
de prévoyance. Les anciens croyaient qu'au centre de
l'Asie existaient d'énormes fourmis, allant chercher l'or
dans les sables aurifères et gardant avec soin les précieux trésors qu'elles accumulaient. Les opinions sont
aujourd'hui partagées au sujet des provisions qu'elles
amasseraient pour l'hiver. Dans nos hivers rigoureux,
les fourmis tombent en engourdissement et beaucoup
périssent. Peut-être dans les hivers doux en est-il autrement, et alors des aliments leur sont nécessaires, comme
pour les jours pluvieux où elles ne sortent pas; au
reste une grande partie des objets que les ouvrières
transportent sans cesse sont des matériaux de construction.

Près de Menton, M. Moggridge a observé des fourmis
qu'il nomme *moissonneuses*, et qui font de véritables réserves pour l'hiver, comme la fourmi du fabuliste. Ce
sont les *Atta barbara* et *structor*. Elles vont en été chercher des grains de diverses céréales, et les mettent en
magasin dans la fourmilière. Ces grains germent par
l'humidité de l'hiver, et développent alors une matière
sucrée dont les fourmis se *nourrissent*. On voit donc
qu'Ésope et la Fontaine font tenir à la cigale le langage
de la vérité, lorsqu'elle demande à la fourmi quelques
grains pour subsister pendant la saison d'hiver.

Les ouvrières exécutent seules les travaux d'architec-
ture, nourrissent les larves et leur prodiguent des soins
bien plus compliqués que chez les abeilles, car ces larves
ne sont pas à poste fixe. Enfin elles défendent avec
acharnement la progéniture des mâles et des femelles
qui, eux, ne s'occupent de rien. Les femelles vivent en
bonne intelligence et pondent des œufs çà et là. Les neutres recueillent avec soin ces œufs, tantôt cylindriques,
tantôt renflés et arqués, selon les espèces, les humec-
tent d'un liquide qui les grossit et les portent dans les

couvoirs. Au bout d'une quinzaine de jours ces œufs
éclosent par la chaleur de la fourmilière. Il en sort de
petites larves blanches, privées de pattes, à corps ramassé et conique (fig. 189). Leur bouche est une sorte
de mamelon rétractile qu'elles enfer-
ment entre les mandibules écartées des
ouvrières ; celles-ci, comme les oiseaux pour leurs petits, leur donnent
la becquée en dégorgeant dans cette
bouche un liquide sucré. Ces larves
sont entourées des soins les plus tendres. La nuit, les ouvrières les portent dans les parties profondes de la
fourmilière pour leur épargner tout
air froid. Quand le soleil du matin a
acquis assez de force, elles les exposent
au sommet de la fourmilière pour
qu'elles reçoivent l'influence bienfai-
sante de ses rayons ; plus tard, il est devenu trop ardent, alors elles les descendent dans des chambres
supérieures, mais moins rapprochées des parois. Si la
fourmilière est attaquée, une partie des ouvrières emporte en toute hâte les œufs, les larves, les nymphes
dans les casemates de sûreté, situées dans la partie
la plus profonde ; les autres se jettent avec un intré-
pide courage sur les assaillants et lancent en quantité
l'acide formique. Ce sont les larves et les nymphes qu'on
appelle improprement *œufs de fourmis*. On les recherche,
dans les grosses espèces, pour élever les jeunes faisans
et les jeunes perdreaux, principalement chez la *fourmi
rousse*, si commune dans nos bois, où elle amoncelle des
petits fragments de branches. Les larves des fourmis
proprement dites, parvenues à toute leur taille, deviennent nymphes sous une coque de soie, allongée, d'un
tissu serré, jaunâtre ou gris. La nymphe, d'abord d'un

Fig. 189.
Larve de myrmique,
grossie.

blanc pur, passe peu à peu au jaune pâle, au roussâtre,
au brun ou au noir. Elle offre tous les organes de l'a-
dulte enveloppés d'une peau si mince qu'elle paraît iri-
sée à la lumière (fig. 190). Ce sont les ouvrières qui déchirent le sommet de la coque de soie,
en se mettant plusieurs pour cette opération. Elles tirent avec précaution les
nymphes hors de la coque, puis les
débarrassent de la pellicule, étalent
leurs pattes et leurs antennes, les brossent, leur donnent à manger, guident
leurs premiers pas, et, pendant quelques jours, les promènent dans la
fourmilière pour leur en faire connaître les couloirs et les issues. Ces mêmes ouvrières, quand les provisions
manquent ou que la fourmilière est
trop exposée aux attaques, ont l'instinct d'émigrer et transportent ail-

Fig. 190.
Nymphe de, Myrmi-
que, grossie.

leurs ce qu'on doit vraiment appeler leurs dieux domestiques, les œufs, les larves, les nymphes, objet d'un
continuel amour. Elles prennent aussi sur le dos les
mâles et les femelles qui refuseraient de les suivre, sans
oublier les ouvrières infirmes ou malades. Ce sont également les ouvrières qui s'acquittent du soin difficile
d'étaler les ailes si fragiles des mâles et des femelles qui
viennent d'éclore et qui restent dans la fourmilière jusqu'au moment de la reproduction.

C'est le plus souvent en été, aussi en automne pour
quelques espèces, que se forment ces essaims composés
de fourmis ailées des deux sexes, emportés parfois à
d'assez grandes distances par les vents. Par une belle
soirée chaude on voit d'abord sortir les mâles de leurs
souterrains. Ils agitent par centaines leurs ailes argentées et transparentes. Les femelles, moins nombreuses,

traînent au milieu d'eux leur large ventre bronzé et déploient aussi leurs ailes, d'un éclat changeant et irisé. Un nombreux cortége d'ouvrières les accompagne sur les plantes qu'elles parcourent ; le désordre et l'agitation règnent dans la fourmilière. Elles vont des uns aux autres, les touchent de leurs antennes et semblent leur offrir encore de la nourriture. Enfin les mâles, comme obéissant à une impulsion générale, quittent le toit de la famille, et les femelles ne tardent pas à les suivre. La troupe ailée a disparu et les ouvrières retournent encore sur les traces de ces êtres favorisés qu'elles ont soignés avec tant de persévérance. Une fois les femelles fécondées, la force qui soutenait tant d'insectes tourbillonnant dans les airs les abandonne : mâles et femelles retombent sur le sol. Les ailes se détachent aussitôt qu'elles sont exposées à l'humidité de la terre, et souvent les femelles se les arrachent elles-mêmes. Selon les espèces, la scène varie. Tantôt l'essaim a été emporté loin de la fourmilière : alors les femelles fécondées se groupent comme une peuplade naissante et donneront de nouveaux nids ; tantôt c'est près de l'ancienne fourmilière que se laisse choir la gent ailée : alors les ouvrières s'emparent des femelles, les dépouillent de leurs ailes et entraînent avec empressement ces précieuses mères, leur espérance nouvelle, dans les galeries intérieures où elles les garderont à vue. Dans ce cas, quelques femelles s'échappent, chacune se met isolément dans quelque trou, des ouvrières errantes les rejoignent, une nouvelle fourmilière commence. Les essaims de fourmis peuvent prendre parfois, même dans nos climats tempérés, des proportions numériques incroyables. On a pu lire dans les journaux, en juillet 1873, qu'à Vals (Ardèche), une colonne énorme, prodigieuse, de fourmis ailées, a défilé pendant plus d'une heure dans les régions de l'atmosphère, suivant la direction du Nord, en telles masses,

que le ciel en était obscurci, à la vive curiosité de toute
la population.

Nous ne suivrons pas plus loin Huber fils, observateur
aussi passionné des fourmis que son père aveugle l'était
des abeilles. Nous laisserons de côté tant de curieux détails étrangers aux métamorphoses ; l'amour des fourmis pour les pucerons et pour les coccus, fixés à diverses plantes, et qui leur procurent une liqueur sucrée,
leurs délices ; les soins qu'elles leur donnent en les portant sur les plantes propices, et en les enfermant dans
leurs fourmilières comme des vaches à l'étable ; les nombreuses espèces de petits coléoptères qui vivent au milieu d'elles en hôtes affectionnés. Rien de plus bizarre
que les combats de fourmis incapables d'élever leurs
larves, allant chercher les ouvrières d'autres espèces,
les emmenant captives et en faisant de véritables nourrices sur lieu. Les fourmis sont très-batailleuses et pil-
lent parfois les habitations d'autres espèces, les expul-
sent, les détruisent même. Ainsi, dans les serres chaudes
du Muséum, il n'existe plus, depuis une dizaine d'années, qu'une seule espèce de fourmis, le *Formica graci-
lescens*, très-agile, poilue, à longues pattes grêles. Elle
s'est d'abord montrée dans la serre des orchidées et vient
probablement de la Guyane ; elle a détruit toutes les espèces françaises. Les serres chaudes de Vienne et de
Schœnbrunn sont envahies par une espèce indienne ;
celle d'Helsingfors, par le *Formica vividula*, étrangère à
l'Europe, d'origine inconnue. Dans les maisons de Paris,
on trouve une très-petite espèce importée, le *Formica
Pharaonis*, qui s'attaque à tout. Cette petite fourmi est
noire et vit dans les maisons à Paris, à Londres, à
Bruxelles, à Gand, à Hambourg, à Copenhague, etc. On
la retrouve en Égypte, à la Nouvelle-Hollande, dans les
deux Amériques. Elle est très-avide de viande crue, de
sucre, de chocolat. Elle avait ravagé à Paris les magasins

de la Compagnie coloniale. Le meilleur moyen de la chasser est d'insuffler de la poudre de pyrèthre du Caucase, dans les fissures qui communiquent à ces fourmilières, au moment où sortent les fourmis ailées, ce qui a lieu au début de l'été dans les pays du nord de l'Europe.

Beaucoup d'hyménoptères, avons-nous vu, alimentent leurs larves de proie vivante engourdie, disposée d'avance auprès d'elles. D'autres, dont les larves sont pareillement carnassières, déposent leurs œufs sous la peau de divers insectes, principalement à l'état de larves ou de chenilles. Ces hyménoptères, qui constituent plusieurs grandes familles, sont de véritables protecteurs de l'agriculture. Une continuelle alternance s'opère entre les insectes nuisibles aux végétaux et les parasites intérieurs qui les dévorent. Ces derniers finissent ainsi par anéantir presque entièrement la race des insectes herbivores, mais alors les carnassiers meurent presque tous de faim, et les insectes nuisibles, au bout de peu de générations, reparaissent en abondance, donnant ainsi une pâture excessive aux carnassiers, qui ne tardent pas à prédominer à leur tour. C'est ce qui explique comment les ravages de nos arbres forestiers, de nos vignes, de nos céréales ne se produisent que par intermittences. Tous ces hyménoptères sont dépourvus de l'aiguillon. Il s'est transformé en une tarière entourée de deux valves, ou tube destiné à percer la peau des victimes et à pondre l'œuf. Ces tarières peuvent parfois percer nos doigs si nous saisissons ces insectes : la douleur est vive, mais passagère, car il n'y a pas de venin versé dans la piqûre. Les plus grandes espèces appartiennent au groupe des *ichneumoniens*, dont le nom vient de celui de l'ichneumon, ce carnassier vermiforme, vénéré autrefois par les Égyptiens, et que les anciens croyaient, à tort, pouvoir faire parvenir ses petits dans l'intérieur du corps du crocodile, où ils dévoraient ses entrailles. La plupart des ichneumo-

niens introduisent leurs œufs sous la peau des chenilles,
et celles-ci paraissent marquées de points noirs. Les petites larves sont privées de pattes, avec des yeux rudimentaires et des mandibules crochues. Elles ont l'instinct de vivre d'abord aux dépens des tissus graisseux,
en respectant les organes essentiels de la digestion, de la
circulation et de la respiration, qu'elles n'attaquent
qu'en dernier. Tantôt elles sortent de la chenille ou de
sa chrysalide pour se transformer au dehors ; tantôt elles
demeurent sous sa
peau desséchée. Elles
se filent des petits co-
cons ovoïdes, en soie
blanche, jaune ou
brunâtre, parfois
ceinturés de bandes
brunes. On voit fina-
lement sortir un ou
plusieurs hyménop-
tères au lieu du pa-
pillon, et c'est ce qui
avait donné l'idée à
d'anciens observa-
teurs des insectes de
véritables transmu-
tations. Les adultes
paraissent se nourrir
de nectar des fleurs
et de pollen, surtout
des ombellifères. On
les voit voler au so-
leil le long des talus,
des troncs d'arbres,
des murs. Toujours
en quête de la proie, ils courent en agitant continuelle-

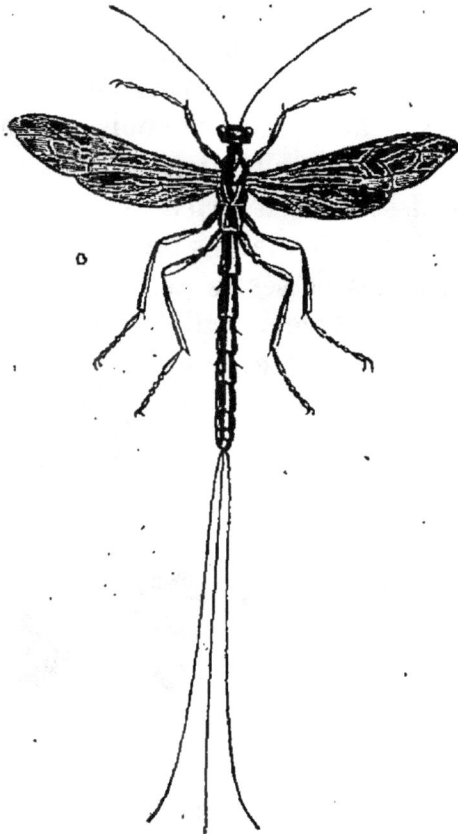

Fig. 191. — Pimple manifestateur femelle.

ment leurs longues antennes, souvent noires et blanches. La même espèce peut s'attaquer à divers insectes ;
elle cherche avant tout de la chair fraîche. Ces adultes
répandent parfois des odeurs variées, tantôt fortes et
acides, tantôt agréables, de rose ou de tubéreuse. Les
ichneumons proprement dits ont une tarière courte ; ils
pondent leurs œufs sous la peau des larves en repliant
l'abdomen en avant sous la poitrine et s'appuyant sur
leurs pattes. Les *pimples*, au contraire, ont, chez les fe-
mélles, une très-longue tarière qui, avec ses deux appendices latéraux, simule trois soies (fig. 191) ; aussi les
anciens observateurs les appelaient *Muscæ tripiles.* Ces
longues tarières permettent aux femelles de piquer les
larves au milieu du bois ou dans les nids maternels.
L'insecte s'arc-boute avec ses pattes, et replie son ventre
en dessous. La tarière s'enfonce à angle droit, s'il faut
atteindre des larves de capricornes (coléoptères), ou les
chenilles de sésies (lépidoptères), au milieu des tiges.
Elle se place parallèle au corps, si elle doit se glisser
entre l'écorce et le bois. Les *ophions* sont remarquables

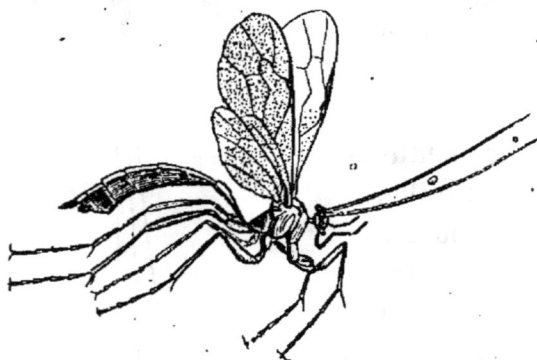

Fig. 192. — Ophion obscur, de profil.

par leur abdomen aminci en faucille (fig. 192). Ils pondent leurs œufs en dehors des chenilles, attachés à leur
peau par un pédicule contourné. Les larves qui sortent

de l'œuf se mettent aussitôt à ronger leur victime, et
leur tête est engagée sous sa peau, alors que leur ventre
est encore dans l'œuf. Il ne sort par chenille qu'un ou
deux sujets de ces grandes espèces. Si la chenille est attaquée par une femelle de *braconiens*, qui sont de très-
petite taille, c'est une nuée de larves qui percent la peau

Fig. 193. — Chenilles attaquées par des microgaster.

de la victime, et se filent à côté une série de petites coques de soie agglomérées (fig. 193) ; tels sont les amas
de petits cocons jaunes du *Microgaster glomerator*, qui
attaque les chenilles du papillon blanc du chou. Dans les
luzernes on trouve souvent les chenilles dévorées par

une espèce voisine, le *Micrograster perspicuus*. Ses petits
cocons, filés par les larves sorties de la chenille, sont
enchevêtrés les uns dans les autres et non isolés, comme
ceux de l'espèce précédente. Aussi on croirait voir un
cocon unique de quelque ver à soie. Comme l'a reconnu
le docteur Giraud, ces cocons peuvent être blancs ou
jaunes, sans doute selon l'espèce de chenilles dont se
sont nourries les larves. Quand on fait éclore les cocons
des microgasters, on voit sortir, outre les microgasters
bruns, de brillants petits insectes à quatre ailes d'un
vert doré : ce sont des *chalcidiens*, parasites de parasites,
qui mangeaient les larves des premiers, toujours dans la
chenille, théâtre et victime des combats. M. Giraud a
même constaté l'existence de parasites du troisième degré ! Ces harmonies admirables maintiennent le balan-
cement des espèces. Une innombrable multitude d'imperceptibles ennemis s'acharnent après les plus minimes
insectes ; il en est qui pondent leur œuf dans l'œuf d'un
papillon, suffisant à nourrir leur larve.

De petits hyménoptères, noirs ou fauves, ont, chez les
femelles, une tarière cachée
dans l'abdomen, tantôt droite,
tantôt très-grêle et roulée en
spirale (fig. 194). Celles à tarière droite, ou des vrais *cynips*, piquent les végétaux, et
autour de l'œuf naît une excrois-
sance ou *galle*, par un afflux de
sève. Les autres, à tarière effi-

Fig. 194.
Cynips des baies de chêne,
grossi.

lée, introduisent leurs œufs dans les galles une fois formées et dont leurs larves doivent vivre en parasites. Au
centre des galles s'amasse de la fécule, nourriture des
larves ; peu à peu cette fécule se transforme en matière
grasse, nécessaire à la nymphe. L'adulte sort en perçant
la galle d'un petit trou circulaire. Ces galles ont des for-

mes parfaitement spécifiques. Elles sont chevelues sur
les églantiers (bédéguars) ; elles forment un gonflement
aux tiges de'ronce, de chardon. Le chêne semble l'arbre
de prédilection des galles. Tantôt et selon les espèces de
cynips, pareilles à des pommes de moyenne grosseur, elles
terminent les rameaux,
ou, comme de petites bou-
les vertes et rouges, se
groupent sur les feuilles
(fig. 195). Des galles mo-
difient les bourgeons et
les développent en forme
de petits artichauts ; d'autres, dites en groseilles,
se balancent portées sur
les chatons ou fleurs du
printemps des saules, des
peupliers, etc. Les plus
curieuses, telles que de
grosses truffes dures, s'attachent au chevelu des

Fig. 195.
Galles des feuilles de chêne.

racines en hiver, à plusieurs décimètres sous terre. Il
en sort, provenant de larves blanches enroulées, des
cynips aptères (apophyllus), sem-
blables à des fourmis à gros
ventre, marchant lentement au
pied des chênes sur la terre humide ou sur la neige (fig. 196),
en faisant vibrer leurs longues
antennes. On ne connaît encore
que des femelles de cette espèce, et cela arrive pour beaucoup de cynips, notamment ceux

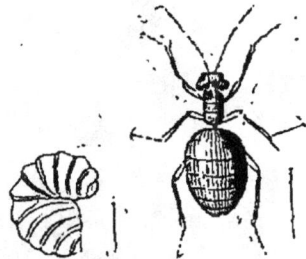

Fig. 196.
Cynips aptère femelle
et sa larve.

qui, en Syrie, au nombre d'une ou plusieurs espèces, font
naître sur les chênes les *noix de galle*, riches en tannin,

14

servant à faire l'encre et les teintures noires (fig. 197).
Les voyageurs qui font le pèlerinage de la Terre Sainte

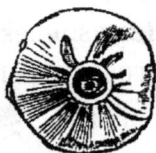

Fig. 197.
Noix de galle
coupée.

rapportent, des bords de la mer Morte,
les *pommes de Sodome*, grosses galles
pleines de larves et d'une poussière sèche. Quand on recueille les galles, il arrive souvent qu'au lieu des sombres cynips qu'on s'attend à en voir sortir, apparaissent de charmants petits insectes,
verts ou bleus, à reflet métallique. Ce sont des *chalcidiens*, famille d'hyménoptères que nous avons déjà citée,
dont la mère était venue déposer son œuf au milieu de
la galle, dans les larves qui y vivent.

Les larves des chalcidiens dévorent celles des cynips
ou légitimes propriétaires de la galle et celles de leurs
commensaux, ou *Synergus*. De perpétuelles luttes, qui
laissent toujours survivre les œuvres du Créateur, agitent ces microscopiques atomes.

Les derniers hyménoptères ont des larves d'un aspec
tout nouveau. Elles doiven
résider sur les végétaux
qu'elles ravagent. Elles ont
des pattes-multiples pour
se déplacer. Les adultes ont
été appelés *porte-scies*, à
cause de la tarière des femelles, dentelée en scie
pour inciser les végétaux
où elles déposent leurs
œufs. En outre, l'abdomen
ne fait plus la *taille de
guêpe*; au lieu d'une insertion étroite, il s'implante
largement sur le thorax.

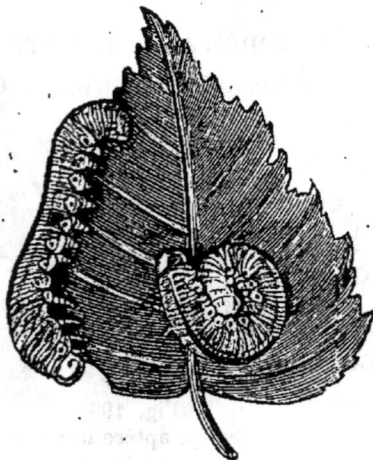

Fig. 198. — Fausses chenilles
de cimbex variable.

Les *tenthrédiniens* à l'état de larves vivent sur les feuilles.

Ces larves, dites *fausses chenilles*, simulent au premier
aspect des chenilles de papillon; mais leur grosse tête
globuleuse, non échancrée, leurs pattes abdominales, en
nombre généralement supérieur à dix, les en distinguent
(fig. 198). La plupart, si on les touche, retroussent et
agitent, d'un air menaçant, la partie postérieure de leurs
corps. Elles laissent souvent suinter un liquide d'odeur
désagréable. Elles se transforment en nymphes dans des
cocons de soie qu'elles se filent. Elles y demeurent longtemps enfermées avant de changer de peau, et souvent
passent ainsi tout l'hiver.
Elles deviennent nymphes
et nullement chrysalides,
comme on pourrait le
croire d'après leur res-
semblance avec les chenilles. Ces nymphes, comme
celles de tous les hymé-
noptères, n'ont qu'une
mince peau, sur l'insecte

Fig. 199.
Lophyre du pin, mâle grossi.

parfait, et éclosent promptement. Nous citerons comme
exemple le *lophyre du pin*. Sa larve dévore les feuilles
des forêts d'arbres verts; le mâle a de belles antennes
pectinées (fig. 199).

Les tenthrédiniens ont de petites espèces très-nuisibles à divers végétaux utiles : ce sont les *cèphes*. Plusieurs cèphes ont des larves attaquant les céréales, le
cèphe comprimé se porte sur les pommiers, etc.

Les *Sirex* percent les bois des arbres verts, et leurs
larves vivent à l'intérieur plusieurs années. Assez rares
en France, ils sont fréquents dans les forêts de sapins du
nord de l'Europe; ils bourdonnent comme des frelons,
auxquels ils ressemblent par leurs couleurs jaunes et
noires. Une longue tarière droite sort du corps de la femelle. Les larves de ces insectes ont une incroyable

force dans l'action de leurs mandibules. Après la guerre
de Crimée, le maréchal Vaillant présenta à l'Acadé-
mie des sciences, en 1857, des paquets de cartouches

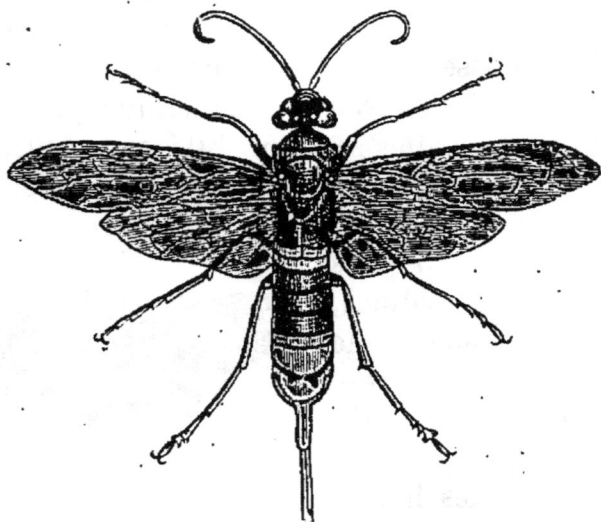

Fig. 200. — Sirex géant, femelle.

dont les balles coniques de plomb étaient percées par
les larves du *Sirex juvencus*. Le même fait s'est reproduit plus tard pour des balles de plomb de l'arsenal de
Grenoble, perforées par le *Sirex gigas* (fig. 200).

CHAPITRE VI

LÉPIDOPTÈRES

Les satyres des plaines, des montagnes et des neiges. — Les Nymphales. — Les vanesses, pluies de sang. — Les argynnes des bois. — Les argus. — Le machaon et le flambé. — Les piérides, les coliades, les aurores. — Les parnassiens des montagnes. — Les hespéries. — Les sésies. — Les zygènes, les étranges hétérogynis. — Le sphinx. — La tête de mort. — Les papillons qui chantent. — Les bombycides. — Le ver à soie, ses âges, son cocon, son papillon. — Les auxiliaires du ver à soie. — Les processionnaires. — Les orgyes à femelles aptères. — Les cossus gâte-bois. — Les psychés et leurs fourreaux. — Les noctuelles. — Les chenilles arpenteuses. — Les phalènes, les papillons de l'hiver. — Les tordeuses, pyrales et teignes, leurs dégâts. — Les brillantes adèles. — Les ptérophores aux ailes divisées.

Les lépidoptères adultes se nourrissent tous de sucs liquides, presque exclusivement puisés dans les fleurs, au moyen d'une trompe flexible, roulée au repos en spirale sous la tête; leurs chenilles, au contraire, pourvues de pièces de la bouche organisées pour broyer, vivent de feuilles, quelquefois de fleurs, de fruits, de bois, très-rarement de substances animales. Cette identité de régime est liée à une conformité de métamorphoses bien plus grande que dans les autres ordres, et ce que nous dirons pour le ver à soie s'applique, presque sans exception, à toutes les espèces.

On les a divisés longtemps en diurnes, crépusculaires et nocturnes, mots qui s'expliquent d'eux-mêmes. Nous devons faire remarquer que ces distinctions sont peu exactes. Si les diurnes des anciens auteurs ne volent pas la nuit, certaines espèces des deux autres groupes butinent pendant le jour, à l'ardeur du soleil. En outre, les prétendus nocturnes ne sortent pas du repos au milieu de la nuit, dont la fraîcheur les engourdit ; ils paraissent pendant le jour dans les régions voisines des pôles, et sont ailleurs toujours plus ou moins amis du crépuscule. La lumière de la lune paraît les blesser encore plus que celle du soleil ; ils recherchent les soirées sombres. C'est encore une erreur de les croire toujours vêtus d'une livrée obscure ; c'est parmi eux que beaucoup d'espèces présentent les couleurs à la fois les plus vives et d'un ton plus pur que chez les papillons qui volent au soleil, surtout si on examine leurs ailes inférieures cachées, au repos, sous les autres.

Une première section de lépidoptères, paraissant exclusivement dans la journée, ont les antennes terminées par un bouton, et les ailes inférieures entièrement libres des supérieures. Les chenilles et les chrysalides vont nous permettre de mettre un peu d'ordre dans la revue que nous allons passer de ces beaux insectes, dont l'éclat et la grâce ont frappé de tous temps les personnes les plus inattentives, et arrachent une exclamation d'étonnement et de plaisir aux plus vulgaires observateurs.

Les chenilles de tous ces lépidoptères n'ont que très-peu de soie. Celles d'un premier groupe, arrivées aux termes de leur accroissance, se fixent à quelque support, se recourbent en arc, et filent avec la bouche un petit faisceau de fils de soie qui attache leur extrémité postérieure. Elles changent ensuite de peau, et les chrysalides sont suspendues la tête en bas. Ces chrysalides nues sont, en général, plus ou moins anguleuses aux régions de la tête et du thorax, dont les organes se dessinent en saillie. Si l'on examine en dessous l'insecte parfait, il semble n'avoir que quatre pattes. En regardant mieux, on reconnaît que les pattes de devant, très-courtes et

couvertes de larges poils, forment comme une collerette autour du cou du papillon. On les appelle souvent
pattes palatines; elles ne peuvent servir à la marche
de l'insecte.

Tous les pays de la terre nous présentent les *satyres,*
au vol assez rapide dans les grandes espèces, mais toujours saccadé et sautillant. En effet, leurs chenilles vivent sur les graminées qui sont répandues partout. Les
chenilles vertes ou jaunâtres s'amincissent à la partie
postérieure, simulant un peu une queue de poisson, et
sont rayées dans le sens longitudinal. Elles sont très-
difficiles à trouver, bien qu'abondantes, car elles se cachent avec soin pendant le jour; mais la nuit, en par-
courant les prairies avec une lanterne, on les voit mangeant les feuilles des gazons. Les chrysalides sont cylindriques, peu anguleuses, grisâtres; celles des plus

Fig. 201. — Satyre myrtil femelle.

grandes espèces reposent à nu sur le sol; toutes les autres sont suspendues par la queue. Les papillons ont des
ailes où dominent le jaune, le fauve, le brun, avec des
bordures de taches oculiformes arrondies, à prunelle
foncée, à pupille claire. Les espèces de forte taille vivent dans les bruyères et les herbes des lieux secs; d'autres ne se trouvent que dans les allées sombres et hu-

.mides des bois ; certaines affectionnent les sentiers, le bord des fossés, les murs des villages au pied desquels croît l'herbe ; les prairies de nos plaines sont le domaine d'autres espèces. Celle que nous figurons, le *myrtil*, s'y rencontre à chaque pas à l'époque de la fenaison (fig. 201). Un groupe particulier d'espèces se nomme *satyres demi-deuils*, parce que les ailes offrent des dessins et des ocelles noirs sur fond blanc : ainsi l'*Arge Ines*, d'Espagne, que nous figurons (fig. 202). On trouve

Fig. 202. — Arge Ines.

ces papillons dans les clairières herbues des bois et dans les prairies qui les avoisinent. Les montagnes nous présentent une autre série de ces insectes, nommés *satyres nègres* (genre *erebia*), à cause de la couleur brune ou noirâtre de leurs ailes, accidentées seulement par des ocelles noirs sur des taches rougeâtres (fig. 203). On les

Fig. 203.
Érébie euryale, femelle.

voit, à mesure qu'on s'élève dans les Alpes ou les Pyrénées, se tenir confinés pour chaque espèce dans une zone de quelques centaines de mètres d'altitude, changeant

avec la nature des graminées. Enfin, près des neiges
perpétuelles, apparaissent les *chionobas* (qui se promènent à travers les neiges), à ailes d'un fauve terne, né-
buleux, peut-être par l'influence d'un froid intense. Au-

Fig. 204. — Chionobas aello.

tour des hauts glaciers qui entourent le mont Blanc vole
le *Chionobas aello* (fig. 204); les autres espèces de ce
genre appartiennent aux régions polaires arctiques des
deux mondes.

Les *nymphales* habitent les bois. Leurs chenilles sont
nues, de couleur verte, leurs chrysalides très-anguleu-

Fig. 205. — Le petit sylvain.

ses, avec le dos fortement caréné. Dans les allées des
bois vole le *petit sylvain* (*Limenitis sibylla*), ou le *deuil*,

à ailes d'un noir terne, avec une bande de taches blanches (fig. 205). Il tournoie et se pose fréquemment sur les branches des taillis. On rencontre aussi, mais moins souvent, près de Paris, le *sylvain azuré* (*L. camilla*), dont le noir sur les ailes a un reflet bleu. Le chèvre-feuille nourrit les chenilles de ces deux papillons. Les grandes espèces de nymphales ont leurs chenilles au sommet des arbres les plus élevés, se cramponnant à des fils de soie dont elles enduisent continuellement les feuilles, pour ne pas tomber par le vent. Sur les peupliers et les trembles vit le *grand sylvain*, qui descend, au mois de juin, d'un vol rapide et en planant, au milieu des routes traversant les vastes forêts du nord de l'Europe. Il est attiré par les matières stercoraires des chevaux et des bestiaux, et se pose dessus avec avidité. Il revient toujours à la même place. Ce rare et beau papillon se trouve près de Paris, surtout dans les bois d'Armainvilliers, de Villers-Cotterets, de Compiègne. La chenille vit sur des feuilles toujours agitées par le vent. Elle tapisse de soie le pétiole et la partie de la feuille sur laquelle elle marche à côté de celle qu'elle mange, de sorte qu'elle est toujours comme retenue par un câble. Elle passe l'hiver entourée d'une feuille enroulée contre une branche, et la chrysalide se suspend au pétiole d'une feuille, reposant sur le limbe; la chenille a eu soin d'entourer tout le pétiole d'un fil spiralé qui se rattache au rameau, afin que la feuille d'abri de la chrysalide ne puisse être emportée par le vent. Au mois de juillet, on rencontre, avec les mêmes habitudes, les *grand* et *petit Mars*, dont les ailes ont un beau reflet d'un bleu violacé quand on les examine dans un sens convenable. Les Anglais nomment le grand Mars *the purple emperor*. Leurs écailles sont à deux couleurs, comme ces images plissées qui représentent deux figures distinctes, selon qu'on les regarde à droite ou à gauche. Les femelles sont beaucoup plus rares que les mâles, parce qu'elles descendent très-peu du haut des peu-

Fig. 206. — Petit Mars.

pliers où vivent les chenilles. Elles n'ont pas de reflet bleu. Il y a dans le petit Mars (fig. 206), outre le type à fond brunâtre, une variété aussi fréquente à fond d'un fauve jaunâtre. Autrefois, on prenait le petit Mars sur les peupliers de la Glacière et des prairies de Gentilly.

Dans le midi de la France, près d'Hyères, de Cannes, vit sur l'arbousier une chenille verte, aplatie en limace, avec quatre cornes jaunes bordées de rouge. C'est celle

Fig. 207. — Chenilles du charaxes jasius.

que nous représentons se retournant pour filer la soie du faisceau d'attache de la chrysalide (fig. 207). Le papillon, à odeur de musc, offre les ailes inférieures terminées par deux pointes. Ce *Charaxes jasius* se trouve

Fig. 208. — Charaxes jasius.

sur tout le littoral de la Méditerranée, et les paysans turcs l'appellent le *pacha à deux queues* (fig. 208).

Dans une division voisine se placent ces magnifiques et gigantesques papillons, aux ailes d'un bleu miroitant, et dont la mode fait usage depuis quelques années pour la coiffure des dames : on colle au-dessous de ces ailes admirables mais fragiles des bandes de crêpe apprêté, et on assujettit le corps à une longue épingle. Ces *morphos* vivent dans les bois de la Guyane, de la Colombie, du Brésil. Les femelles, à peine connues, parce qu'elles ne quittent presque jamais le haut des arbres, comme celles de nos nymphales, sont en général de couleur fauve, et ne ressemblant presque pas à leurs splendides époux.

Viennent ensuite les *vanesses*, aux couleurs vives si connues de tous. Qui n'a suivi dans les jardins, sur le bord des routes, la *grande* et la *petite tortue*, le *paon de jour*, la *belle-dame*, si agréablement bigarrée, le *vul-cain* aux bandes de feu? Leurs chenilles épineuses vivent, selon les espèces, sur les orties, les chardons, les ormes, les saules, les peupliers, les bouleaux (fig. 209).

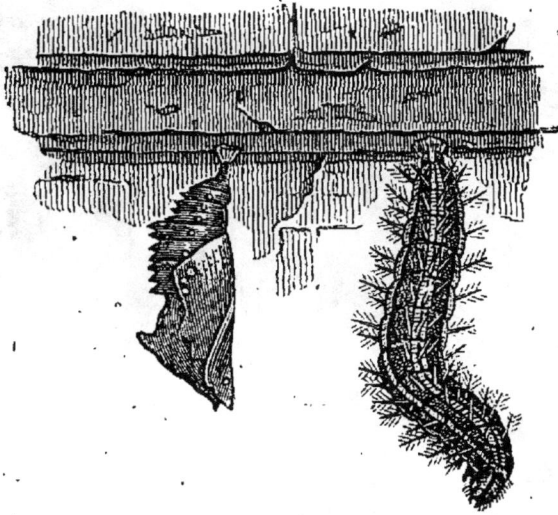

Fig. 209. — Chenille et chrysalide de grande tortue.

Elles sont en général sociales dans leurs premiers âges, et se dispersent au moment de se changer en chrysalide. La belle-dame est un papillon cosmopolite habitant l'ancien et le nouveau monde. La chenille du vulcain cherche à se cacher sous des feuilles d'ortie, qu'elle assemble avec des fils de soie, mais ne parvient guère à se dérober aux ichneumons qui la guettent. Les chrysalides des vanesses présentent ces belles taches d'or et d'argent dont nous avons expliqué la cause. Le *Morio*, une des grandes raretés entomologiques de l'Angleterre, est peu commun dans les bois qui avoisinent Paris. Il est fréquent aux environs de Bordeaux et surtout à la Grande-Chartreuse. Les amateurs parisiens vont chercher à Fontainebleau cette belle vanesse, au fond des ailes d'un riche pourpre sombre (*the Camberwell Beauty* des Anglais),

avec une large bordure jaune relevée de taches violettes
(fig. 210). J'ai vu une fois cette espèce volant, dans Paris

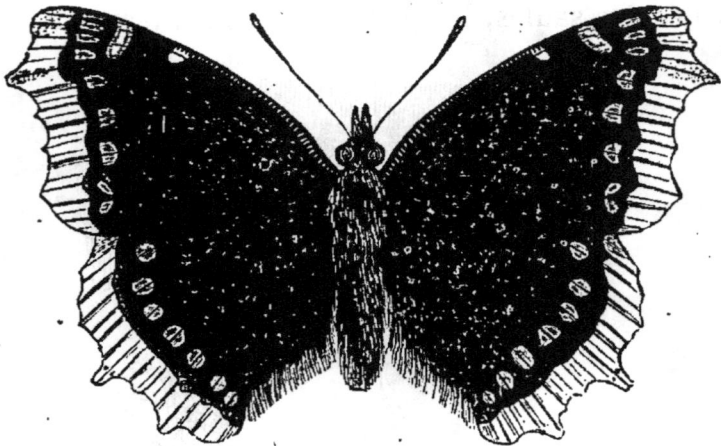

Fig. 210. — Vanesse Morio.

même, sur le quai longeant Passy. Bien plus fréquente
se rencontre la vanesse *Gamma* ou *Robert-le-Diable*, à
ailes très-découpées, présentant une sorte de lettre C, en
blanc d'argent mat, sur le fond gris noirâtre du dessous

Fig. 211. — Vanesse Gamma.

de ses ailes de devant (fig. 211). La chenille, qui vit sur
l'ortie, le chèvrefeuille, le groseillier, le noisetier,

l'orme, est d'un brun rougeâtre avec une bande blanche sur le dos ; aussi Réaumur l'appelle la *bedeaude*, par comparaison avec les bedeaux des églises de son temps, habillés de robes de deux couleurs tranchées.

On ne se douterait guère que ces brillantes vanesses ont quelquefois inspiré une terreur superstitieuse. Les papillons à l'état parfait, peu après leur sortie de la chrysalide, répandent un liquide coloré, contenu dans leur intestin, sorte de méconium, résidu des humeurs de la chrysalide, et dont ils doivent se débarrasser avant de prendre leur essor. Chez les vanesses, cette déjection est d'un beau rouge sanguin ou carminé, et quand nombre de papillons éclosent en même temps, les murs sur lesquels cette liqueur tombe semblent parsemés de gouttes de sang. De là l'origine probable de certaines prétendues pluies de sang qui épouvantèrent, au dire des historiens, les populations crédules. Ainsi, vers le commencement du mois de juillet de l'année 1608, les murs d'un cimetière voisin de la ville d'Aix, et ceux des villages et des petites villas des environs parurent tachés de larges gouttes de sang. Le peuple, et même, dit Réaumur, certains théologiens, n'hésitèrent pas à y voir l'œuvre des sorciers ou du diable lui-même. Heureusement qu'un homme instruit, de Peiresc, alors dans la ville, observa qu'une multitude de papillons volaient dans ces endroits maudits. Il fit éclore des chrysalides dans une boîte, et montra aux curieux inquiets la diabolique pluie de sang sur le fond et les parois. Il leur fit aussi remarquer que les gouttes miraculeuses n'existaient pas au centre de la ville, ni sur les toits, qu'elles se trouvaient pour la plupart dans des creux, sous les chaperons des murs, et non à la surface des pierres tournées vers le ciel, et enfin qu'il n'en existait pas à de plus grandes hauteurs que celles où volent ordinairement les papillons. De Peiresc n'hésita pas à attribuer à la même cause certaines des pluies de sang dont parle l'histoire, par leur analogie d'époque et de circonstances : ainsi une pluie de sang, rapportée par Grégoire de Tours, tombée, sous le règne de Childebert, dans différents endroits de Paris et près de Senlis ; une autre, à la fin de juin, sous le roi Robert. Réaumur ajoute que c'est l'espèce ravageant les ormes dans certains cantons (*Vanessa polychloros*, la grande tortue), qui lui paraît la plus capable de répandre ces alarmes. Elle se montre quelquefois en très-grande quantité, surtout en Italie, quitte les arbres au moment de se mettre en chrysalide et se disperse alors contre les murs, aux cintres des portes et même dans les maisons. Au reste, il y a des pluies dites de sang qui ont d'autres origines [1].

Les bois sont habités par les *argynnes*, dont les chenilles épineuses ressemblent aux précédentes, ainsi que

Fig. 212. — Argyne grand-nacré.

les chrysalides très-anguleuses, à tête bifide, mais sans taches métalliques. Les papillons ont le fond des ailes d'un jaune fauve avec une multitude de dessins noirs ;

---

[1] *Bibliothèque des Merveilles* : les Météores, p. 254.

en dessous elles offrent presque toujours des taches imi-
tant complétement l'argent poli, ce qui fait donner à ces
papillons le nom de *nacrés*. Ils se posent volontiers sur
les fleurs de chardon et de ronce. Tels sont le *grand-
nacré* (*Argynnis aglaia*, fig. 212, ayant en dessous des
ailes de larges taches argentées et luisantes, le *tabac
d'Espagne* (*A. Paphia*), dont une belle variété femelle a
le fond des ailes tout obscurci, sans changement du dessin noir, de même que la pan-
thère noire de Java conserve les
taches noires des panthères fauves. On trouve cette variété femelle accidentellement dans les
bois des environs de Paris; à Compiègne, etc. Elle devient une race
constante en Suisse, dans le Va-
lais. Aussi la nomme-t-on *Vale-
sina*. Les chenilles de ces grandes
argynnes vivent sur les violettes
de plusieurs espèces (fig. 213).
Les *mélitées* ou *damiers*, dont le
nom vient de leurs dessins noirs
en carrés, ressemblent en dessus
aux argynnes, mais n'ont pas au-
dessous les taches nacrées. Il faut
encore citer dans ces grandes argynnes l'espèce dite *adippe*, offrant en dessous des ailes inférieures des taches nacrées et des
ocelles ferrugineux, qui manquent chez une aberration assez
fréquente appelée *cleodoxa*. Les

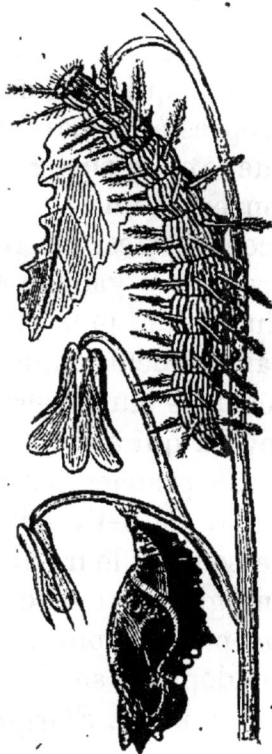

Fig. 213.
Chenille et chrysalide de
l'*Argynnis paphia*.

chenilles d'argynnes et de mélitées ont sous la gorge,
dans la ligne médiane, une petite poche arrondie, un
peu en avant de la première paire de pattes écail-

leuses. Son usage est tout à fait inconnu; elle existe
rudimentaire chez les chenilles des vanesses. Cette vésicule rétractile du dessous de la gorge de certaines
chenilles de diurnes a été vue par Bonnet en 1737. Il a
reconnu qu'elle renferme un liquide acide, et a commu-
niqué sa découverte à Réaumur, puis à de Géer. Lacor-
daire signale le fait, oublié depuis longtemps. M. Goos-
sens, qui a repris ces recherches anciennes, croit que la
liqueur acidulée de cette vésicule se répand sur la feuille,
et la rend plus apte à la trituration par la chenille.

Dans un autre grand type des papillons à antennes en
massue qui nous occupent, les six pattes sont allongées,
propres à la marche; les chenilles se suspendent par la
queue en se changeant en chrysalide, mais en outre s'entourent d'une ceinture formée de plusieurs fils de soie
accolés. C'est en retournant la tête nombre de fois à
droite et à gauche qu'elles fixent ce second lien de la
chrysalide, puis elles passent la tête et glissent le corps
dans ce demi-anneau ; le même mouvement que les précédentes leur a servi auparavant à constituer le faisceau
soyeux qui attache l'extrémité postérieure.

Les prairies, les champs, les bois nous présentent une
légion de petits papillons aux vives couleurs, offrant au-
dessous de leurs ailes de nombreuses rangées de taches
en figure d'yeux, qui leur ont valu le nom général d'*argus* par un souvenir mythologique. Les chenilles de ces
lépidoptères sont lentes dans leurs mouvements, à pattes
très-courtes. Élargies et aplaties, elles ressemblent à de
petits cloportes. Les chrysalides sont ternes, raccourcies.
Dans les papillons de ce groupe nous devons signaler les
petits porte-queues, ainsi nommés à cause des pointes de
leurs ailes inférieures. Ils sont brunâtres en dessus et habitent les bois, où leurs chenilles se trouvent sur le bou-
leau, le chêne, le prunellier, la ronce. L'espèce de la
ronce a le dessous des ailes d'un vert vif. Les prairies nous

offrent les *bronzés*, à ailes d'un fauve vif, en dessus, avec des dessins noirs (fig. 214, 215, 216). Les prés, les

Fig. 214, 215 et 216.
Polyommate *xanthe*, adulte femelle, chrysalide, chenille.

jardins, les luzernes, les trèfles sont fréquentés par les *azurins*, à ailes bleues en dessus chez les mâles, brunes chez les femelles. Les chenilles de ces azurins se nourrissent de légumineuses.

Par un contraste de taille des plus remarquables, les *grands porte-queues* sont représentés par des papillons de jour de forte dimension. Leurs ailes, à fond jaune, sont traversées par des bandes noires dans le *flambé* (*Papilio Podalirius*), et couvertes de taches et de dessins noirs dans le *machaon* (fig. 217, 218). Cette dernière espèce, très-commune, a sa chenille sur les ombellifères, la carotte, le fenouil, etc. Elle est verte, avec des bandes noires parsemées de taches oranges. Quand on l'inquiète, elle fait sortir, comme toutes les chenilles de son genre, du premier anneau après la tête, un tentacule charnu orangé en forme d'Y. Elle répand souvent, ainsi que le papillon, une odeur de fenouil. La chrysalide est tantôt d'un vert clair, tantôt grisâtre (fig. 219). Le *machaon* paraît chez nous deux fois dans l'année; les sujets de printemps ont toujours le fond des ailes d'un jaune pâle, ceux d'août et septembre sont parfois d'un fond jaune ardent un peu obscurci. Cela est dû probablement à une insolation prolongée de la chrysalide ou de l'insecte adulte voltigeant dans les prairies et les champs brûlés par le soleil, car on remarque que les sujets conservés dans les cadres d'ornement exposés à une vive lumière prennent une couleur de fond analogue. Dans les

Fig. 219. — Chenille et chrysalide du papillon machaon.

Basses-Alpes, sur les plateaux des environs de Digne et de Barcelonnette, existe le *Papilio alexanor* (voir p. 24); en Corse et en Sardaigne, le *Papilio hospiton ;* ces deux rares espèces sont voisines de notre machaon.

L'homme a amené avec lui et a multiplié par ses cul-

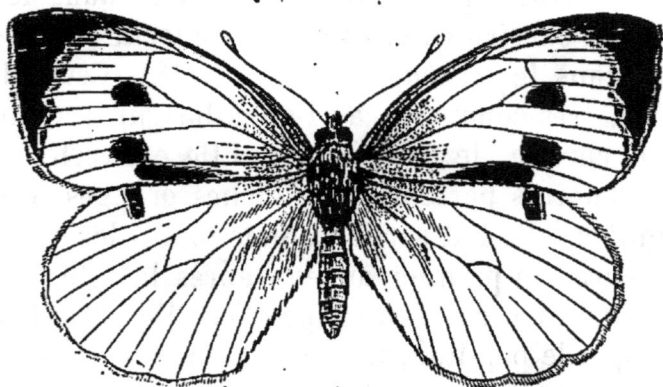

Fig. 220. — Piéride du chou mâle.

tures de plantes fourragères et potagères plusieurs espèces de la famille des *piérides.* Ainsi les *papillons blancs*

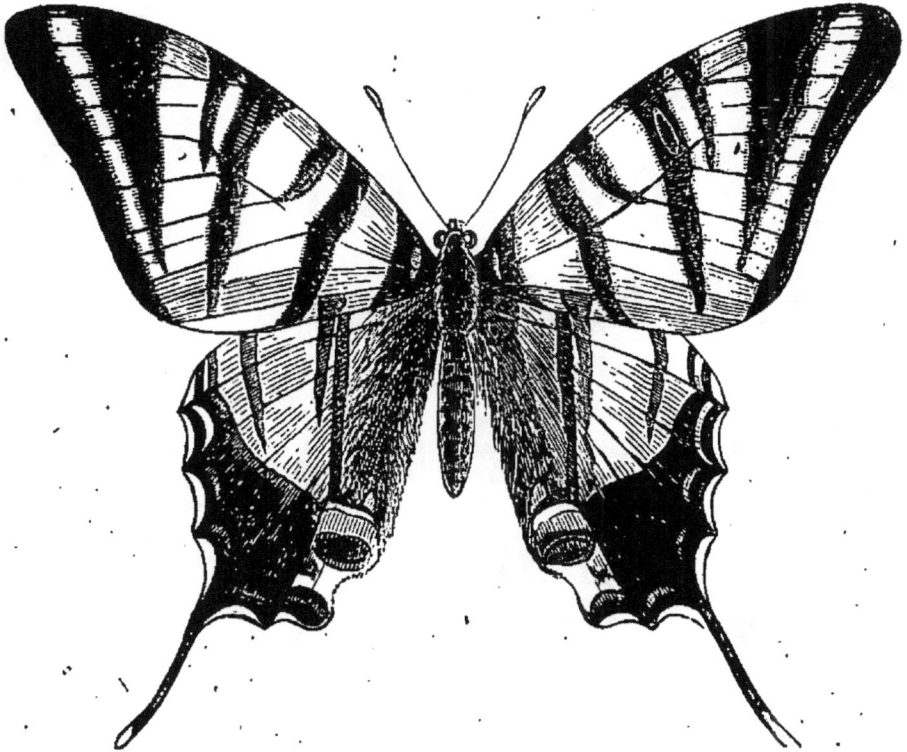

Fig. 217 et 218. — Le machaon, le flambé.

du chou, du navet, de la rave, décroissent de taille, à
partir de la Syrie et de l'Égypte, à mesure qu'ils avancent dans les régions du Nord (fig. 220). Leurs chenilles
sont légèrement velues, et, sans les insectes ennemis
dont les larves les dévorent, elles détruiraient la plupart de nos légumes (fig. 221). Les prairies artificielles

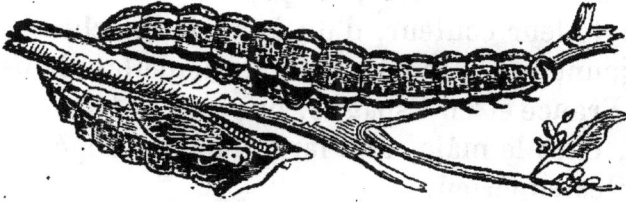

Fig. 221. — Chenille et chrysalide de la piéride du choux.

nourrissent les *coliades*, dont les ailes ont le fond jaune,
à bord noir. Nous voyons voler sur les fleurs des trèfles
et luzernes, le *soufré*, d'un jaune clair, et le *souci*, d'un
jaune orange. Une belle variété femelle de cette espèce,
dite *helice*, a le fond des ailes d'un ton carné pâle. On,-

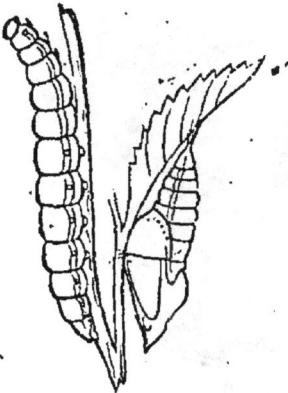

Fig 222. — Chenille et chrysalide
de colade palæno.

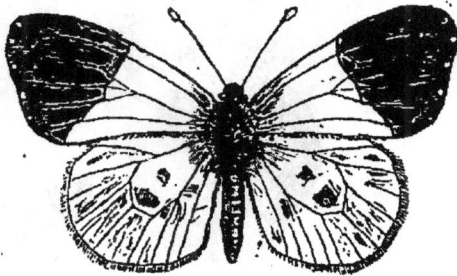

Fig. 223.
Aurore de Provence.

la prend près de Paris, mais elle est rare. Les hautes
montagnes et les régions polaires ont plusieurs espèces

de coliades : ainsi celles nommées *Palæno*, *Phico-
mone*, etc. (fig. 222). Les *aurores* offrent, chez les mâles,
l'extrémité des ailes supérieures d'un beau jaune orange.
Le reste des ailes est blanc dans l'espèce des environs de
Paris (*Anthocaris cardamines*), et jaune soufre chez l'aurore de Provence (*A. eupheno*) de nos départements les
plus méridionaux (fig. 223). On voit voler dans nos bois,
dès le milieu de février, les papillons nommés *citrons*, à
cause de leur couleur, d'un beau jaune chez les mâles,
d'un jaune verdâtre pâle chez les femelles. Dans le midi
de la France et en Espagne, une espèce très-voisine présente, chez le mâle, une large tache orangée au centre
des ailes supérieures.

Une espèce de cette famille, à ailes blanches rayées de
lignes noires, dont la chenille vit sur l'aubépine (*Leu-
conea cratægi*, le *gazé*), et dont la femelle a les ailes en
partie dépouillées d'écailles, nous conduit aux parnassiens, habitants des montagnes. Leurs noms rappellent
les souvenirs du mont cher aux poëtes, le *mnémosyne*

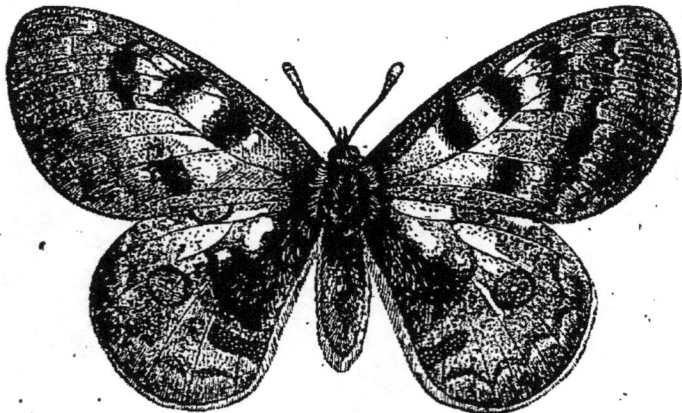

Fig. 224. — Parnassien Apollon.

des Alpes, l'*apollon*, plus répandu, se rencontrant dans
les montagnes moyennes, comme les sommets des Vos-
ges, les hauts plateaux ou *causses* de la Lozère, etc.

(fig. 224). Dans le nord de l'Europe, en Finlande, en Norwége, ce beau papillon descend dans les plaines. On dit que sa femelle vient parfois dans les jardins de Besançon. Les chenilles des parnassiens vivent sur les saxifrages et s'entourent pour se transformer d'un léger réseau de soie, maintenant enroulées autour d'elles une ou plusieurs feuilles. Nous ne trouverons plus maintenant de chrysalides, suspendues. Les chrysalides des parnassiens sont saupoudrées d'une efflorescence bleuâtre, sorte d'enduit cireux, comme les prunes. Les femelles portent sous l'abdomen une singulière poche cornée, d'un usage encore inconnu, et qui doit se rapporter à quelque particularité de leur ponte.

C'est également dans un mince cocon soyeux que se transforment les chenilles des *hespériens*, papillons qui nous amènent naturellement aux anciens crépusculaires et nocturnes. Leur tête est élargie, leur thorax épais, leurs six pattes sont développées et robustes (fig. 225). Les ailes sont médiocres, et par suite le vol est peu soutenu et comme par sauts. En outre, ces ailes,

Fig. 225.
Hespérie sylvain, mâle.

lors du repos de l'insecte, ne se dressent pas l'une contre l'autre perpendiculaires au corps ; elles sont seulement relevées à demi. Le nom de ces papillons vient de ce qu'ils volent de préférence dans l'après-midi. On les rencontre sur le bord des grandes routes, dans les avenues des bois, sur les coteaux secs, etc.

Les papillons, dont la grande majorité ne se montre qu'au crépuscule et à l'entrée de la nuit, avec d'assez fréquentes exceptions, ont les antennes de forme très-diverse. En outre, leurs ailes inférieures sont liées aux supérieures au moyen d'une sorte de crin roide, situé à

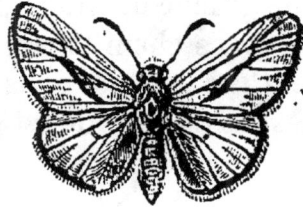

l'insertion des secondes ailes et qui entre dans un anneau placé à la base des ailes de devant. En examinant un des grands sphinx de nos jardins de campagne, on verra très-bien cette disposition qui met les ailes en dépendance mutuelle. Au reste, en coupant cet organe, on ne rend pas le vol impossible, mais seulement de moindre durée et moins rapide.

Dans une première série de ces papillons, les antennes sont élargies vers le milieu, puis amincies à l'extrémité, qui souvent se recourbe en crochet. Plusieurs types bien tranchés se montrent à notre observation. On prend d'habitude pour des hyménoptères les *sésies*, à ailes vitrées et au vol rapide comme celui des mouches. On voit voler à l'ardeur du soleil un grand nombre de petites espèces de ce groupe sur les fleurs des prairies, sur les troncs des arbres, sur les groseilliers des jardins, etc. Il faut une grande habitude pour les reconnaître et les saisir au filet. Les chenilles sont blanches ou rosées et se creusent des galeries dans l'intérieur des tiges ou des racines. La chrysalide est entourée d'une coque faite avec de la sciure de bois agglutinée, provenant des érosions de la chenille, tantôt au pied de l'arbre, tantôt à l'entrée de la galerie au dehors de laquelle elle sait se hisser, afin que le papillon sorte à l'air libre. La plus grosse espèce et la plus commune (*Sesia apiformis*) dévaste les jeunes plantations de peupliers (fig. 226). On voit facilement les entrées des galeries de la chenille et les pelotes de parcelles de bois mouillées de salive qui en sont

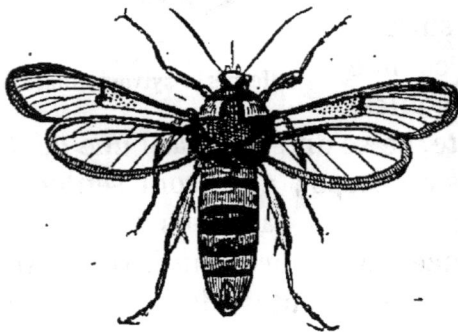

Fig. 226. — Sésie apiforme femelle.

expulsées. On croirait à une guêpe-frelon quand on aperçoit le papillon posé sur les troncs de peuplier : même taille, même livrée; les couleurs sont plus vives et mates. Si on prend les sésies au sortir de la chrysalide, leurs ailes sont couvertes d'une fine poussière brune. Ce sont les écailles ordinaires des ailes des papillons, mais si peu attachées qu'elles tombent aux premiers coups d'aile de l'insecte. Le type de lépidoptère est conservé.

Les prairies sont fréquentées, de la fin du printemps au milieu de l'été, par des papillons à ailes brillantes, d'un noir velouté, avec des taches d'un rouge carmin. Ce sont les *zygènes*, au vol pesant et peu prolongé, immobiles pendant la grande chaleur du jour (fig. 227). Les chenilles sont épaisses, comme boursouflées, jaunâtres avec des taches noires. Elles se nourrissent de légumineuses et se changent en chrysalides allongées dans un cocon aminci aux deux extrémités, ressemblant à un bateau, fixé dans sa longueur, à une tige, lisse, comme vernissé, jaunâtre ou blanchâtre (fig. 228). Nous trouvons près de Paris, dans les prés, plu-

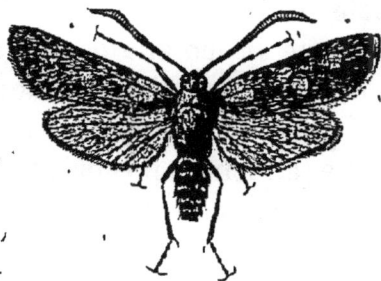

Fig. 227. — Zygène du trèfle.

Fig. 228. — Son cocon.

sieurs espèces de ces *sphinx béliers* qui se ressemblent beaucoup. La plus répandue est le *zygœna filipendulœ*

avec les ailes supérieures d'un noir bleu, marquées de
six points rouges carminés, les ailes inférieures rouges
bordées de noir. Le *Z. trifolii*, moins disséminé, n'a que
cinq taches rouges (fig. 227), et de même le *Z. loni-
cerœ*, plus rare près de Paris, se trouvant à Lardy,
à Fontainebleau.

Près des zygènes se placent les *procris*, qui volent
comme elles pendant le jour dans les prairies humides.
Leurs ailes sont d'un beau vert brillant ou d'un bleu de
turquoise. Les auteurs rangent souvent à la suite des
procris un genre de papillons à métamorphoses très-curieuses, les *hétérogynis*, dont les mâles et les femelles
ont les plus étranges dissemblances. Les mâles sont des
petits papillons gris, à antennes pectinées ; les femelles
ressemblent tout à fait aux chenilles, sans trace d'ailes,
ayant six très-petites pattes au thorax ; elles sont d'un
jaune verdâtre avec des bandes noires. Les chenilles
filent un joli cocon, très-soyeux, un peu lâche, ovoïde,

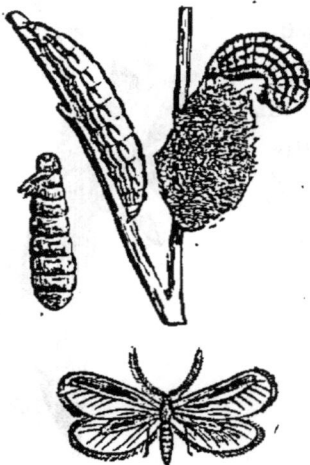

Fig. 229, 230, 231 et 232. —
Heterogynis penella, mâle,
femelle, cocon et chrysalide
de la femelle.

d'un jaune pâle, attaché à une
tige de genêt, plante qui les
nourrit. La chrysalide de la femelle est une sorte de sac brunâtre, renflé à l'abdomen. Du
côté de la tête est un petit clapet que la femelle pousse après
son éclosion. Elle sort de cette
chrysalide et du cocon, mais
reste attachée postérieurement
à celui-ci, près de l'orifice de la
chrysalide demeurée dans l'intérieur du cocon. Elle se tient
ainsi recourbée, la tête en bas,
attendant le mâle qui la cherche
de son côté (fig. 229, 230, 231,
232). Si on vient à la toucher, elle rentre dans la peau de

la chrysalide pour ressortir ensuite. Quand elle a été fé-
condée, elle retourne définitivement dans la chrysalide,
et laisse retomber le clapet sur elle. Elle s'enferme ainsi
dans un sépulcre, qui doit être le berceau de sa postérité. Son corps se réduit beaucoup après la ponte d'un
nombre énorme d'œufs jaunâtres liés entre eux en chapelet par une humeur visqueuse. Les petites chenilles
restent quelque temps dans ce sac de la chrysalide, et
mangent l'humeur visqueuse qui colle les œufs et même
le cadavre rétréci de leur mère. Ce n'est qu'au moment
de leur première mue qu'elles percent la chrysalide et
le cocon, et se répandent sur les feuilles de genêt. Nous
devons à l'observation de M. de Graslin ces curieux détails reconnus sur l'espèce française, l'*Heterogynis penella*, rencontrée dans différentes localités, au Vernet,
dans les Pyrénées-Orientales, dans le département des
Basses-Alpes, dans la Côte-d'Or, près de Dijon.

Les *sphinx* ont reçu ce nom général d'après l'attitude
fréquente de leurs chenilles, redressant la moitié antérieure de leur corps et restant ainsi longtemps immobiles, dans la position prêtée par les sculpteurs au
monstre de la Fable, jetant sa terrible énigme aux pas-
sants. L'avant-dernier et onzième anneau de leur corps
porte un appendice courbé simulant une corne. Elles se
changent en chrysalide dans des coques de grains de
terre ou de débris de feuilles sèches, agglutinés par une
salive visqueuse et réunis par quelques fils de soie. Ces
chrysalides sont ovoïdes, sans angles et deviennent
promptement d'un brun marron. Nous citerons d'abord
les *smérinthes* du peuplier, du tilleul et du chêne, ce
dernier bien plus rare que les deux précédents, à ailes
découpées, d'un vol faible, contre l'ordinaire de cette
famille ; les *macroglosses*, doués au contraire d'un vol
rapide comme la flèche, ne laissant pas distinguer leurs
ailes frémissantes. Pendant toute l'année, le *moro-sphinx*

ou *sphinx-moineau*, à cause du faisceau de poils divergents qui termine son abdomen à la façon d'une queue
d'oiseau, butine en plein jour sur les fleurs de nos jardins (fig. 233). Il reste *en vol stationnaire*, devant cha-

Fig. 233. — Moro-sphinx butinant sur un pétunia.

que fleur, sans s'y poser, c'est-à-dire qu'il contre-ba-
lance par la vibration continue de ses ailes l'action de
la pesanteur, ce qui est le cas des meilleurs voiliers
seuls. En même temps sa longue trompe, se recourbant à
angle droit avec son corps, s'enfonce dans les corolles
jusqu'aux nectaires. Cette espèce paraît pendant toute la
belle saison, et au milieu de l'automne, et entre souvent
dans les maisons pour se réchauffer.

Les *sphinx proprement dits* se trouvent le soir sur les
fleurs, volant avec une extrême vitesse, avec un léger

bruissement, plongeant dans les fleurs tubuleuses une trompe aussi longue que leur corps. On tire leur nom de la nourriture de leurs chenilles. L'un vit sur les pins, l'autre sur les troènes et les lilas, le troisième sur les liserons. De longues ailes antérieures aiguës, à nuances grises, les distinguent. Les ailes inférieures du *sphinx du troène*, ainsi que son abdomen, ont des bandes noires et roses. Le mâle répand une légère odeur musquée, qui est bien plus forte dans le mâle du *sphinx du liseron* ou *corne-bœuf*. Les

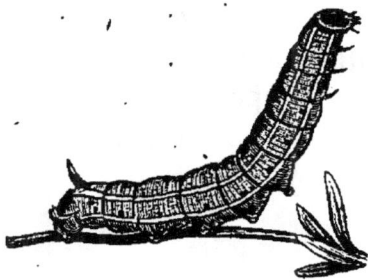

Fig. 234. — Chenille du moro-sphinx.

femelles en sont dépourvues. La chrysalide du sphinx du liseron a la trompe déjà très-visible. C'est sur ces sphinx qu'on peut constater une chaleur propre énorme, parfois de 15° à 18° au-dessus de l'air ambiant, et, en outre, 6° à 8° d'excès du thorax sur l'abdomen. Les *deiléphiles* ont en général le vol un peu moins puissant. Les espèces les plus intéressantes sont le *petit-pourceau* et le *sphinx de la vigne*, à magnifiques couleurs d'un rose vif ; le *sphinx du laurier-rose*, nuancé d'un beau vert, habitant l'Afrique, l'Espagne, l'Italie méridionale, la Grèce, pays où croit naturellement le laurier-rose. Emportés par leur vol impétueux et s'aidant de courants atmosphériques, certains individus viennent pondre dans l'Europe centrale, et jusqu'en Angleterre, sur les lauriers-roses des jardins ; mais les papillons qui naissent dans ces contrées trop froides ne se reproduisent pas, sauf une génération. Les chenilles de ces trois espèces font rentrer la tête et les premiers anneaux du corps dans les suivants, ornés de taches qui simulent des yeux. Les chenilles paraissent alors avoir un groin, ce qui les a fait appeler *chenilles co-*

chonnes. Le *sphinx de l'euphorbe* (fig. 235) a une chenille à peau comme vernissée, bigarrée de jaune et
de rouge, vivant sur les euphorbes, ne craignant pas
l'ardeur du soleil. Ainsi que plusieurs autres chenilles
de deiléphiles, les petites chenilles de cette espèce
mangent les peaux qu'elles viennent de quitter. Les chenilles du *deiléphile vespertilion*, et aussi celles de l'espèce
dont nous allons parler (*Atropos*), qui se cachent le jour,
sont cependant attaquées par certaines mouches diurnes,
les *tachinaires*, qui savent bien les trouver et déposer

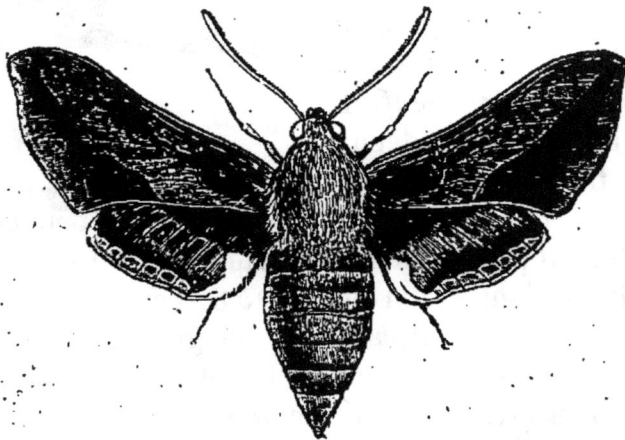

Fig. 235. — Déiléphile de l'euphorbe.

sur leur peau des œufs d'où naîtront des larves, entrant
dans le corps des chenilles et les dévorant.

Enfin la plus grosse espèce de sphinx est le célèbre
sphinx à tête de mort (*Acherontia Atropos*), présentant,
grossièrement figuré en jaune clair sur fond noir, un
crâne humain dessiné sur son corselet. Il est souvent
attiré par la lumière dans les appartements. Le mâle a
les pattes de devant très-velues. Ce papillon fait entendre dans les deux sexes un cri aigu et plaintif, qui
parait lié chez lui à quelque sentiment de crainte. Il part
d'un organe singulier, en forme de coussinet, placé aux

Fig. 256 et 257. — Sphinx à tête de mort et sa chenille.

pattes antérieures, à l'angle de réunion de la jambe
et de la cuisse (Al. Laboulbène, 1873). Ce chant un
peu sinistre ne devrait réellement épouvanter que les
abeilles ; il a jeté souvent la terreur dans les populations, joint au lugubre emblème de l'insecte. Cette
espèce, originaire des Indes, des îles Malaises, de l'A-
frique, s'est répandue en Europe au siècle dernier,
avec la pomme de terre sur les feuilles de laquelle vit
de préférence son énorme chenille, de $0^m,12$ long., habituellement jaune et verte avec sept bandes transversales bleues et la corne grenue. On rencontre aussi une
variété plus rare à fond brunâtre (fig. 236, 237). Elle est
parfois assez commune en Bretagne, et Réaumur nous
rapporte que l'apparition du papillon ayant coïncidé avec
des maladies épidémiques, « il n'en a pas fallu davantage
au peuple timide, toujours disposé à adopter des présa-
ges funestes, pour juger que c'était ce papillon qui por-
tait la mort ou au moins qui était venu annoncer les maladies fatales qui régnaient. » Le nom scientifique du
papillon, *Acherontia atropos*, est au reste l'expression de
ces terreurs populaires. Au dire du docteur J. Franklin,
on croit, dans les campagnes de l'Angleterre, que l'Atropos est en rapport avec les sorcières, et va murmurer à
leur oreille le nom de la personne pour laquelle la tombe
est près de s'ouvrir. « Quant à moi, dit-il, j'éprouve
pour ces animaux, longtemps méconnus, voués à l'ana-
thème universel, associés par la superstition au principe
du mal, le même sentiment de miséricorde et de respect
qui saisit le cœur de l'historien à la pensée des races
humaines maudites. L'atropos, si sombre que soit sa livrée, ne vient point des rives de l'Achéron ; il vient des
sources divines de la vie. Le doigt de la nuit, et non
celui de la mort, a marqué sur lui son empreinte. Il
n'apporte pas aux hommes de mauvaises nouvelles de
l'autre monde ; il leur apprend que la nature a voulu

peupler toutes les heures et consoler celles du crépuscule, en leur fournissant des compagnes ailées. »

Le sphinx à tête de mort est réellement un papillon qui chante. On peut encore donner, moins exactement, cette qualification à d'autres papillons qui sont munis d'appareils de stridulation non sans rapport avec ceux des cigales. Tels sont l'*écaille pudique* du midi de la France, et plusieurs espèces des montagnes du genre *Setina* (fig. 238, 239). Ce sont vraiment des papillons timbaliers. Sur le dernier anneau du thorax, on voit une large membrane blanchâtre, triangulaire, recouvrant une cavité sans communication avec l'intérieur du corps, sans tendon ni battant agissant sur la membrane. C'est du dehors, a reconnu le docteur Laboulbène, que vient le coup sec qui fait

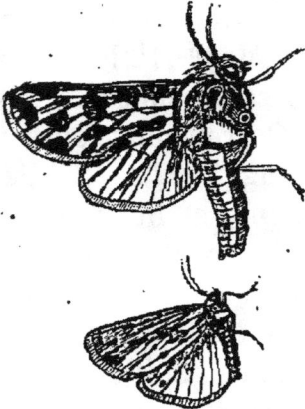

Fig. 238 et 239. — Appareils stridulants des *Chelonia pudica* et *Setina aurita*.

vibrer la membrane sèche et parcheminée, tendue sur la vésicule pleine d'air. Ce sont de petites percussions des cuisses des pattes postérieures, ou des pressions latérales rapides des genoux. D'après de Villiers, qui a découvert en 1833 le son de l'écaille pudique, on dirait le bruit d'un métier de fabricant de bas. M. Guenée, en 1861, a fait connaître un acte analogue chez les *Setina*, où le son produit imite le tic-tac d'une montre ou les pulsations des vrillettes, ces petits coléoptères des bois ouvrés s'appelant la nuit, d'un sexe à l'autre, en frappant contre les cloisons avec leur tête ces coups secs qui leur ont valu les noms d'*horloges de la mort*. Dans nos papillons ces organes de stridulation servent, comme il est d'usage chez les insectes, à des

appels pour la reproduction, car ils sont plus développés
chez les mâles que chez les femelles.

Ces derniers papillons nous conduisent aux *bombycides*,
caractérisés par la forme de leurs antennes, simulant
des dents de peigne, surtout chez les mâles, et par l'im-
perfection de leur bouche. A l'état adulte, ils ne mangent pas et ne vivent que peu de jours, uniquement occupés de perpétuer leur espèce. Enfin les chenilles de
ces insectes sont par excellence les productrices de soie et
s'entourent de cocons pour devenir chrysalides. A ce titre,
la première place revient au ver à soie (*Sericaria mori*).

Son origine, perdue dans une haute antiquité, est encore incertaine. Il a dû exister sauvage et existe sans
doute encore dans les forêts du centre de la Chine, de la
Perse, des pentes de l'Himalaya. Selon l'opinion la plus
répandue, la couleur primitive des cocons était le jaune,
et on voit de temps à autre reparaître cette couleur dans
les races à cocons blancs. De même, les couvées des se-
rins domestiques, qui sont des albinos, reproduisent parfois le type vert des îles Canaries. Il semble, chez toutes
les races domestiques, que des souvenirs de l'état pri-
mitif, perçant la nuit des âges, reprennent une influence
intermittente sur la loi mystérieuse de la génération. Des
auteurs regardent les vers noirs, appelés *moricauds* ou
bouchards, et qui sont très-robustes, comme le type premier de l'espèce. La domesticité aurait blanchi la chenille, puis sa soie, par une véritable dégénérescence.
On trouve aussi parfois des vers *zébrés*, noirs et blancs,
surtout dans les races chinoises. D'autres pensent qu'il y
a deux espèces très-voisines, l'une à soie jaune, l'autre
à soie blanche, confondues par de très-anciens croise-
ments. Ces incertitudes, qui tiennent à l'antique domes-
tication du ver à soie, justifient tout à fait l'heureuse
expression de M. Guérin-Méneville : « Le ver à soie est
le chien des insectes. » L'influence de l'homme a dé-

pouillé cet animal de toute force, de toute volonté, à là
façon du mouton, si éloigné aujourd'hui du mouflon. Le
ver à soie ne peut plus se tenir sur les feuilles inclinées
et mobiles du mûrier en plein air, agité par le vent ; il
n'a plus l'adresse de se cacher sous les feuilles pour évi-
ter l'ardeur du soleil et échapper aux ennemis des chenilles. La femelle demeure immobile : à peine si elle sait
remuer les ailes ; le mâle tourne autour d'elle en vole-
tant, sans quitter le point d'appui. Il est probable que le
ver à soie sauvage doit avoir un vol énergique à la façon
des bombyx silvestres. M. Martins a reconnu, à Montpellier, qu'après trois générations d'élevage en plein air,
les mâles avaient repris la faculté de voler. Depuis huit
ans, à Orbe, près Lausanne (Suisse), M. Roland élève avec
succès le ver à soie en plein air sur le mûrier, en vue
d'obtenir une race rustique robuste, donnant en chambrée
close une éducation industrielle exempte d'épidémie.

Les vers à soie, nommés *magnans* dans le midi de la
France, présentent dans leur existence les phases qui
caractérisent tout l'ordre des lépidoptères. On fait éclore
les œufs lorsque la feuille du mûrier est assez développée. Autrefois on déterminait cette éclosion par la chaleur du fumier ou celle du corps humain ; on se sert
maintenant de chambres d'incubation échauffées par
des poêles. Quand le ver est sur le point d'éclore, la
loupe permet de voir son bec noir commençant à user
lentement la coque. Les éclosions se font à toutes les
heures, mais principalement et dans une proportion considérable de cinq à dix heures du matin, et la plus
grande partie de cinq heures à sept heures, uniformité
fort commode pour le premier travail de la *magnanerie*
ou atelier de l'éducation des vers à soie. On nomme *âges*
du ver à soie les périodes de son existence séparées par
des mues. Prenons une éducation dans une bonne condition de température, à 19°, et non à de trop hautes tem-

pératures ; elles n'ont en effet augmenté le profit des
éleveurs par la rapidité du développement qu'en affai-
blissant les races et les prédisposant à la redoutable
épidémie qui menace aujourd'hui d'anéantir cette industrie capitale de la France, et qui a provoqué les plus
justes alarmes au sein des pouvoirs publics. Le premier
âge comprend cinq jours, le second quatre, le troisième
six, le quatrième sept, le cinquième dix. Ces âges sont
séparés par des périodes où le ver à soie reste immobile
et sans prendre de nourriture, le corps à demi relevé,
comme les chenilles de sphinx, auxquelles il ressemble
par sa tête petite, son premier anneau très-renflé, et l'a-
vant-dernier muni d'une corne. Les magnaniers n'ont
donc pas besoin de donner de feuille de mûrier dans
chaque jour de passage d'un âge à l'autre, et c'est ce qui
explique la grande importance d'une égalité parfaite
dans l'éducation des vers. On laisse jeûner les premiers
éclos pour assurer cette précieuse et économique uniformité de transformations. La tête de la chenille, qui ne

Fig. — 240 et 241. — Ver à soie en position de mue et sa tête.

grossit pas, paraît allongée et noire au moment d'une
mue elle est au contraire grosse et peu foncée après la
mue (fig. 240, 241). Le ver jette autour de lui des fils qu'il
attache comme supports aux objets voisins, et, appuyé sur
ces fils, il sort de son ancienne peau, qui se fend au milieu du dos. Nous avons pu constater que, dans ces som-
meils, la température de la surface du corps du ver devient celle du milieu ambiant, et peut même tomber un

peu au-dessous, pour se relever un peu au-dessus dans les *frèzes* ou périodes de voracité. Au premier âge, le ver à soie est noir, poilu, puis de couleur noisette au moment où va s'opérer la première mue. Pour commencer l'éducation, on a jeté sur les œufs en train d'éclore des bourgeons de mûrier, qu'on ramasse bientôt chargés de petits vers ; ou mieux, on verse de la feuille finement hachée sur des papiers percés de petits trous dont on recouvre les œufs dans la chambre d'incubation. Cette feuille hachée convient aux premiers âges, car elle évite de la fatigue aux jeunes chenilles en multipliant les bords artificiels. En effet, à l'exception de très-petites espèces de papillons dont les chenilles minent le parenchyme des feuilles, les chenilles sont dans l'habitude de manger le plus souvent les feuilles des arbres en partant du bord : ce sont les coléoptères ou les limaces qui dévorent surtout les feuilles dans l'intérieur du limbe.

Au second âge, le ver paraît gris, presque sans duvet, puis blanc jaunâtre, et on voit se dessiner les croissants sur les second et cinquième anneaux de l'abdomen. Il n'y a plus aucun poil au troisième âge, et le ver devient d'un blanc terne qui va toujours en s'éclaircissant. Pour le nourrir et enlever en même temps la litière sans blesser les vers (*délitage*), on place les feuilles fraîches sur des filets ou sur des papiers percés de trous proportionnés à la grosseur de la chenille. Les vers passent à travers les interstices pour gagner les feuilles ; on les enlève alors d'un seul coup, et on se débarrasse des litières putrides.

Au quatrième âge, on opère le *dédoublement*, c'est-à-dire on transporte une partie des vers sur de nouvelles tablettes pour leur donner plus de place, et, par suite, plus d'air. Le cinquième âge est celui de la plus grande voracité de ces insectes. Au septième jour de cet âge, leur faim est insatiable : c'est la *grande frèze* ou *briffe*, la *furia* des Italiens. En ce jour, les vers issus de 30 grammes de *graine* (œufs) consomment en poids autant que quatre chevaux, et le bruit de leurs mâchoires ressemble à celui d'une forte averse. A la fin de cet âge se fait la *montée*. Le ver, prêt à filer, va récompenser le travail et la dépense du magnanier. On voit les vers grimper sur la feuille sans la mordre et dresser la tête; leur corps devient translucide, de la couleur d'un raisin blanc très-mûr, mou comme de la pâte. Les anneaux se raccourcissent, la peau du cou se ride. Enfin, la plupart des vers traînent après eux un long fil sorti de leur bouche. La soie, que le ver produit toute sa vie, provient de deux longues glandes occupant toute la longueur du corps, et dont la couleur, dans les races à cocon jaune, se voit à travers la peau. Le fil est formé de deux fils, tordus ensemble par la chenille avant de sortir par la filière, au moyen de petits muscles. On peut, en effet, parfois, au moyen d'eau de savon, dédoubler le fil en deux fils presque invisibles et encore très-tenaces.

Les glandes à soie ne contiennent pas un peloton de fil qui se déroulerait, mais une matière visqueuse qui se solidifie dans l'intérieur même de la bouche du ver. Quand on voit l'animal se raccourcir, ce qui indique qu'il ne donnera qu'un très-mauvais cocon ou deviendra *tapissier*, c'est-à-dire ne fera qu'un enduit plat de sa soie, on le fait macérer dans du vinaigre et on tire de sa bouche les deux glandes à soie, qu'on crève. Il en sort un filet visqueux qu'on allonge tant qu'on peut en le maintenant à l'air pour qu'il se solidifie. On obtient ainsi ces fils si résistants, servant à attacher l'hameçon à la la ligne, et qu'on nomme *fils de soie*, *fils de Florence*.

A l'état sauvage, le ver à soie établissait son cocon dans les branches mêmes du mûrier. Domestique, il ne procède pas autrement. Il faut donc lui donner des moyens d'attache. Ce sont des branches de bruyère, de genêt, de buis, des tiges de colza ou de chicorée sauvage, etc., des bottes de paille, ou enfin, ce qui vaut mieux, des sortes d'échelles de petites planchettes parallèles, entre lesquelles il y a place pour un cocon (*coconnières Davril*), ou des planchettes se croisant en petites cases, (*système Delprino*). Le ver à soie commence par jeter des fils rameux çà et là pour accrocher le cocon ; c'est la *bave*. Puis il remue constamment la tête en décrivant des tours ovales; et forme son cocon d'un fil continu, mais non homogène, pouvant atteindre environ 1,000 mètres de longueur, de sorte que quarante mille cocons permettraient d'entourer le globe terrestre d'un fil de soie. Les premières couches sont floconneuses, s'enlèvent facilement et forment la *bourre*, qui, cardée avec les déchets du filage, donnera la *fantaisie*; vient ensuite la soie proprement dite, qui doit être dévidée sur le tour et former la *soie grége*, et enfin un tissu interne si serré qu'il n'est qu'une pellicule. Il finit par n'être plus dévidable, et cela d'autant plus tôt que l'ouvrière fileuse est moins adroite. Le fil du cocon est maintenu accolé dans tous ses replis par une sorte de glu naturelle, bien moins tenace et épaisse que celle qu'on trouve dans beaucoup de cocons de bombycides. L'eau bouillante décolle les fils et permet le dévidage. Le plus grand nombre des races de vers à soie font des cocons jaunes, et d'autres des cocons blancs. Il en est à cocon jaune pâle ou soufré, ou blanc verdâtre (*céladons*) ; en Chine, dit-on, il y a des races à cocons tout à fait verts. On connaît aussi des cocons de couleur nankin ou jaune roussâtre; une race, élevée en Toscane, près de Pistoie, a des cocons d'un rose pâle ; enfin, on a fait mention de cocons couleur de pourpre.

Le ver à soie met trois ou quatre jours à filer son cocon sans muer ; seulement ses anneaux se resserrent, et il se raccourcit beaucoup, outre la perte de poids qu'il subit

à mesure que se vident ses glandes à soie. Au bout de
deux ou trois jours, il se change en chrysalide (cinquième mue), c'est-à-dire passe au sixième âge. On opère
alors le *déramage* des cocons, on les détache de leurs
appuis et on se hâte de les vendre à cause de la perte de
poids. En effet, le cocon n'empêche pas complétement
l'évaporation de la chrysalide. Son rôle harmonique est
de diminuer cette évaporation, et le refroidissement su-
perficiel qui en résulte. Comme nous l'avons constaté
sur beaucoup d'espèces de chrysalides à cocon, au moment où on les en retire, elles sont toujours notablement
plus chaudes que l'air ambiant; puis, mises à l'air, la
température de leur surface s'abaisse promptement à
celle de l'air qui les entoure et même au-dessous, à mesure que l'évaporation superficielle amène des pertes de
poids croissantes.

Le septième âge, qui succède à la sixième mue ou
éclosion de la chrysalide, est l'âge adulte ou de reproduction du ver à soie (fig. 242). Les chrysalides éclosent
au bout de quinze à vingt jours après la confection du
cocon. Celles du ver à soie, comme celles de toutes les
espèces à cocon fermé, ont à la tête une vésicule, découverte par M. Guérin-Méneville, et contenant un liquide
qui permet au papillon d'écarter les fils de soie en les
décollant, afin de se frayer un passage. Les bombycides
à cocon très-lâche ou ouvert naturellement à un bout
manquent de cet organe. Les cocons percés n'ont pas le
fil coupé, car la bouche du papillon n'a aucune partie
tranchante, mais aminci et dissocié. Ces cocons non dévidables sont cardés et servent à faire la *filoselle*. En général, les cocons mâles sont de dimension moyenne et
étranglés au milieu; les cocons femelles sont plus gros,
plus renflés, plus arrondis aux extrémités. Les cocons
de choix, réservés pour la ponte, sont placés dans une
chambre où la température varie de 21° à 24°, et on a

soin de les attacher, afin que les papillons ne puissent les entraîner. Ils éclosent le matin (comme les œufs), de cinq heures à huit heures. On établit l'obscurité autour d'eux, car ces papillons nocturnes seraient blessés par l'éclat du jour et se fatigueraient en agitant leurs ailes. On met les mâles à part dans une boîte, puis on les réunit aux femelles après que, les uns comme les autres, se sont vidés d'un liquide de couleur nankin. On fait enfin pondre les femelles fécondées sur des toiles ou sur des cartons (procédé chinois et japonais suivi autrefois à la magnanerie expérimentale du Jardin d'acclimatation, et remplacé aujourd'hui par un grainage *cellulaire* sur autant de toiles qu'on a de femelles). Les œufs sont d'abord d'un jaune tendre, passant, en huit à dix jours, au jonquille, puis au gris roussâtre, et enfin au gris d'ardoise, avec une légère dépression au centre. On conserve les toiles ou les cartons à œufs dans des filets qu'on suspend dans une chambre où la température ne doit pas dépasser 12° à 15°. Au reste, ces œufs, bien que la petite chenille y soit formée de très-bonne heure, peuvent supporter sans périr une chaleur de 50° et les froids les plus rigoureux de nos hivers, et même de la Sibérie, comme l'expérience en a été faite pour des graines chinoises venues par caravane. La réfrigération hibernale est une garantie du succès de l'éducation (*glaçage* des graines de MM. Duclaux, Raulin). Au printemps, quand la température commence à s'élever, on porte la graine à la cave ou à la glacière, de peur d'éclosions prématurées.

On a depuis longtemps créé en Italie une race spéciale, dite *trivoltine*, à peine connue en France, en choisissant pour la reproduction des vers hâtifs qui accomplissent leurs évolutions en trois mues au lieu de quatre. L'éducation a alors une moindre durée, mais la soie est médiocre. Dans les pays chauds existent des races de vers à soie à plusieurs générations dans l'année.

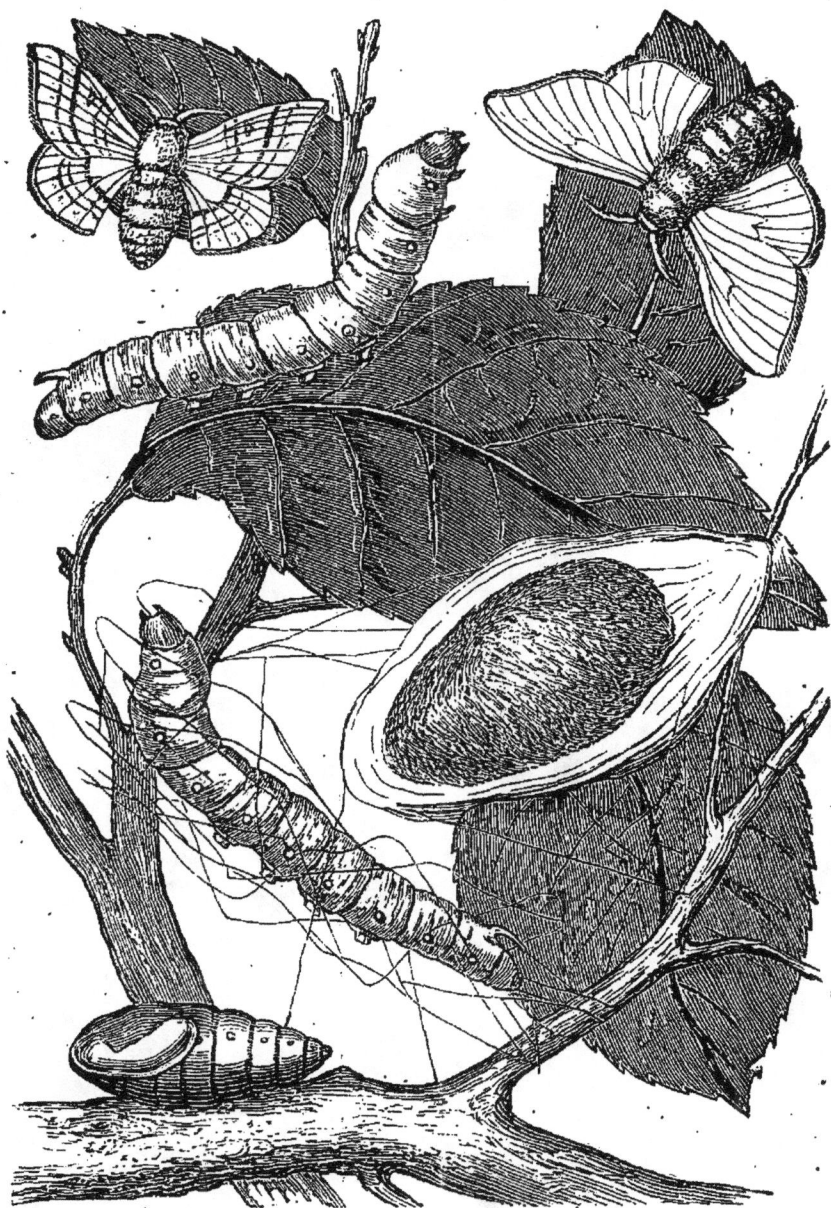

Fig. 242. — Ver à soie à ses divers états.

Les autres bombycides à cocons soyeux présentent, les uns des chenilles munies de tubercules surmontés d'é-

Fig. 243. — Petit paon de nuit, femelle.

pines, les autres de longs poils. Les deux principales espèces du premier groupe, originaires de l'Europe, sont le

Fig. 244.
Chenille du petit paon de nuit.

Fig. 245.
Son cocon.

grand paon de nuit et le petit paon, à cause des taches arrondies et vitrées de leurs ailes (fig. 243, 244, 245).

La première espèce, le plus grand papillon d'Europe, ne dépasse guère la latitude de Paris. Introduit par des amateurs dans le département du Nord, il a bientôt dépéri. Il est très-commun dans tous les environs de Paris, vit sur les arbres fruitiers de sa banlieue, sur les platanes du chemin stratégique des fortifications, etc. La seconde s'étend plus au nord, existe en Angleterre, se nourrit sur le prunellier, l'aubépine, l'orme, le charme. Dans ces deux insectes, la chenille se file un cocon en forme de nasse, ouvert naturellement à un bout pour la sortie du papillon. Elle ne casse nullement le fil à cet orifice de sortie, comme on l'a cru autrefois, mais le replie; on la voit, par un mécanisme différent du ver à soie, transporter continuellement sa tête d'une extrémité à l'autre du cocon. La chrysalide manque de la vésicule destinée à la liqueur servant à percer le cocon; elle était inutile dans ces espèces à cocon ouvert. Leurs cocons sont trop incrustés pour être dévidables. L'Allemagne nous présente en outre le *paon moyen;* une autre espèce, à ailes jaunes, est spéciale à la Dalmatie. Enfin, dans le centre de l'Espagne, vit une rare et magnifique espèce, à ailes d'un vert d'émeraude, avec d'épaisses nervures rougeâtres, découverte en 1848, et dédiée à la reine Isabelle. Elle conservera ainsi, dans le paisible domaine de la science, un rang à jamais incontestable. Quelques personnes seules connaissaient exactement les localités de cette espèce et l'arbre qui la nourrit; mais elles gardaient le secret avec soin. Aussi une paire de ces papillons s'est vendue 250 francs. Nous figurons, pour la première fois en France, le mâle, si curieux par les longues queues un peu tordues qui terminent ses ailes inférieures (fig. 246). Dans tous ces *Attacus* d'Europe, les antennes du mâle sont bien plus pectinées que celles de la femelle. On sait maintenant quelques détails biologiques sur le splendide *Attacus* de la reine Isabelle.

Fig. 246, 247. — Attacus de la reine Isabelle, mâle; sa chenille.

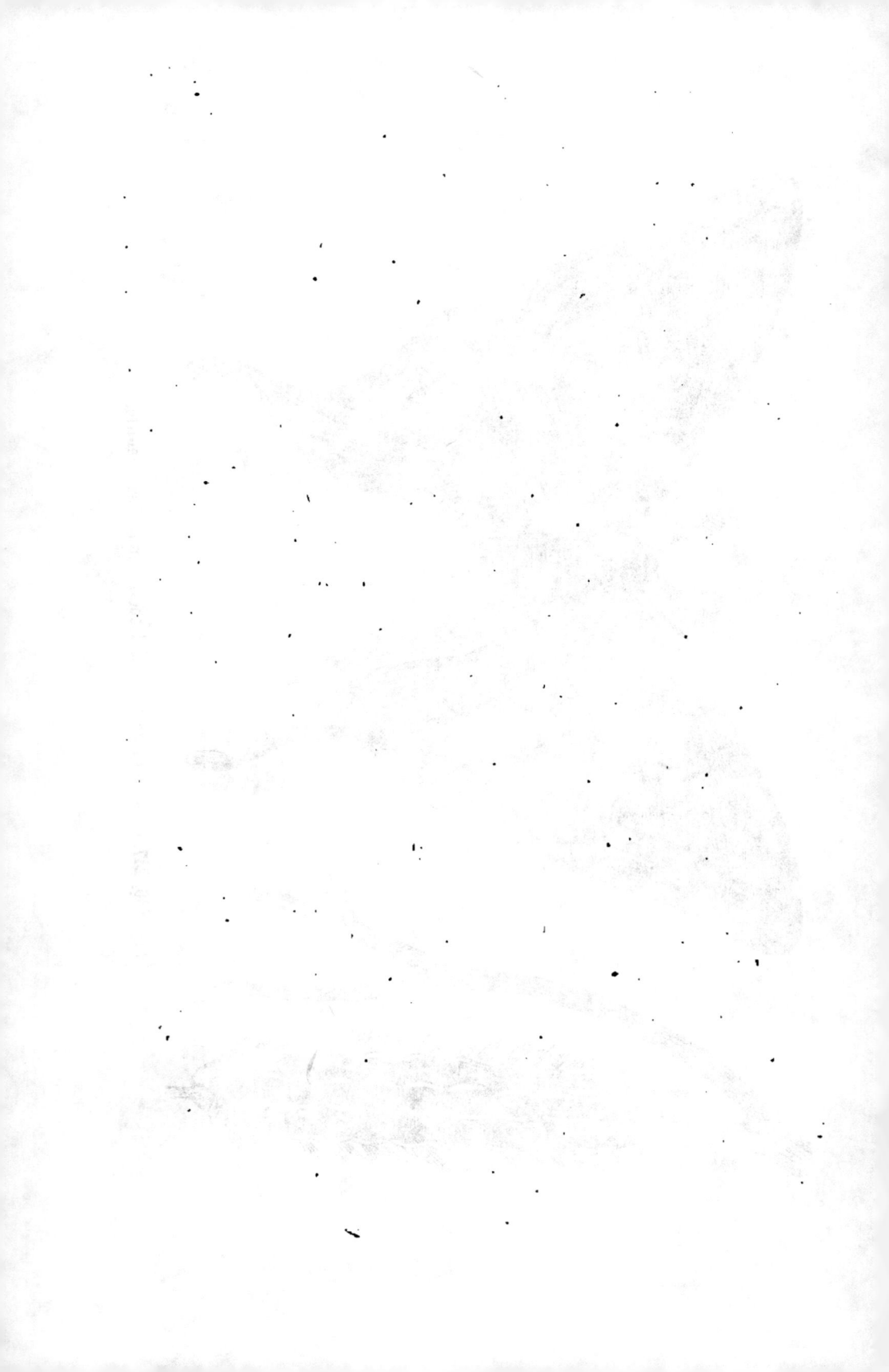

Après un premier voyage infructueux en Espagne à la recherche de cet insecte, le docteur Staudinger, plus heureux une seconde fois, rencontra la chenille (fig. 247) sur les collines qui avoisinent Madrid. Elle se nourrit des feuilles aciculaires du pin maritime, entre lesquelles elle se transforme en chrysalide dans une coque soyeuse dont la couleur varie du brun rougeâtre au blond presque blanc. M. Staudinger élève maintenant cette espèce qui constitue une des belles découvertes entomologiques du siècle. On en trouvera de très-bonnes figures coloriées dans les *Annales de la Société linnéenne de Lyon* (août 1868), avec un mémoire intéressant de M. Millière.

Les antennes sont à peu près également fournies dans les deux sexes de deux races ou espèces, à cocons ouverts, employés pour leur soie grise, plus grossière que celle du ver du mûrier. Ce sont les *Attacus* du ricin et de l'ailante, le premier de l'Inde, le second du nord de la Chine. M. Milne Edwards éleva le premier au Muséum, en 1854, le ver du ricin, abandonné aujourd'hui en France, à cause de ses générations trop rapprochées et de l'impossibilité de le nourrir en hiver. Quant au ver de l'ailante, dont on doit l'introduction en France à M. Guérin-Méneville, en 1858, il n'a d'ordinaire que deux générations par an. Le cocon commence à être dévidé en soie grége. On peut dire qu'il est tout à fait acclimaté aujourd'hui. On a pu voir, à l'Exposition des insectes de 1865, un nombre considérable de ces cocons, et une vaste cage de toile pleine de papillons dus aux remarquables éducations de M. Givelet, en son château de Flamboin (Seine-et-Marne). On trouve maintenant de ces papillons, échappés aux éducations, venant voler autour des ailantes, dans les jardins de Paris, pour y déposer leurs œufs. M. Usèbe cultive aujourd'hui cette espèce sur trois hectares de terrain, à Milly, arrondissement d'Etampes (S.-et-M.).

L'Asie donne également à l'industrie trois vers à soie.

du chêne, de l'Inde, de la Mandchourie, du Japon, à cocons fermés, dévidables comme ceux du ver à soie du
mûrier. De très-intéressantes tentatives se sont faites
dans ces dernières années pour introduire en France
l'espèce japonaise (*Attacus yama-maï*), à cocon d'un
blanc verdâtre, ressemblant aux céladons. En Autriche,
M. de Bretton élève cette espèce et la fait reproduire depuis 1863. En France, elle est élevée à Metz par M. de
Saulcy, à Romorantin par M. Votte, à Paris même par
MM. Berce et E. Deyrolle. Il y a là le germe d'une bien
précieuse conquête. L'intérêt qu'offre cette espèce si
importante nous fait un devoir d'en figurer les divers
états. Le papillon est dessiné un peu réduit en taille
(fig. 248, 249, 250). C'est au Muséum que furent essayées
les premières éducations, en France, de l'*Attacus Ce-
cropia*, par Audouin, puis par MM. Lucas et E. Blanchard. Cette espèce, des régions méridionales de l'A-
mérique du Nord, se nourrit volontiers d'aubépine, de
pommier et surtout de prunier. La Guyane, le Sénégal
ont aussi des espèces à cocon utilisable[1].

Les bombyx proprement dits ont des chenilles très-
velues. Nous voyons les papillons de plusieurs espèces
parcourir nos bois d'un vol rapide, avec de fréquents
crochets. Le plus commun, celui du chêne, n'a qu'un
cocon de couleur brune, comme une sorte de gros papier. Le *Bombyx de la ronce*, dont la chenille se roule
dès qu'on la touche, ce qui l'a fait appeler *anneau du
diable*, présente un cocon plus soyeux, mais bien trop
pauvre encore pour nous servir. Le même genre est
beaucoup plus favorisé en soie à Madagascar, et plusieurs
espèces sont utilisées par les Hovas. Elles vivent sur un
cytise, l'*ambrevate*, et pourront être acclimatées à l'île
de la Réunion. Les cocons sont remplis de poils de la

---

[1] Voy. *les Auxiliaires du ver à soie*. Paris, 1864, J.-B. Baillière
et Fils.

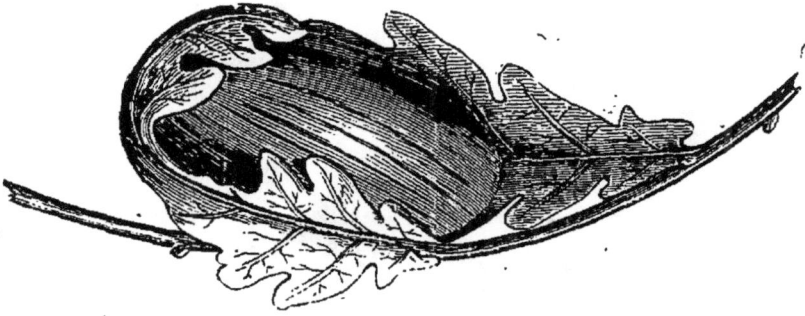

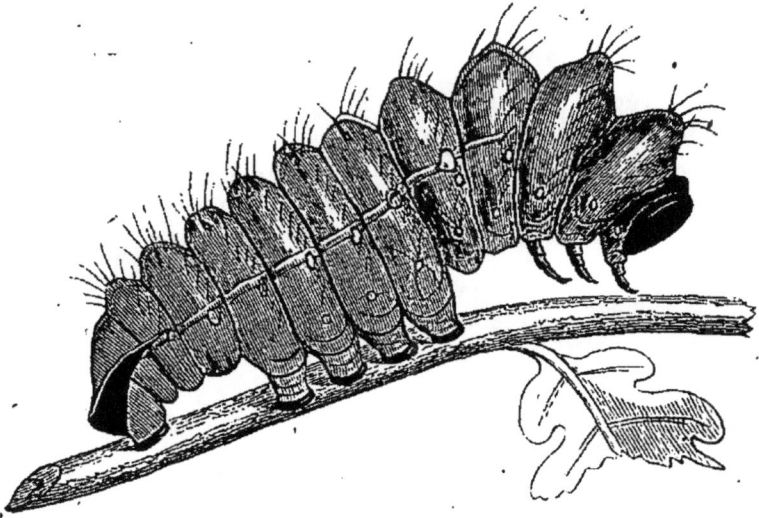

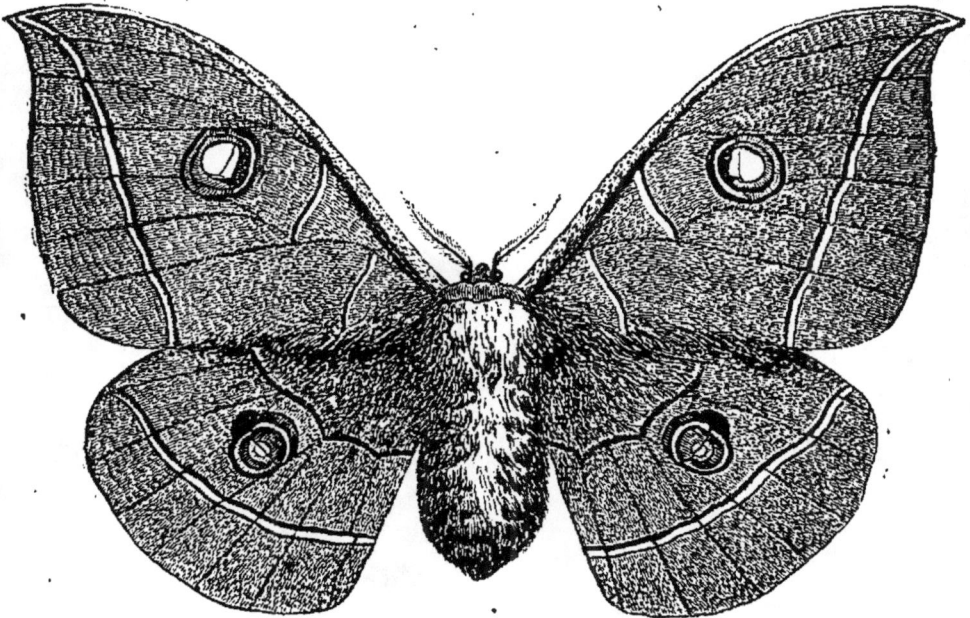

Fig. 248, 249, 250. — Cocon du ver du chêne, chenille et papillon
de ce ver à soie du chêne du Japon.

chenille ; il faut s'en débarrasser par des lessives bouil-
lantes, puis les carder. La soie est inaltérable, et les
Hovas couvrent leurs morts de vêtements de cette soie.
Les chrysalides servent encore à un curieux usage ; on
les mange frites ou bouillies. Lors de la réception de
l'ambassade française envoyée au couronnement du
malheureux Radama II, le docteur Vinson rapporte que
le fils du roi, enfant de dix ans, présent à l'audience,
mangeait de ces chrysalides avec un grand plaisir. Les
chrysalides du ver à soie sont aussi employées à l'alimentation dans plusieurs provinces de la Chine.

Les bombyx ont des espèces qui vivent en société dans
d'immenses toiles de soie filées en commun, et où chaque
chenille, parvenue à sa croissance, se file en outre un
cocon particulier. A Madagascar, au Mexique, on a cardé
la soie sauvage de certaines de ces espèces. Nos bois de
pin et surtout les forêts de chêne offrent en France deux
espèces de mœurs analogues. Celle du chêne est appelée
la *Processionnaire*, parce que le soir les chenilles sortent
du nid commun en véritable procession, une en tête,
suivie de files qui augmentent d'une chenille à chaque
rang, jusqu'à une largeur égale à l'entrée du nid. Ces
chenilles sont très-velues, et les poils se détachent, volent de toute part, munis d'une matière âcre, produisant
des rougeurs, des cuissons comme les orties, au point
de donner la fièvre à certaines personnes. Ce sont là les
prétendues chenilles venimeuses, si redoutées dans les
bois des environs de Paris, dans les années où les
bourses abondent collées au tronc des chênes. Dans
l'année 1865, plusieurs allées du bois de Boulogne furent interdites aux promeneurs pour cette cause. Ces
poils urticants empêchent de faire aucun usage des
toiles. Enfin, rien de plus commun que le *Bombyx neus-
trien*, dont la chenille est nommée la *livrée*, à cause de
ses lignes longitudinales, de diverses couleurs. Les œufs

sont pondus en bracelets autour des branches, et éclosent au printemps, aux premiers bourgeons. Accidentellement, si on les garde chez soi, à la chambre, soustraits
au froid de l'hiver, on voit la chenille sortir de l'œuf en
octobre ou en novembre. Cette chenille de la livrée se file
un mince cocon blanc, saupoudré d'une poussière
comme de la fleur de soufre.

Les *Liparis* sont très-nuisibles aux arbres. Une espèce à
ailes blanches (*L. chrysor-
rhea*) dévaste les plantations des promenades pa-
risiennes (fig. 251). Les
petites chenilles, nées à la
fin de l'automne, assem-
blent des paquets de feuilles avec des fils de soie
pour y passer l'hiver. Dans

Fig. 251.
Liparis queue dorée, mâle.

cette loge commune sont façonnées de petites logettes séparées, où vivent un certain nombre de chenilles, comme
associées par une prédilection plus particulière. Elles se
dispersent au printemps. Les femelles des liparis s'arrachent les poils roux de leur abdomen, et en font un
moelleux duvet autour de leurs œufs, pour préserver du
froid ces enfants qu'elles ne verront jamais, car leur
mort suit la ponte. Sur nos boulevards extérieurs nous
trouvons sur le tronc des ormes des plaques d'œufs du
L. dispar, passant l'hiver sous cet abri protecteur. On
dirait des tampons d'amadou. Les mâles de cette espèce
sont bien plus petits que leurs énormes femelles immobiles.

Les bombycides ont certaines chenilles des plus bizarres, où les pattes anales se sont changées en prolongements fourchus, qu'elles agitent d'un air de menace et
qui paraissent destinés à chasser les insectes hostiles,
cherchant à pondre sur leur corps. Telles sont les che-

nilles du genre *dicranure* (fig. 252) et celles de la *harpie du hêtre*, d'un aspect si étrange, qu'on hésite d'abord

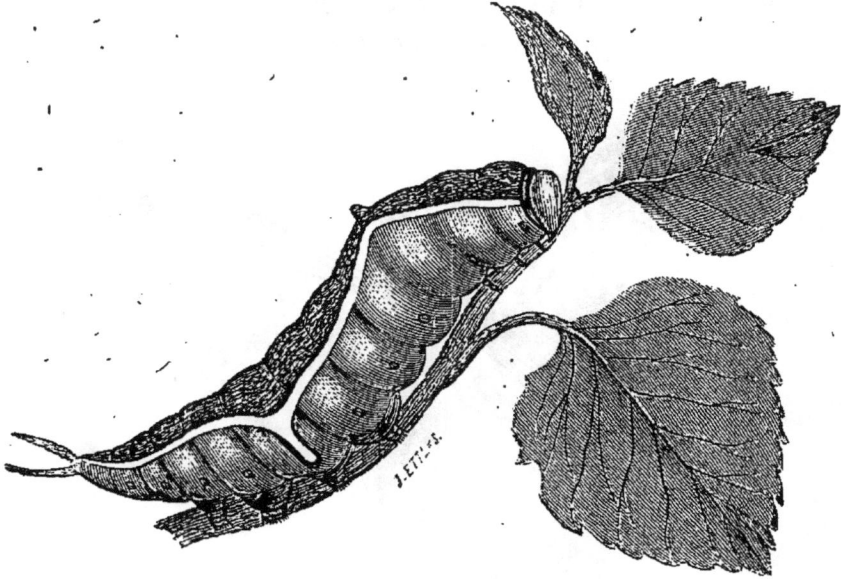

Fig. 252. — Chenille de *Dicranura erminea.*

à y reconnaitre une chenille (fig. 253). Les papillons n'ont au contraire rien de remarquable.

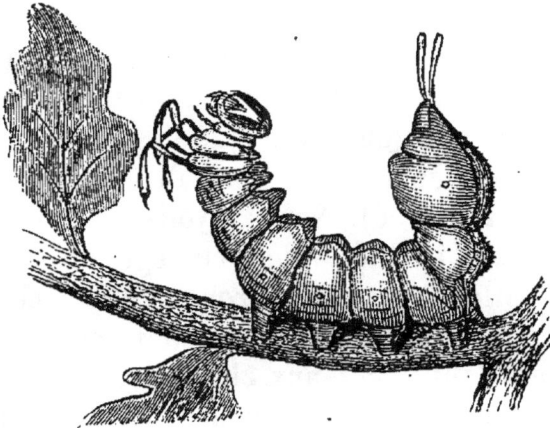

Fig. 253. — Chenille de harpie du hêtre.

Il y a quelques bombycides dont les chenilles vivent

dans l'intérieur des bois. Les femelles ont alors l'abdomen très-prolongé en pointe pour pondre dans les cavités des écorces. Ainsi le *cossus gâtebois*, à chenille rougeâtre, comme cuirassée, d'une odeur très-désagréable, ronge l'intérieur des saules et d'autres arbres ; ainsi la

Fig. 254. — Zeuzère du marronnier, femelle.

coquette ou *Zeuzère* du marronnier d'Inde, qui vole le soir dans nos jardins publics (fig. 254), vit à l'état de chenille dans l'arbre qui donne son nom à l'espèce.

Les femelles des bombycides sont en général aussi lourdes et paresseuses que les mâles sont vifs et agiles. Bien plus, il en est qui n'ont que des rudiments d'ailes et sortent seulement sur le bord du cocon. Ce sont les *orgyes* (fig. 255, 256). Nous voyons souvent, dans les rues de Paris à jardins, voler, en septembre et octobre, le mâle à ailes fauves de l'*orgye antique*. Les femelles perdent complétement les ailes chez les *psychés*. Elles ressemblent tout à fait aux chenilles, et en général ne sortent pas du fourreau de celles-ci. Leurs chrysalides n'ont aucune marque d'ailes. Les chenilles ont les anneaux du thorax assez durs et à pattes agiles (fig. 257,

258) ; les autres anneaux sont très-mous et leurs pattes
ne servent qu'à retenir des brins d'herbes, de feuilles,
des morceaux d'écorce, etc., avec lesquels la chenille se

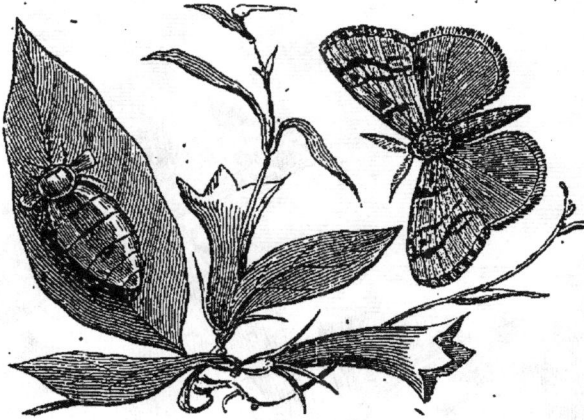

Fig. 255, 256. — Orgye antique (mâle et femelle).

fabrique un fourreau protecteur, toujours hérissé et de
forme spéciale, ainsi que la nature des matériaux, sui-

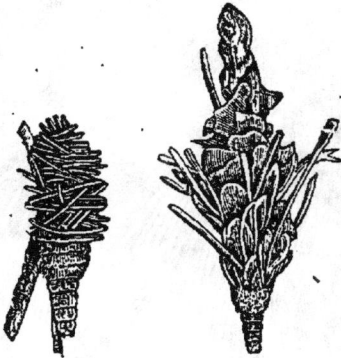

Fig. 257, 258.
Chenille de *Psyche* du gramen
et de *Psyche radiella*.

Fig. 259.
Psyché du gramen
mâle.

vant les espéces. Les mâles, à antennes pectinées, sont
d'un gris noirâtre et volent très-vivement (fig. 259).
Un très-nombreux groupe de papillons est constitué

par les *noctuelles*. Les papillons ont, en général, les ailes
supérieures sombres, avec des taches au milieu en forme
de rein, et les inférieures très-variablement colorées,

Fig. 260. — *Trachea piniperda* à ses divers états.

parfois rouges ou jaunes, souvent blanchâtres. Ils volent
presque tous le soir, sont pourvus d'une trompe pour
sucer le miel des fleurs. On en capture le soir sur les rai-
sins de treille, sur le miel dont on enduit les arbres, sur

des pommes sèches trempées dans l'éther nitreux. Les chenilles, lisses ou très-peu velues, se cachent pendant le jour, vivent le plus ordinairement de plantes basses, parfois de racines, et sont alors très-nuisibles à nos cultures. Elles ont presque toujours seize pattes. Il en est qui se dévorent entre elles. Les unes s'entourent d'un léger cocon pour devenir chrysalides, et d'autres s'enfoncent dans la terre meuble (fig. 260). Nous représentons,

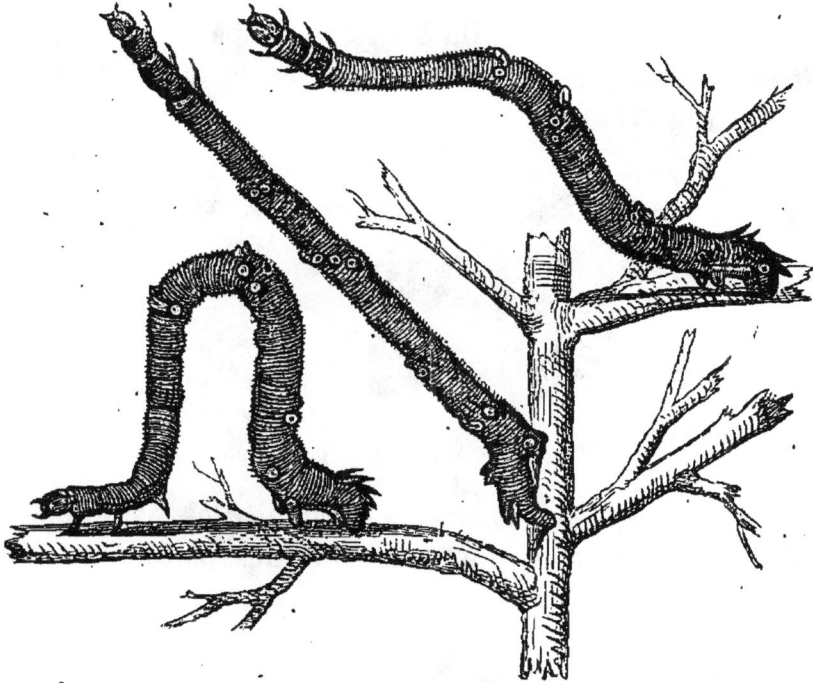

Fig. 261. — Chenilles arpenteuses d'Ennomos de l'aune.

comme exemple de ce type, une espèce qui vit sur les pins et qui leur nuit dans certains pays. On la trouve près de Paris, mais pas très-commune.

Bien plus singulières sont les chenilles qu'on nomme *arpenteuses* ou *géomètres*. En général, outre les six pattes du thorax, elles n'ont plus que les quatre pattes de l'abdomen, y compris les deux autour de l'orifice anal. Quand elles veulent avancer, elles fixent d'abord les pattes de devant, puis rapprochent les pattes postérieures en formant une boucle avec leur corps. Elles paraissent ainsi arpenter le sol sur lequel elles marchent. Souvent elles restent immobiles des heures entières, dressées sur leurs pattes de derrière, leur corps simulant tout à fait une baguette (fig. 261). Les chrysalides sont le plus habituellement dans la terre. Les papillons ont des ailes délicates, ornées parfois de riches couleurs et en général horizontales au repos. On les nomme spécialement *phalènes*. Nous figurons une belle espèce du début du printemps (fig. 262).

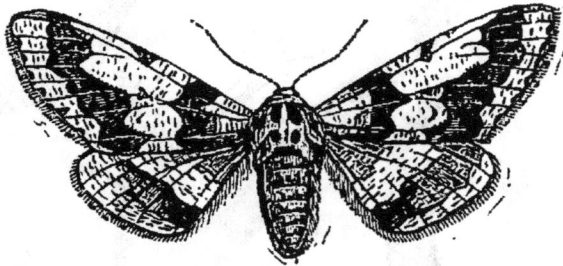

Fig. 262. — Amphidasys prodromaire.

On peut appeler certaines phalènes les papillons de l'hiver. On ne se doute guère que des papillons volent

Fig. 263.
Phalène hyémale, mâle.

Fig. 264.
Phalène hyémale, femelle.

par les soirées brumeuses du mois de novembre. C'est pourtant ce qui arrive aux mâles des *hibernia*. Deux es-

pèces, la *phalène défeuillée* et la *phalène hyémale*, sont
fort communes. La femelle de la seconde n'a que des
ailes très-petites, tout à fait impropres au vol (fig. 263,
264) ; celle de l'autre, entièrement aptère, marquée de
taches noires sur le dos, à abdomen pointu, ressemble à

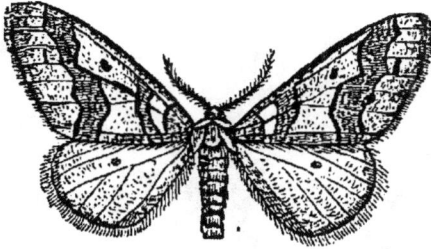

Fig. 265.
Phalène défeuillée mâle.

Fig. 266.
Phalène défeuillée femelle.

une araignée allongée (fig. 265, 266). On les trouve facilement, au commencement de novembre, dans une
singulière station, sur les candélabres à gaz de certaines
promenades publiques, par exemple des routes du bois
de Boulogne, soit qu'elles aient grimpé, attirées par la
lumière, soit que les mâles ailés les y transportent. En
février et mars apparaissent d'autres espèces analogues. On peut citer parmi elles,
comme type nouveau de femelles
sans ailes, la *phalène œsculaire*,
à femelle cylindrique, couverte
de brosses de poils étagées, dont
l'abdomen se termine par une
houppe (fig. 267). Nous trouvons aussi près de Paris, dans
les prairies qui entourent le confluent de la Seine et de la Marne,
à la fin du mois de mars, le
Nyssia zonaria, dont les mâles
restent pendant le jour immobiles sur l'herbe ; les fe-

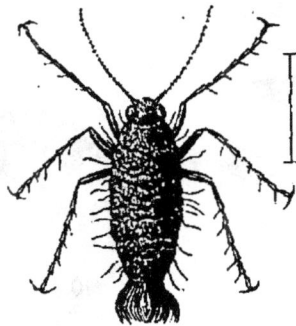

Fig. 267.
Phalène œsculaire femelle.

melles à moignons d'ailes sont très-poilues. Les mâles
volent le soir en rasant l'herbe. Nous représentons
cette espèce (fig. 268, 269), qui malheureusement va
disparaître tout à fait près de Paris, car ces prairies
sont envahies par les constructions et livrées à la culture maraîchère.

Fig. 268, 269. — Nyssia Zonaria, mâle et femelle.

Les derniers papillons sont de très-petite taille. Leurs
écailles semblent une imperceptible poussière que détache le moindre contact. Les chenilles de ces délicates
espèces, tantôt roulent les feuilles en attachant leurs

Fig. 270.
Œcophore du prunier, très-grossie.

Fig. 271.
Teigne des draps, très-grossie.

bords avec de la soie, tantôt minent leur parenchyme,
n'attaquant que la matière verte, trop faibles pour manger les nervures (fig. 270). Il en est qui vivent à l'inté-

rieur des pommes ou des poires (fruits véreux), des
châtaignes, des glands. On donne en général le nom de
teignes à ces insectes. Les chenilles courent très-vite, se
tortillent en tous sens dès qu'on les touche. Il en est
deux espèces qui vivent des grains de blé, deux qui dévastent les vignes. Certaines de ces chenilles se nourrissent de matières animales. Les *galleries* chassent les
abeilles des ruches et mangent la cire dont les rayons sont
pénétrés de leurs fils soyeux. Une chaleur considérable,
sensible à la main, se dégage des gâteaux envahis par ces
larves voraces. Beaucoup de chenilles de teignes s'abri-
tent sous des fourreaux qu'elles traînent avec elles. Telle
est la *teigne des draps* (fig. 274), qui accroît son fourreau

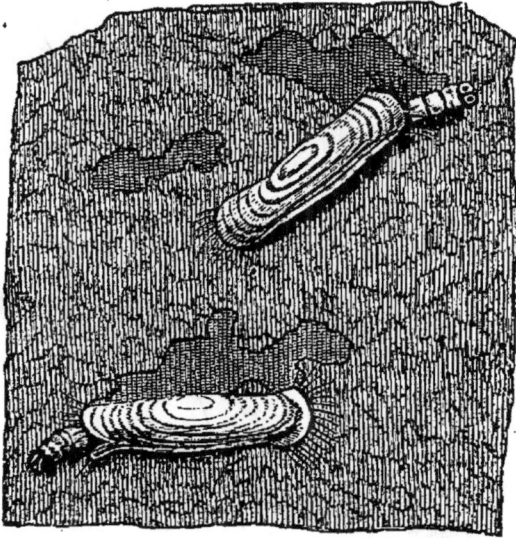

Fig. 272. — Drap rongé.

à mesure qu'elle grandit en y mettant des pièces de
laine (fig. 272, 273, etc.). En lui donnant à manger des
étoffes de laine de diverses couleurs, on finit par lui voir
un véritable habit d'arlequin. Nous représentons, en figures grossies, les chenilles qui attaquent le drap dans

18

diverses attitudes. La *teigne des pelleteries* se comporte de même. Dans nos bois, beaucoup de teignes ont des

Fig. 275.
Teigne du drap marchant.

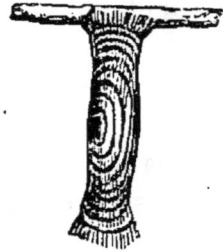

Fig. 274.
Fourreau suspendu.

fourreaux lisses, d'une sorte de carton grisâtre : ainsi

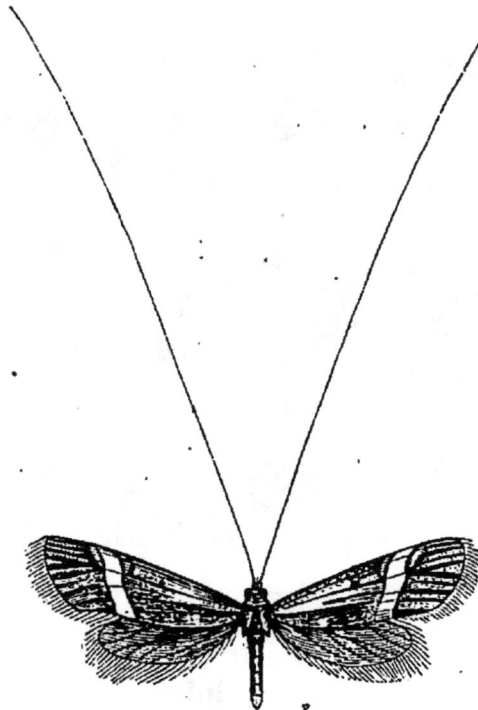

Fig. 275. — Adèle de de Géer, très-grossie.

les petites chenilles des *adèles* (fig. 275), dont les adultes, ornés des plus riches couleurs métalliques, lorsqu'ils sont rassemblés dans les matinées de printemps sur les buissons, ressemblent à des émeraudes ou à des améthystes étincelantes. Les antennes démesurées des mâles, comme des fils d'argent, les gênent pour leur vol, toujours lent et oblique. Il est des teignes dont les chenilles s'entourent de plusieurs étages de parcelles de feuilles en forme de collerettes. Réaumur les nommait les *teignes à falbalas* (fig. 276).

Remarquons aussi des papillons frappés de dégradation organique, ayant les ailes divisées en espèces de plumes. Leurs chenilles, à seize pattes, sont couvertes

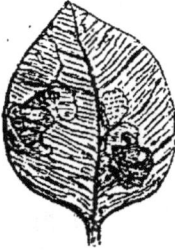

Fig. 276.
Chenilles à fourreau.

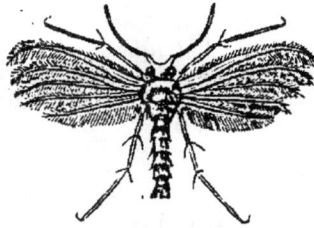

·Fig. 277.
Ptérophore, pentadactyle. '

d'un duvet court et serré ; la plupart s'attachent, pour se transformer, par la queue et par un lien autour du corps. Les chrysalides ressemblent beaucoup aux chenilles, dont elles gardent la couleur et la villosité. Une espèce fort commune dans les jardins, au bord des chemins, le long des haies, est le *ptérophore pentadactyle*, d'un beau blanc de lait (fig. 277). Une autre espèce, assez fréquente contre les vitres à l'intérieur des maisons de campagne, est l'*ornéode hexadactyle*, dont les ailes ont l'apparence d'un éventail étalé, à douze divisions. La chenille vit sur le chèvrefeuille des

Fig. 278.
Ornéode hexadactyle.

jardins et se file un petit cocon à claire-voie (fig. 278). '

CHAPITRE VII

DIPTÈRES

Les diptères ou mouches à deux ailes offrent une immense quantité d'espèces; beaucoup sont très-peu distinctes, et les naturalistes sont très-loin de connaître complétement ces insectes, dont les larves ont cependant des habitudes curieuses et des plus variées. Ce sont les diptères qui s'avancent le plus loin vers les pôles, et ils forment les seuls insectes des régions glacées qui entourent le pôle boréal; ils peuvent vivre et voler à des températures inférieures à celle de la glace fondante. Il en est qui piquent les animaux et même l'homme pour se repaître de son sang. C'est au moyen de leur bouche munie de lancettes perforantes que la piqûre s'opère. Il n'y a aucun danger à saisir entre les doigts les diptères dont la piqûre est le plus douloureuse. Ils sont alors terrifiés et ne songent aucunement à manger. Ils n'enfoncent leurs lancettes que quand ils sont sans crainte et libres sur la peau. Au contraire, nous pouvons laisser courir une abeille ou une guêpe sur la main et le visage : elle ne fera pas usage de l'aiguillon qui termine son abdomen. C'est que chez les hyménoptères, ou mouches à quatre ailes, cet aiguillon est une arme et non une bouche, et l'insecte ne s'en sert que lorsqu'on le serre ou qu'on l'irrite.

Il nous est impossible de présenter autre chose que l'examen de quelques types remarquables, en laissant de côté tous les intermédiaires.

Il est d'abord des diptères dont les antennes sont développées, souvent plumeuses. Ils ont de longs balanciers et des pattes excessivement allongées se dirigeant en arrière dans le vol. Ce sont les *némocères.*

Au-dessus des eaux, apparaissent le soir des danses aériennes formées de *cousins* qui montent et descendent en s'entre-croisant en tous sens, illuminés par les rayons obliques du soleil couchant. De temps à autre, les femelles fécondées quittent la troupe, s'abattent doucement à la surface de l'eau, placent leurs quatre pattes de devant sur quelque corps qui flotte ou même les appuient sur l'eau. L'abdomen porte son extrémité sur la surface liquide, et les œufs allongés sortent, passant à mesure entre les pattes de derrière entre-croisées. La mère en façonne ainsi une espèce de radeau en les accolant les uns contre les autres. Sa forme est celle d'un fuseau : il se renfle au milieu et s'amincit aux deux extrémités. Le radeau est abandonné à la chaleur solaire, et, au bout de deux jours, apparaissent des larves ressemblant à de très-petits poissons, à corps allongé et diaphane, à grosse tête, à œil noir. Elles aiment les eaux croupies, se trouvent dans les tonneaux d'arrosage, etc. Dès qu'on agite l'eau, elles fuient de toutes parts en faisant de nombreux soubresauts. Elles sont sans pattes ; de courtes antennes poilues les aident à nager avec vivacité (fig. 279). En outre, une roue loco-

motrice de cils, servant aussi de branchies, entoure
l'orifice anal; l'avant-dernier anneau porte un tube destiné à puiser l'air en nature au-dessus de l'eau. En
quinze jours ou en trois semaines, cette larve éprouve
trois ou quatre mues. Elle sort de l'eau la région dorsale du thorax. La peau se dessèche et se fend, et tout
le corps parvient à sortir par cette ouverture, en laissant l'ancienne peau flotter à la surface de l'eau. A la
dernière mue, la larve du cousin prend l'aspect d'une
nymphe encore mobile. La forme est tout à fait changée; le thorax, très-élargi, gonflé d'air, vient flotter;
l'abdomen, replié en dessous, se termine par des bat-
tants membraneux qui aident l'animal à nager, et aussi
par deux larges branchies. La respiration se fait en outre par deux tubes, simulant deux cornes, implantés
sur le thorax. La nymphe monte à la surface de l'eau;
elle déroule sa queue, son thorax se boursoufle et crève
entre les deux cornets respiratoires. La dépouille de la
nymphe forme alors une nacelle, au centre de laquelle
sort d'abord la tête du cousin. Il se dresse verticalement
comme un mât, et l'esquif tournoie sous le vent sans
chavirer et se remplir d'eau. Ensuite, les pattes et les
ailes se dégagent; les pattes se posent sur l'eau, les
ailes s'écartent. Si la brise souffle doucement sur ces
voiles, cent fois plus fines que la dentelle, le navigateur
est poussé vers la rive; si un vent impétueux s'élève, la
frêle embarcation est submergée, et le cousin trouve la
mort dans les flots qui tout à l'heure lui donnaient la
la vie.

Les *maringouins* ou *moustiques*, très-voisins des cousins, sont le fléau des pays humides, plus encore dans
les régions froides que sous les tropiques (fig. 280). Ils
rendent certaines localités inhabitables. Ils sont en telle
quantité dans le haut Canada, pays des grands lacs, que
les bisons sauvages et les bestiaux passent les mois d'été

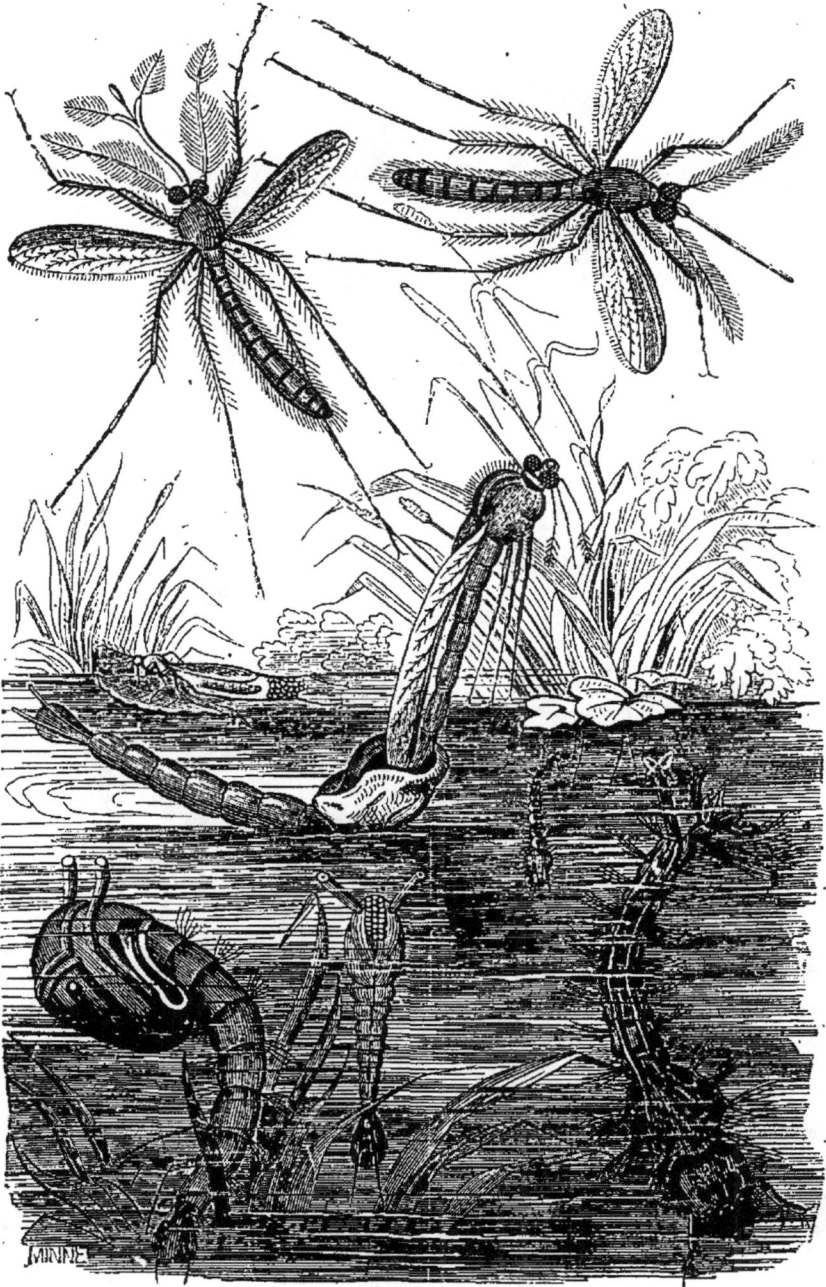

Fig. 279. — Le cousin, mâle et femelle, nymphe, larve, cloison.
(Figures très-grossies.)

enfoncés dans l'eau tout le jour, ne laissant sortir que le mufle, tant ils sont tourmentés par ces insectes. Nous empruntons sur ces moustiques du Nord de curieux extraits à l'exploration du capitaine Bach, à la re-
cherche de la rivière du Poisson qui se jette dans l'océan Arctique améri-
cain (*Voyages dans les gla-ces du pôle arctique*, Hervé et de Lanoye. Paris, Ha-chette, 1865, p. 323 et 330).

« Parmi les nombreuses misères inhérentes à la vie aventureuse du voyageur, il n'en est point, dit Bach,

Fig. 280.
Ædes cendrés, moustique grossi.

de plus insupportable et de plus humiliante que la torture que vous fait subir cette peste ailée. En vain vous es-sayez de vous défendre contre ces petits buveurs de sang, en vain en abattez-vous des milliers, d'autres mil-liers arrivent aussitôt pour venger la mort de leurs compagnons, et vous ne tardez pas à vous convaincre que vous avez engagé un combat où votre défaite est cer-taine. La peine et la fatigue que vous éprouvez à chasser ces innombrables assaillants deviennent à la fin si gran-des, qu'à moitié suffoqué vous n'avez d'autre ressource que de vous envelopper d'une couverture et de vous jeter la face contre terre, pour tâcher d'obtenir quelques mi-nutes de répit. Les vigoureuses et incessantes attaques de ces insectes montrent bien toute l'impuissance de l'homme, puisque avec toutes ses forces si vantées, il ne peut venir à bout de repousser ces faibles atomes de la création. »

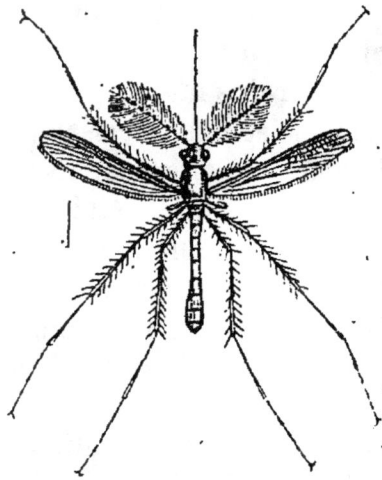

Et plus loin :

« Mais comment décrire les souffrances que nous cau-
sèrent, dans ce trajet, les moustiques et leurs alliés les
maringouins ? Soit qu'il nous fallût descendre dans des
abîmes où la chaleur nous suffoquait, ou passer à gué
des terrains marécageux, ces persécuteurs s'élevaient en
nuages et obscurcissaient l'air. Parler et voir était également difficile ; car ils s'élançaient sur chaque point de
notre corps qui n'était pas défendu, et y enfonçaient en
un instant leurs dards empoisonnés. Nos figures ruisse-
laient de sang comme si l'on y eût appliqué des sangsues.
La cuisante et irritante douleur que nous éprouvions,
immédiatement suivie d'inflammation et de vertige, nous
rendait presque fous. Toutes les fois que nous nous ar-
rêtions, et nous y étions souvent forcés, nos hommes,
même les Indiens, se jetaient la face contre terre en
poussant des gémissements semblables à ceux de l'a-
gonie.

« Comme mes bras avaient moins souffert, je cherchai
à me garantir moi-même en faisant tournoyer un bâton
dans chaque main ; mais en dépit de cette précaution, et
malgré les gros gants de peau et le voile que j'avais
pris, je fus horriblement piqué. »

A ce sujet, il rapporte une anecdote assez curieuse :

Leur guide Maufelly, le voyant remplir sa tente de fumée, se jeter à terre, agiter des branches pour chasser
les intolérables insectes, témoigna sa surprise de ce qu'il
ressemblait si peu à l'ancien capitaine, sir John Franklin. Il paraît, en effet, que celui-ci, se faisant scrupule
de tuer une mouche, avait assez d'empire sur lui-même
pour continuer tranquillement son ouvrage, en dépit de
toutes les piqûres de ces venimeux essaims, et ne leur
faisait lâcher prise que lorsqu'ils étaient à moitié
gorgés.

Un jour qu'il en était affreusement tourmenté, il se

contenta de souffler dessus en disant : « Allez, le monde
est assez grand pour vous et pour moi. »

C'est pour se garantir des moustiques que beaucoup
de peuplades sauvages s'enduisent le corps de graisse, et
que le pauvre Lapon se condamne à vivre dans une hutte
enfumée. Les régions boréales, et aussi, moins souvent,
les vallées humides des Cévennes, des basses Alpes offrent parfois de véritables nuées de moustiques noirâtres
qui obscurcissent littéralement l'éclat du jour. Ainsi,
dans les Cévennes, au commencement de septembre,
« des ouvriers employés au reboisement d'une partie de
la montagne de l'Espérou ont été témoins d'un phénomène extraordinaire dans ces contrées. A deux heures
du soir, un bruit sourd et monotone, à peu près analogue
à celui que produit un orage lointain, fixa leur attention
sur un épais brouillard qui traversait un mamelon à environ deux kilomètres devant eux. L'air était très-calme ;
ils furent étonnés de ce bourdonnement, et leur première pensée leur fit croire à un incendie du côté de
l'Espérou ; mais voulant connaître la cause réelle de ce
brouillard intense, ils ne furent pas peu surpris lorsque,
s'étant avancés, ils reconnurent que c'était une colonne
immense de moucherons dont la longueur était de plus
de 1,500 mètres sur une largeur de 50 et une hauteur
de 50. Cette colonne d'insectes se dirigeait de l'est à
l'ouest[1]. » Les cousins et les moustiques ont la bouche
munie de stylets très-grêles, capables cependant de percer les peaux les plus épaisses. La salive est venimeuse
et produit des ampoules causant une douleur qui persiste longtemps.

Les *tipulaires* ressemblent d'aspect aux cousins, mais
ils ont la bouche trop faible pour attaquer l'homme et
les animaux, et ne peuvent que sucer les fluides végé-

---

[1] Bibliothèque des Merveilles, *les Météores,* p. 254.

taux. Il en est dont les larves vivent dans l'eau. Tel est le
chironome plumeux, dont la larve, d'un beau rouge de
sang, ressemble à un ver délié. Cette larve, connue sous
le nom de *ver de vase*, est fort recherchée des pêcheurs
parisiens pour amorcer les lignes destinées aux petits
poissons. On amoncelle en tas le sable retiré de la Seine,
surtout près d'Asnières, on laisse l'eau s'égoutter, et on
récolte en abondance, en fouillant le sable, ces larves

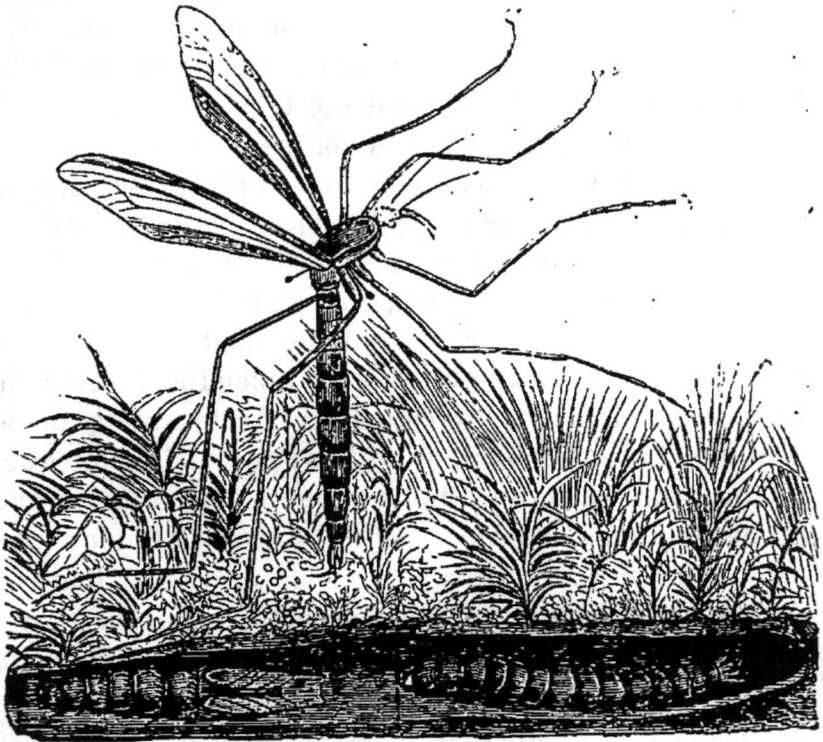

Fig. 281. — Tipule des potagers pondant, nymphe, larve.

qu'on doit conserver toujours humides. De grandes espèces de tipules se voient dans les champs et dans les
jardins potagers. Souvent on les aperçoit, appuyées sur
les feuilles par leurs longues pattes, balançant leur
corps d'un mouvement saccadé et rapide. La tipule femelle pond sur le sol humide (fig. 281). Les larves al-

longées, grises, sans pattes, à la tête écailleuse, dévorent les racines, et sont souvent très-nuisibles aux légumes. Elles changent de peau pour devenir une nymphe immobile, laissant reconnaître les ailes et les pattes couchées de l'adulte.

Dans ces tipulaires nous devons citer les *mycétophiles*, dont les larves à tête noire vivent dans les champignons, les *sciara*, amies des truffes, mais ne servant nullement à propager ce savoureux cryptogame ; les petites *cécidomyes*, dont plusieurs espèces attaquent les céréales. Une d'elles ravage les blés en Amérique, et a reçu dans ce pays le nom de *mouche de Hesse*, car elle fut importée avec les grains destinés à nourrir les troupes mercenaires de Hesse dans la guerre de l'Indépendance.

La *Cécidomye du froment* cause parfois beaucoup de ravages dans nos blés. De la moitié de juin à la moitié de juillet, on voit s'abattre le soir les myriades funestes, afin de pondre sur les épis. Elles y passent la nuit, et, par les temps couverts, pondent quelquefois pendant le jour. Ces cécidomyes sont de très-petites mouches jaunes, ayant un peu l'apparence svelte et grêle de nos cousins. Les femelles, longues de 2 millimètres, sont d'un beau jaune citron, quelquefois tendant à l'orangé. Leur tête porte de gros yeux noirs, des antennes longues en grains de chapelet, et le thorax a des ailes transparentes ciliées sur les bords. Leur corps se termine par une longue tarière, aussi ténue qu'un fil de ver à soie ; elles l'enfoncent entre les glumes des épillets, avant la floraison, et les œufs qui descendent par ce conduit écloront en leur temps à l'abri des intempéries. Le mâle, beaucoup plus rare, se distingue de la femelle par un corps moins long, dépourvu de tarière, une couleur plus foncée, d'un jaune brun, les ailes légèrement enfumées, à nervures plus visibles (fig. 282, 283). Au bout de quelques jours, les larves sortent des œufs. D'abord blanchâtres, elles deviennent bien vite d'un jaune vif, et, sous cette dernière couleur, on les voit très-facilement au nombre de cinq, dix et même vingt pour un seul grain. Selon la

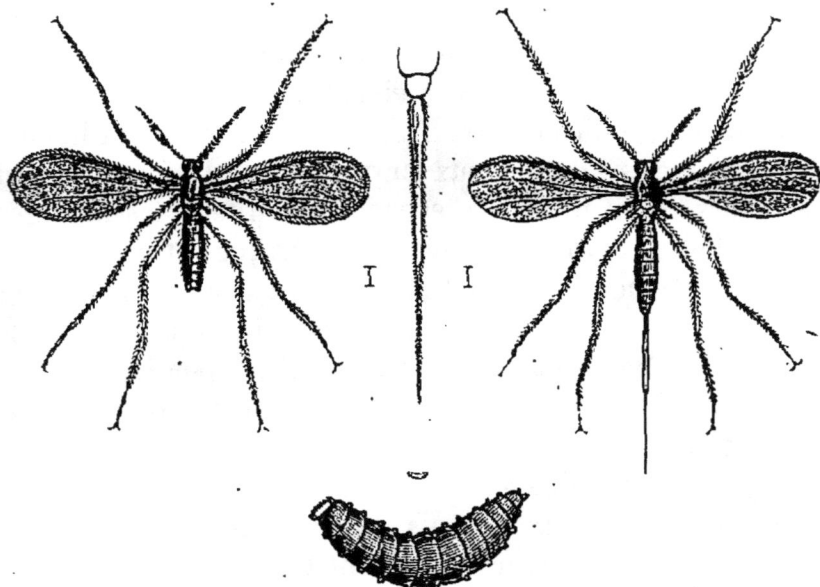

Fig. 282, 283 et 284. — Cécidomye du froment, mâle, femelle, larve, très-grossis.

quantité de ces larves apodes (fig. 284), le grain avorte complétement ou reste contourné et amaigri, destiné au vannage à grossir le tas du *petit blé*, souvent plus riche en son qu'en farine.

Les larves bien développées doivent gagner la terre pour y chercher un abri. Pour exécuter cette manœuvre, elles se courbent en arc de cercle et se lancent dans l'espace, de peur de rester accrochées à l'épi ; toutefois quelques larves demeurent dans les épis et sont transportées dans les granges. La grande majorité se réfugie au pied des chaumes. Pendant le restant de l'été, l'automne, l'hiver, le printemps, elles demeurent engourdies, sans métamorphose, à l'*état dormant*. Puis elles

restent quelques jours en nymphe, et l'adulte prend son
essor au mois de juin. On trouve souvent à cette époque
des cécidomyes naissantes qui sortent de la terre qui,
l'année précédente, était couverte de blé. Aussi, M. C.
Bazin, à qui nous empruntons ces utiles notions, conseille, pour détruire ces petites mouches si nuisibles,
de retourner les chaumes aussitôt après la moisson, ou
de les herser, ou de les
brûler, ou enfin d'y ré-
pandre des tourteaux
de colza ou de navette
développant une es-
sence insecticide.

Mais les meilleurs
agents de destruction
sont des êtres aussi
chétifs que les fléaux
dont ils nous déli-
vrent. Des parasites de
la famille des Procto-
trupides [hyménoptè-
res du genre *Platygas-
ter* (voir fig. 285)] viennent pondre sur les
larves des cécidomyes
des œufs d'où sorti-
ront les microscopi-
ques protecteurs de la
récolte. On peut dire
que ces petits insectes
noirs, à pattes fauves,
ignorés de tous, et
dont les larves dévo-
rent les jeunes cécido-
myes, sont de véritables agents providentiels auxquels

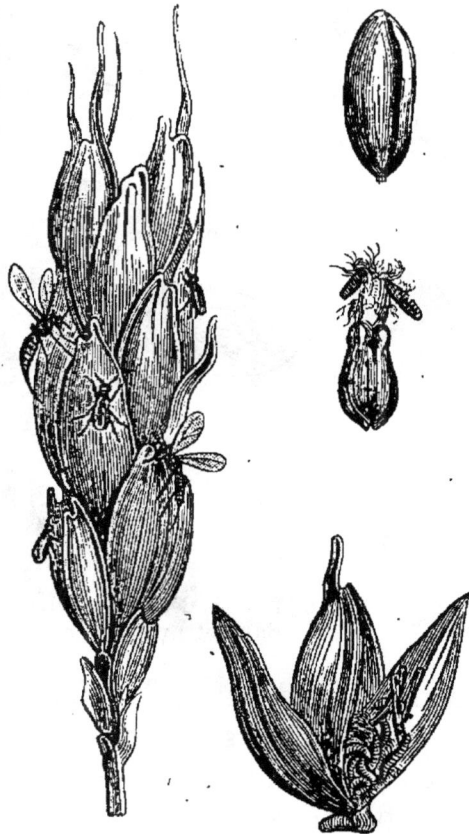

Fig. 285, 286 et 287. — Ponte des cécidomyes du froment et de leurs parasites. —
Larves rongeant les grain entre les glumes. — Grain attaqué avec deux nymphes et grain sain.

l'humanité a dû bien des fois sa préservation contre de hideuses famines (fig. 285, 286, 287).

D'autres cécidomyes ont été l'occasion récente de découvertes très-étranges, celles d'un mode de reproduction tout à fait insolite dans une classe aussi élevée que les insectes, et qu'on croyait seulement propre aux animaux les plus dégradés. On savait que des vers parasites

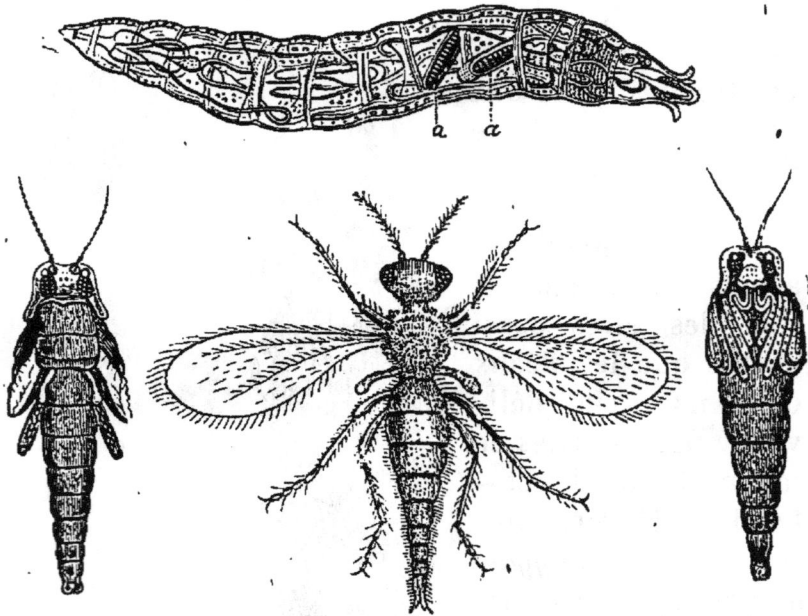

Fig. 288, 289 et 290. — Cécidomye vivipare et petites larves incluses. — Adulte et nymphe en dessus et en dessous.

du foie, les distomes, pondaient des œufs d'où naissaient des larves sans sexes, dites *Scolex*. Dans celles-ci se formaient d'autres larves, incluses à l'intérieur et en sortant par déchirement, devenant enfin, après une série de métamorphoses, des distomes à sexes distincts et ovigères. Un naturaliste russe, M. N. Wagner, trouva dans les tiges du peuplier et du saule de petites larves de cécidomyes (ou d'un genre très-voisin), ayant quelques millimètres de longueur. A leur intérieur se formèrent de

petites larves, déchirant ensuite la peau de leur mère
pour devenir libres, et présentant, quelques jours après,
de nouveaux embryons de larves incluses (fig. 288).
C'est dans cette série d'emboîtements que se passa la fin
de l'été, l'automne, l'hiver et presque tout le printemps
suivant. Puis apparurent des larves plus petites qui se
changèrent en nymphes allongées (fig. 289), de couleur
orange, ayant d'un et demi à deux millimètres et demi
de longueur. Au bout de quelques jours, il en sortit des
adultes, mâles et femelles, à ailes peu nervulées, ciliées,
à grands balanciers (fig. 290). Les femelles ont des œufs
énormes pour leur taille, de près d'un millimètre, de
sorte que cinq suffisent à remplir son abdomen. Il en
provient les curieuses larves citées plus haut.

Cette espèce fut retrouvée en Danemark sous l'écorce
d'une bûche de hêtre; une autre, à larves vivipares moitié plus petites, en Allemagne, dans des résidus altérés
de betteraves ayant servi à la fabrication du sucre; enfin
on observa en Russie une troisième espèce voisine, de
taille intermédiaire, dont les larves vivaient en hiver
dans le plancher vermoulu d'une maison, dans de
vieilles graines et divers détritus. Il sera fort intéressant
de rechercher en France des espèces pareilles ou analogues, qui doivent certainement exister; mais nous pré-
venons avant tout que, pour entreprendre ces curieuses
explorations, il faut un fort microscope et surtout l'habitude de s'en servir.

Les diptères dont il vient d'être question ont de longues antennes (*némocères*). La plus grande partie, au
contraire, des insectes de cet ordre, ne présente que des
antennes courtes (*brachocères*), formées de trois articles,
dont le troisième est comme un gros bouton renflé, présentant sur le côté une tige grêle, avec indices d'articulations, qui sont le reste de l'antenne, déplacé et atrophié.

Parmi ces brachocères est un genre qui partage avec

les fourmilions, de l'ordre des névroptères, le curieux
instinct de la chasse à l'affût dans un entonnoir. Aussi
l'insecte s'appelle *ver-lion* ou *vermilion*, d'après les
mœurs de sa larve. Cette curieuse bête fut indiquée pour
la première fois en 1706, sous le nom de *fourmi-renard*,
et étudiée en 1753 par Réaumur, puis par de Géer, en
Suède, sur un individu envoyé par Réaumur à la reine
Ulrique-Éléonore, sœur de Charles XII, passionnée pour
l'entomologie, et possédant un riche musée d'insectes de
tous pays. On trouve l'espèce (*Leptis* ou *Psammorycter
vermileo*) en Provence, dans le Lyonnais, en Auvergne.
Réaumur la chercha vainement aux environs de Paris,
où elle n'a pas encore été trouvée, à ma connaissance.
Cette larve, comme celle des fourmilions, et souvent en
leur compagnie, se tient au pied des murs dégradés ou
au bas des talus abrités de la pluie par une roche en
surplomb.

Le corps de la larve, d'un gris sale, un peu jaunâtre,
va régulièrement en augmentant de grosseur de la tête
à la région opposée. La tête est effilée comme celle des
asticots, et rentre au repos dans le premier anneau du
corps. Il en sort deux mandibules en forme de dards,
qu'elle enfonce dans ses victimes, et dont elle se sert
comme point d'appui pour marcher, tirant son corps
après elle. En outre, elle saute en débandant sa région
postérieure. Le dernier anneau, plus long que les autres
et un peu aplati, se recourbe en dessous, comme un
crampon qui fixe la larve au sable de l'entonnoir pendant que sa proie se débat. Il se termine par quatre appendices charnus, que Réaumur compare à une main
ouverte à quatre doigts. Elle n'a pas de pattes et s'enfonce comme un éclair dans le sable dès qu'on touche à
son entonnoir; très-agile, elle s'élance du fond sur la
victime, qui y tombe, et l'enlace comme un petit ser-
pent. Elle ne commence pas par tracer l'enceinte de son

entonnoir, ainsi que le fourmilion. Elle s'enfonce dans
le sable, de haut en bas, par sa tête pointue. Le sable
est lancé au dehors par les inflexions alternatives de son
corps ; parfois il se plie en compas, dont la plus longue
branche tourne autour de la plus courte, formée par la
partie postérieure, de
sorte que le bout de la
partie antérieure jette le
sable en tournoyant. On
comprend que ce mou-
vement est très-propre à
faire un cône ; aussi,
l'entonnoir du vermilion
est plus profond, eu
égard à sa taille, que
celui du fourmilion, et
à parois plus abruptes

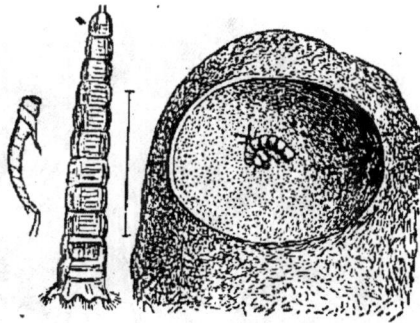

Fig. 291. — Entonnoir, larve et nymphe
du vermilion.

(fig. 291). Il en aplanit les bords escarpés en frottant
son corps contre eux, et lance une pluie de sable sur
l'insecte infortuné qui cherche à lui échapper en remontant la surface du cône meurtrier.

La larve paraît vivre plusieurs années. Elle devient
nymphe sans faire de co-
que ; entourée de grains
de sable collés à elle et
gardant la peau de larve
plissée et attachée au
dernier segment. La
nymphe fait pressentir
les formes de l'adulte.
Elle a une petite tête, un
thorax renflé et comme
bossu, avec des ailes en-
roulées autour du tho-

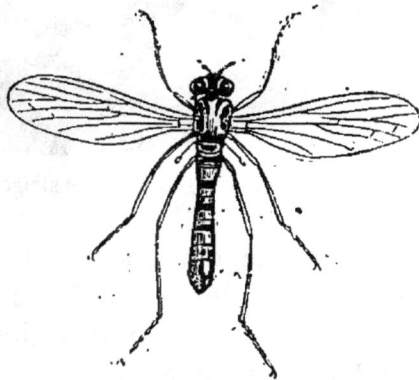

Fig. 292. — Vermilion adulte, grossi.

rax, des rudiments de pattes, un abdomen long et

mince. Au bout de quinze jours, vers la fin de juin, les
adultes sortent de la peau de la nymphe fendue sur le
dos. Ils sont jaunâtres, avec des traits et des taches
noires, et ont un aspect général de tipules, en raison de
leur corselet renflé et de leurs longs balanciers (fig. 292).
Souvent ils recourbent en dessous leur abdomen, grêle à

Fig. 293. — Leptis strigosa mâle et femelles.

l'origine, déprimé, arrondi à l'extrémité. Ces diptères
ont un vol léger et rapide ; au repos, leurs ailes transparentes, légèrement embrunies et irisées, se placent l'une
sur l'autre le long du corps, atteignant presque l'extrémité de l'abdomen.

Nous avons près de Paris plusieurs espèces de Leptis.

L'une d'elles, le *Leptis strigosa*, plus grande et plus robuste que le *vermileo*, à ailes maculées de gris jaunâtre, se trouve dans nos bois en mai et juin. Les femelles, plus grosses que les mâles, à abdomen en pointe extensible pour pondre dans les trous, ont les ailes moins tachetées. Les deux sexes se posent au soleil, sur les troncs d'arbre, avec une sorte d'obstination, et toujours la tête en bas. La larve ne fait pas d'entonnoir (fig. 293).

Nous avons parlé précédemment de ces psithyres qui, vêtus comme les maîtres de la maison, vont introduire sous ce déguisement leurs enfants à la table des enfants légitimes, et partagent la pâtée de miel et de pollen des larves de bourdons. Un artifice analogue sert à certains diptères à pénétrer dans les nids des hyménoptères sociaux. Ce sont les *volucelles*, qu'on voit en été et en automne tournoyer dans nos bois d'un vol rapide et bourdonnant.

Leur corps paraît souvent comme vésiculeux par la transparence des téguments. Tantôt elles sont velues et ornées de poils jaunes, blancs et rouges comme les bourdons chez lesquels elles pénètrent ; ou bien, faiblement poilues et parées de bandes jaunes et brunes, elles ressemblent aux guêpes et aux frelons, et envahissent sans crainte, sous ce masque trompeur, leur asile redoutable (fig. 294). Il semble prouvé par là que les insectes n'ont pas à distance une vision très-nette, et sont plus facilement impressionnés par les couleurs que par les formes des objets. Les volucelles pondent dans les gâteaux, mais leurs larves, bien moins innocentes que celles des psithyres, puissamment cuirassées contre l'aiguillon, dévorent les larves des hyménoptères. Réaumur avait observé les ravages des larves du *Volucella bombylans* dans les nids de bourdons. M. Künckel a étudié complétement les métamorphoses de cette espèce et de plusieurs autres. Il a constaté les plus curieux changements dans

les terminaisons extérieures de l'appareil respiratoire.
Chez la larve, hérissée de spinules, on trouve quatre stigmates, deux antérieurs au second anneau, deux postérieurs au douzième. Les pattes existent bien développées.
Lors de la nymphose, le tégument s'isole de la peau de
la larve ; on a une pupe, plus raccourcie, offrant aussi
des couronnes de spinules. Ces pupes des volucelles ont
été découvertes par M. Künckel[1]. Les orifices d'entrée

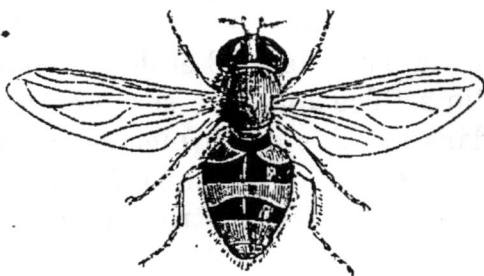

Fig. 294.
Volucella zonaria,
adulte.

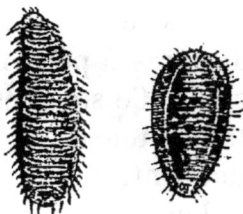

Fig. 295 et 296.
Larve et pupe de Volucella
Zonaria.

de l'air ont disparu, et la région antérieure offre au dos
deux tuyaux qui simulent deux courtes cornes. A leur
surface est un nombre considérable de petits orifices
d'entrée de l'air, spéciaux à ces pupes (fig. 295, 296).
Enfin, chez l'adulte, cet appareil transitoire si singulier
n'existe plus ; il y a sept paires de stigmates aux places
habituelles, et cette multiplicité d'orifices correspond à
des trachées perfectionnées. Nous représentons les divers
états du *Volucella zonaria* des nids de frelons et aussi de
guêpes.

Les larves, sans pattes, ne changent pas de peau, dans
la grande majorité des espèces de diptères à courtes an-

---

[1] La figure que M. Künckel nous permet de donner est encore
inédite.

tennes, pour prendre l'état intermédiaire, mais deviennent des pupes brunes et immobiles dans l'ancienne peau séchée, à l'intérieur de laquelle s'organise l'adulte, sans que rien au dehors atteste sa forme. La plus grande puissance de locomotion que présente le règne animal est celle de certains de ces diptères, si l'on considère que, malgré leur petite taille, nous en voyons des espèces, en été, attirées par l'odeur, suivre quelque temps des convois de chemins de fer lancés à toute vitesse et pénétrer dans les wagons. Écoutons Macquart nous exposer le rôle harmonique de l'ordre innombrable des Diptères.

« Voyez ces nuages vivants de tipulaires qui s'élèvent du sein de nos prairies comme l'encens de nos temples, et qui rendent également hommage à la Divinité en nous montrant sa puissance créatrice ; voyez ces myriades de muscides répandues sur toutes les parties du globe, tourbillonnant autour de tous les végétaux, de tous les êtres animés, et même particulièrement de tout ce qui a cessé de vivre : la profusion avec laquelle ils sont jetés leur fait remplir deux destinations importantes dans l'économie générale : ils servent de subsistance à un grand nombre d'animaux supérieurs ; l'hirondelle les happe en rasant l'eau ; le rossignol les saisit de son bec effilé pour les porter à ses nourrissons ; ils sont pour tous une manne toujours renaissante. D'autre part, ils travaillent puissamment à consommer et à faire disparaître tous les débris de la vie, toutes les substances en décomposition, tout ce qui corrompt la pureté de l'air : ils semblent chargés de la salubrité publique. Telle est leur activité, leur fécondité et la succession rapide de leurs générations, que Linné a pu dire, sans trop d'hyperbole, que trois mouches consomment le cadavre d'un cheval aussi vite que le fait un lion. »

Les plus connues des mouches proprement dites sont celles qui sont attirées par les matières putréfiées ou mortes. La *mouche domestique*, si commune dans les maisons, pond ses œufs dans le fumier où vivent ses larves. Éloignez avec soin les amas de fumier des maisons de campagne si vous voulez diminuer en été leur innombrable multitude. Les animaux abattus, les viandes dépecées attirent aussitôt des légions de diptères, parmi lesquels la *mouche à viande* (*Calliphora vomitoria*), d'un bleu d'acier, et la *mouche dorée* (*Lucilia Cæsar*), qui y pondent des œufs, et les *sarcophages*, mouches grises, rayées de noir, qui déposent de petites larves vivantes, les œufs étant éclos dans le corps de la mère (fig. 297). Les femelles ont l'abdomen prolongé pour la ponte en une sorte de tuyau. Les larves molles, sans pattes, blanches, rampant sans cesse en contournant leurs anneaux, sont les *asticots* des pêcheurs à la ligne. Elles deviennent des pupes brunâtres. Il se dégage de la chaleur de ces animaux à nutrition si active, et les pêcheurs en éprouvent la sensation quand ils versent ces larves dans leur main engourdie par le froid. Ces mouches, attirées par les odeurs fortes, pondent parfois accidentellement sur les plaies de l'homme, ou s'introduisent dans la bouche et dans les narines de malheureux endormis dans une dégoûtante ivresse. Depuis que les condamnés aux travaux forcés sont transportés à Cayenne, on a déjà constaté cinq cas mortels causés par un insecte de ce groupe, nommé par le docteur Coquerel *Lucilia hominivorax* (fig. 298, 299). D'autres condamnés ont perdu le nez. La larve, à crochets des mandibules très-aigus, vit dans l'intérieur des fosses nasales et des sinus frontaux. On en voit gagner le globe de l'œil et gangrener les paupières ; elle peut entrer dans

Fig. 297.
Sarcophage de la viande.

a bouche, corroder les gencives, l'entrée de la gorge, dévorer le pharynx, avec les symptômes d'une angine aiguë. Les malades commencent par éprouver un fourmillement dans les fosses nasales, puis du mal de tête, un gonflement du nez. Ils ressentent une douleur sous les orbites comme si l'on y appliquait des coups de barre. Vient ensuite une ulcération du nez d'où sortent les larves, puis une réaction inflammatoire très-vive amène une méningite ou un érysipèle du cuir chevelu, suivi de

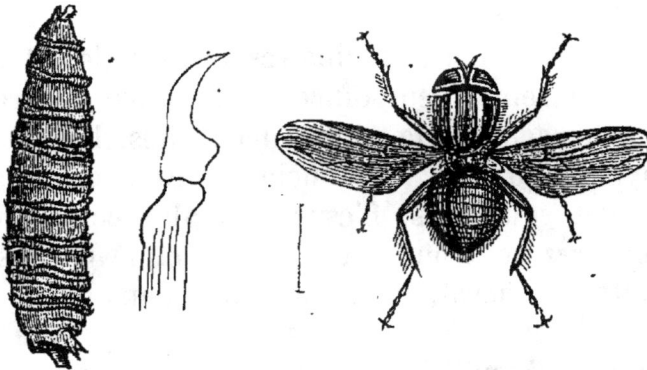

Fig. 298 et 299. — *Lucilia hominivorax*, larve, adulte.

mort. Des larves, sorties des malades, ont été nourries de viande, et on a obtenu la mouche. Celle-ci n'est pas un parasite de l'homme, car les véritables épizoïques ne tuent pas leurs animaux; ils sont destinés à vivre l'un de l'autre. Il n'y a que des faits accidentels dus à une horrible malpropreté et à l'ivresse ; un des malheureux qui ont succombé aux larves de cette mouche était atteint de boulimie ou faim insatiable, et dévorait souvent des viandes gâtées. La larve en question est connue à Cayenne sous le nom de *ver macaque* et avait été indiquée par Arture, médecin du roi, en 1753. Il est probable que le *ver moyacuil* du Mexique, qui attaque l'homme et le chien, est une espèce analogue. Le docteur Coquerel a aussi fait connaître une autre mouche (*Idia Bigoti*) piquant,

au Sénégal, les soldats des petits postes de la côte, probablement en introduisant sa tarière dans la peau avant
de pondre. La larve a été rencontrée dans des furoncles
du dos, des bras, des jambes. Les nègres sont souvent
attaqués par cet insecte et savent très-bien extirper la
larve. Enfin, tout récemment, une mouche d'un autre
genre, dite au Sénégal *mouche de Cayor*, couverte de
poils d'un gris jaunâtre, et nommée par M. E. Blanchard
ochromye anthropophage, vit à l'état de larve, au Cayor,
dans des tumeurs sous-cutanées de l'homme, et aussi, je
crois, de divers animaux.

Quand les mouches ordinaires des viandes et des cadavres ont rempli leur office, tout n'a pas encore satis-
fait à la voracité de la gent à deux ailes. Des mouches,
qu'on peut qualifier de funèbres, vivent de la graisse
des os des squelettes. L'espèce la plus célèbre de ces
thyréophores se trouve, en janvier et février, sur les
squelettes de cheval, de mulet, d'âne, dans les charniers
des équarisseurs. Elle est très-rare et singulière, parce
que sa tête répand, la nuit, une lueur phosphorescente,
peut-être pour éclairer l'insecte dans son œuvre de dernière destruction. Une autre espèce, plus commune, fréquente les squelettes des chiens morts dans la campagne. Le squelette du roi de la création n'est pas à l'abri
des outrages de ces mouches. Une imperceptible espèce
réduit en poussière impalpable les os, les ligaments, les
muscles desséchés. Elle abondait, dans l'année 1821,
sur les préparations du Musée de l'École de médecine de
Paris.

D'autres muscides déposent toujours leurs œufs dans
des animaux vivants, et leurs larves doivent se nourrir
des tissus animés. Les hyménoptères ne sont pas les
seuls auxiliaires que la nature nous présente pour détruire les insectes hostiles à l'agriculture. Une foule de
mouches, nommées pour cette raison *entomobies*, ont

des larves dont l'instinct est de dévorer les amas graisseux des insectes, pour n'attaquer qu'à la fin de leur
existence les viscères essentiels de l'insecte dont le corps
est à la fois leur berceau et leur magasin de vivres. Ces
entomobies peuvent subsister dans beaucoup d'insectes
d'ordres différents, et même dans des araignées ; mais
elles attaquent surtout les chenilles des lépidoptères.
Les mouvements inquiets de la tête, les poils, les épines
défendent peu les chenilles. La mouche pond ses œufs
sur la peau, sans faire de trous à la façon des femelles
des ichneumoniens. Les petites larves, écloses très-
promptement, se hâtent de déchirer la peau de la chenille avec leurs crochets ; parvenues à toute leur croissance, elles sortent de la chenille ou de la chrysalide,
et très-rarement de l'adulte, et deviennent pupes immobiles dans leur dernière peau durcie. Il faut remarquer
que les larves doivent se métamorphoser au dehors,
parce que la mouche adulte manque d'organe pour perforer la peau de l'animal où a vécu la larve. En Chine,
les vers à soie sont attaqués par des insectes de cette
section ; ce qu'on nomme la *maladie de la mouche*. J'ai
publié, pour la première fois, des observations analogues faites en France sur des vers à soie élevés à Passy
par M. Caillas. L'instinct avait trompé la femelle de
l'entomobie, cherchant seulement de la chair vivante
pour ses enfants, car les larves ne peuvent sortir de l'é-
pais cocon, et les mouches y trouvent la tombe à côté
du berceau. C'est en ouvrant des cocons destinés au
grainage et qui ne donnaient pas de papillons qu'on a
pu reconnaître ces faits.

Il ne faudrait pas croire que les mouches produisent
seulement la mort de chétifs insectes (les cas mortels
pour l'homme sont des accidents anomaux). Une des
causes qui rendent si difficile l'exploration de l'intérieur
de l'Afrique est l'existence d'une simple mouche (*Glos-*

sina morsitans) nommée la *tsetsé*. Cette mouche infeste
d'une manière permanente le centre de l'Afrique australe, entre 18° et 25° lat. sud et de 22° à 28° long. Elle
remonte périodiquement vers le nord en certaines saisons, car elle fut indiquée autrefois par Agatharchides,
puis par Bruce en Abyssinie. Ne peut-on pas admettre,
qu'à l'ordre du Seigneur, dépassant ses limites ordinaires, elle causa la quatrième plaie d'Égypte? « Une multitude de mouches très-dangereuses vint dans les maisons de Pharaon, de ses serviteurs, et par toute l'Égypte. »
(Exode, chap. viii, v. 24.) La cinquième plaie, la peste
sur les bêtes, devient alors la conséquence de la quatrième.

Les premiers renseignements positifs sur ce terrible
insecte sont ceux de MM. Livingstone et Oswald, qui le
rencontrèrent en 1849 dans leur voyage au Zambèse, sur
la rive méridionale du Chobé, un des affluents septen-
trionaux du lac Ngami. La tsetsé n'est pas plus grosse
que la mouche domestique ; elle est brune avec quelques raies jaunes et transversales sur l'abdomen (fig. 300,
301). Ses ailes sont plus longues que son corps. Sa vue
est très-perçante ; et, rapide comme la flèche, elle s'é-
lance du haut d'un buisson où elle guette ses victimes,
et immédiatement sur le point qu'elle veut attaquer.
C'est une suceuse de sang. Si on la laisse agir sans la
troubler, dit M. Livingstone[1], on voit sa trompe se diviser en trois parties dont celle du milieu s'insère assez
profondément dans votre peau. La piqûre prend une
teinte cramoisie ; l'abdomen de la mouche, flasque et
aplati auparavant, se gonfle peu à peu, et, si l'insecte
n'est pas tourmenté, il s'envole tranquillement aussitôt
qu'il est gorgé de sang. Une légère démangeaison succède à cette piqûre, mais n'est pas aussi sérieuse que

[1] *Explorations dans l'intérieur de l'Afrique australe*, par le docteur Livingstone. Hachette, 1859, p. 86, 92 et suiv.

celle causée par un moustique. Les enfants de M. Livingstone étaient souvent piqués par cette mouche. Il n'y a aucun danger pour l'homme, pour tous les animaux sauvages, et parmi les animaux domestiques pour le porc, la chèvre, l'âne, le mulet et les veaux tant qu'ils tettent leur mère. Par une étrange exception, cette piqûre est mortelle au bout de quelques jours pour le

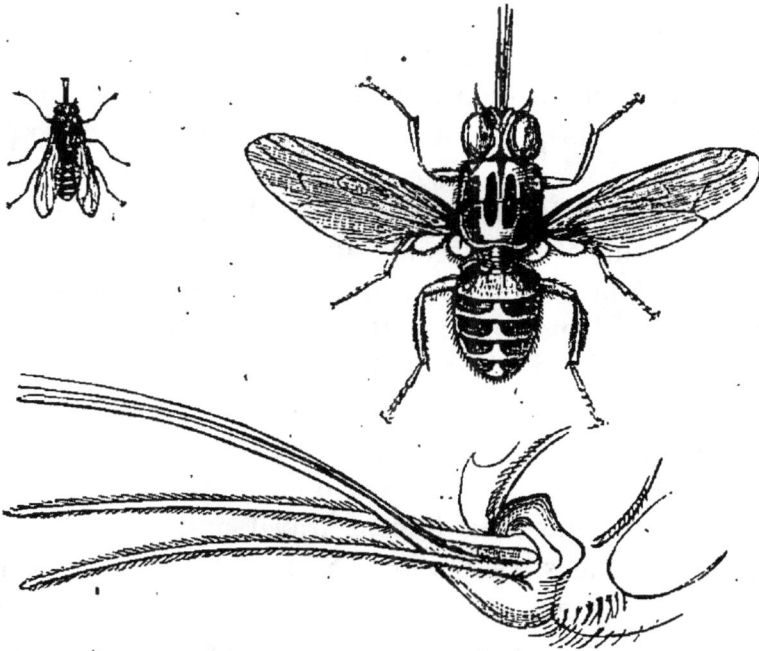

Fig. 500 et 301. — Mouche tsetsé de grandeur naturelle et grossie, avec détail des pièces buccales.

bœuf, le cheval, le mouton et le chien. C'est un empoisonnement du sang produit par le venin que sécrète une glande placée à la base de la trompe de la tsetsé. M. Livingstone perdit quarante-trois bœufs magnifiques qui, bien surveillés, n'avaient reçu chacun que très-peu de piqûres. Au bout de peu de jours, le bœuf piqué rend par les yeux et le mufle un mucus abondant. La peau tressaille et frissonne comme sous l'impression du froid.

Le dessous de la bouche enfle, les muscles deviennent flasques. Il en est qui sont pris de vertige et deviennent aveugles. Un bruit sourd et prolongé sort de l'intérieur du corps quand l'animal mange. Au bout d'une à deux semaines, il meurt dans un état d'amaigrissement considérable. A l'autopsie, le tissu cellulaire paraît boursouflé, la graisse changée en un liquide jaune verdâtre ; le sang est devenu albumineux et tache très-peu les doigts. C'est à peine s'il en est resté. La chair est molle, le foie et le poumon altérés, et le cœur, semblable à de la viande macérée dans l'eau, est tellement mou et vide que les doigts qui le saisissent se rencontrent en le pressant.

La mouche tsetsé paraît peu en plaine, mais fréquente les buissons et les roseaux qui bordent les fleuves et les marais. Son bourdonnement, bien connu des bestiaux, les frappe d'épouvante. Elle est localisée dans certains cantons de la manière la plus complète et ne franchit jamais leurs limites. Les deux rives du Zambèse en sont infestées, et beaucoup de peuplades qui les habitent ne peuvent avoir d'autre animal domestique que la chèvre. Quand des troupeaux doivent traverser les domaines de cette mouche si redoutable, on choisit les clairs de lune des nuits de la saison froide, où elle est trop engourdie pour piquer. Les docteurs indigènes ont aussi mis à profit le dégoût qu'inspirent aux tsetsés les excréments des animaux ; on barbouille de fiente mêlée de lait les bœufs qui doivent traverser les cantons dangereux. Les rares observateurs de la tsetsé ne nous ont encore rien appris de certain sur ses métamorphoses. Ils s'accordent à dire que sa disparition suivra celle des animaux sauvages devant l'extension de l'empire de l'homme et l'emploi des armes à feu, car le sang de ces animaux est sa seule nourriture.

Il semble que les diptères sont les insectes créés le plus

spécialement pour vivre aux dépens des grands animaux.
Les *œstres*, au corps velu, à la bouche à peine formée chez
l'adulte, ne paraissent pas prendre de nourriture à l'état
parfait, ou ils ne vivent que peu de jours (fig. 302, 305).

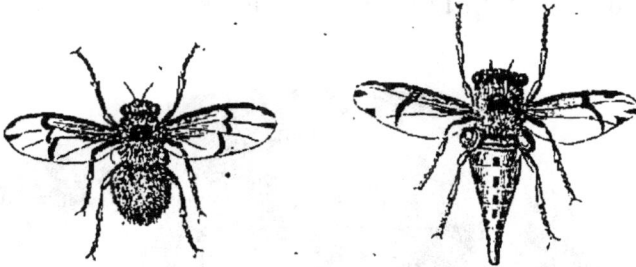

Fig. 502 et 505. — Œstre du cheval, mâle et femelle.

Les femelles s'approchent des chevaux, se balancent
quelque temps les ailes ouvertes, puis fondent comme
un trait, l'abdomen replié. Un œuf adhère au poil touché par le diptère. Le même manége est répété un grand

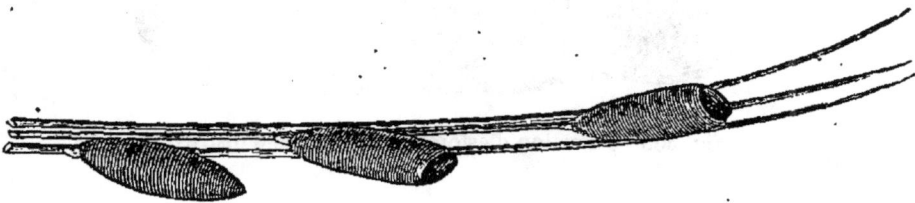

Fig. 504. — Œufs collés aux poils.

nombre de fois. Le noble quadrupède redoute singulièrement ces contacts renouvelés, qui lui causent des ti-
tillations excessives. Il se frotte contre les arbres, cher-,
ché à replier sa tête entre les jambes de devant quand
l'insecte a touché ses lèvres, enfin quitte le champ de
bataille dans un état de rage, et, si son galop rapide ne
suffit pas pour le soustraire à l'ennemi, n'a d'autre ressource que de se plonger dans de l'eau. Les œufs sont
déposés sur les poils dans toutes les parties que la lan-

gue du cheval peut atteindre (fig. 304). De ces œufs munis d'une opercule sortent des petites larves. En se léchant, le cheval les colle à sa langue, puis, avec la nourriture, elles passent dans l'estomac. Les larves s'accrochent aux parois par des couronnes de crochets qui les entourent et qui leur servent aussi à ramper (fig. 305).

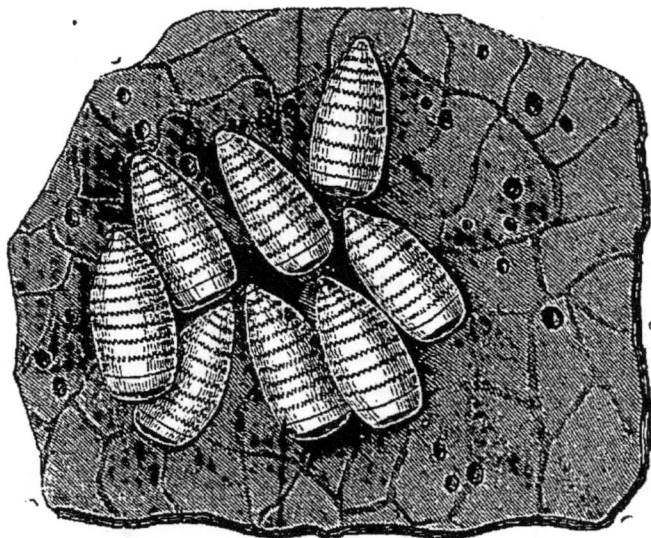

Fig. 305. — Portion d'estomac avec larves d'œstres.

Quand leur développement au moyen de sucs digestifs est achevé, elles sortent avec des excréments et, dans leur peau durcie, deviennent pupes à la surface du sol. La *céphalémye du mouton* pond ses œufs dans les narines de l'animal; les larves remontent avec leurs crochets dans les cavités olfactives. On trouve fort souvent ces larves dans les boucheries quand on fend les têtes de mouton pour en extraire la cervelle. C. Duméril rapporte avoir recueilli les insectes adultes en grande quantité sur les solives du plafond des bergeries. Au moment où cet insecte touche le nez du mouton, le pau-

vre animal secoue la tête et frappe violemment la terre
avec ses pattes de devant. Il se sauve, le museau baissé
contre le sol, il flaire l'herbe en courant de crainte
qu'une autre mouche n'y soit cachée, et, s'il l'aperçoit,
s'éloigne avec terreur. Il cherche les ornières pleines de
poussière, et y place son museau pour en rendre l'accès
impossible.

Les larves des genres voisins doivent vivre dans des
tumeurs excitées par elles. Les femelles déposent l'œuf
sur la peau percée ensuite par les larves. Ces larves sont
munies de crochets pour se mouvoir dans leur horrible

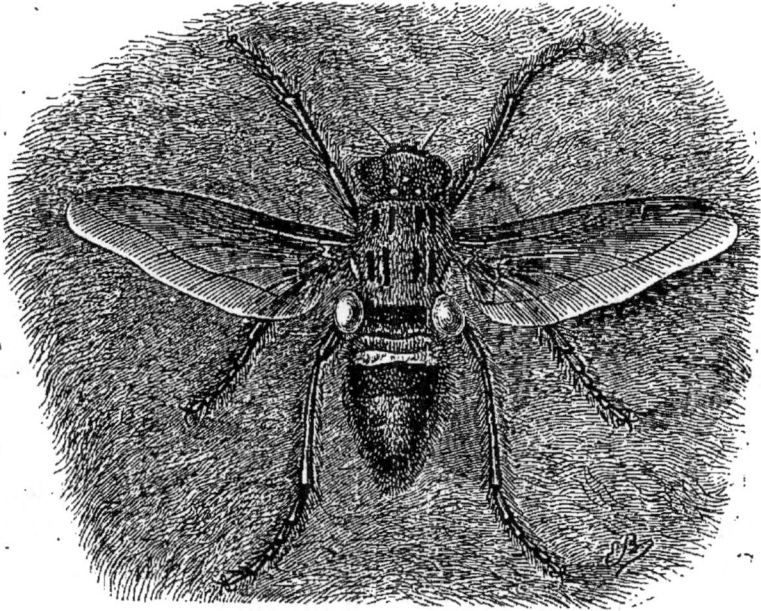

Fig. 306. — Hypoderme du bœuf, très-grossi.

berceau. Elles en sortent et se laissent tomber sur le sol
à l'état de pupes encore molles. L'*hypoderme du bœuf* en
France fait développer des tumeurs sur le dos du bétail.
Réaumur en étudiait les larves sur les vaches de l'abbaye
de Malnoue en Brie. Les diptères qui proviennent de ce

20

genre de larves sont très-velus, et Réaumur les compare
à des bourdons. Leurs cuillerons sont très-développés, et
leurs balanciers ont de gros boutons ovales (fig. 306).
D'autres espèces produisent des tumeurs sur le dos des
cerfs, des daims et des chevreuils dans nos bois, et les
oiseaux insectivores viennent parfois les becqueter et les
débarrasser des larves. Le renne, dans les marécages
glacés de la Laponie, souffre des attaques d'un diptère
analogue, et une espèce spéciale vit aussi sur l'élan aux
bois gigantesques. Dans les pays tropicaux, les *cutérébrés*
ont les mêmes mœurs. Une espèce, à la Nouvelle-Grenade
(*Cuterebra noxialis*) couvre de tumeurs les bœufs et les

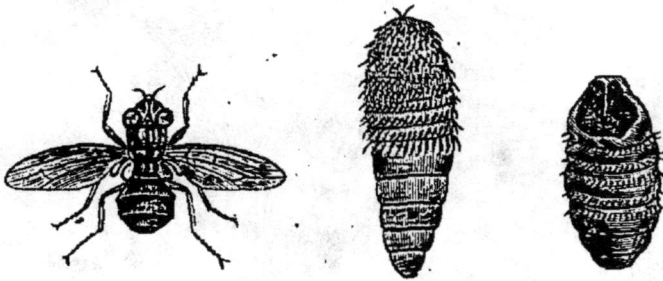

Fig. 307, 308 et 309. — Cutérébré nuisible, adulte, larve, nymphe.

chiens (fig. 307, 308, 309). Ce diptère est aussi à redou-
ter pour l'homme, et l'on voit souvent le ventre des naturels couvert de petites tumeurs où vit la larve pourvue
de cercles de crochets. Quand ces larves se sont fixées
sur les jambes, elles peuvent produire de graves ulcères,
avec de vives douleurs, et mettre obstacle à la marche.
On les force à sortir au moyen de cataplasmes de tabac.

Les derniers diptères présentent les signes de la dégradation la plus manifeste. Ils ne peuvent plus vivre
seuls, mais courent entre les poils ou les plumes de certains mammifères et oiseaux. Les balanciers ont disparu ;
les ailes ne leur servent qu'à passer d'un animal à

l'autre; la bouche est munie de deux soies qu'ils enfoncent dans la peau pour aspirer le sang ou la graisse.
Enfin l'abdomen, sorte de poche volumineuse, est garni
d'une peau très-extensible. Ce sont les métamorphoses
qui rendent curieuse au plus haut point cette famille
d'insectes dégénérés. Elles ont été très-bien décrites par
Réaumur sur la *mouche-araignée* du cheval, qu'on trouvé
en été entre les poils du ventre des chevaux et sous la
queue. Tous ces insectes très-agiles, courant même de
côté, à longues pattes munies de forts ongles crochus
pour se cramponner aux poils ou aux plumes, ressemblent à des araignées. On voit sortir de l'abdomen dis-
tendu des femelles non pas un œuf, mais une énorme
masse blanche, presque aussi grosse que la mère, en
forme de lentille ronde et plate. C'est une larve qui a ac-
compli son évolution à l'intérieur du corps de la mère.
Bientôt elle brunit et l'on reconnaît que réellement le

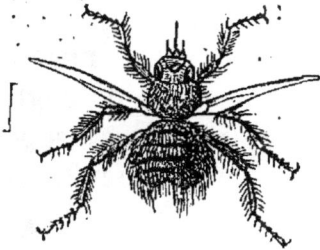

Fig. 310.
Sténoptéryx de l'hirondelle,
grossi.

Fig. 311.
Mélophage du mouton,
grossi.

diptère a mis au monde une pupe, d'où l'insecte parfait sort bientôt en soulevant la portion supérieure
comme un couvercle. L'*hippobosque du cheval* a les ailes
assez développées; elles deviennent longues et très-
étroites dans le *sténoptéryx de l'hirondelle*, qu'on rencontre entre les plumes des jeunes hirondelles et dans
les nids de ces oiseaux (fig. 310). Elles sont presque

nulles dans une espèce qui vit sur le cerf, le *leptotène du cerf*, et enfin manquent tout à fait dans les *mélophages*, qui restent accrochés au milieu de la toison des moutons (fig. 311). Leur présence nous explique ces vols d'étourneaux suivant les troupeaux, et se cramponnant sur le dos des moutons au point de s'empêtrer parfois les pattes dans la laine; ils cherchent ces diptères parasites. La tête se distingue à peine du thorax chez tous ces insectes imparfaits; elle se confond tout à fait avec lui dans les *nyctéribies* cachées entre les poils des chauves-souris et ressemblant tout à fait à des araignées qui n'auraient que six pattes (fig. 312). On ne sait trop si ces singuliers insectes ont des métamorphoses. Les diptères nous conduisent ainsi, de dégradation en dégradation, aux insectes épizoïques, les poux des mammifères et les ricins des oiseaux, chez lesquels les changements se réduisent à de simples mues.

Fig. 312. — Nyctéribie de la chauve-souris, grossie.

INSECTES A MÉTAMORPHOSES INCOMPLETES

CHAPITRE VIII

ORTHOPTÈRES

Les perce-oreilles. — Les blattes cosmopolites et leurs ravages. — Les mantes et les empuses ; chasse à l'affût. — Les érémiaphiles du désert. — Les baciiles pareils à des branches. — Les grillons et les courtilières. — Les sauterelles, leur chant. — Les acridiens voyageurs, dévastations; l'Algérie en 1866 et 1875.

Il y a encore des broyeurs et des suceurs dans les insectes où les changements se bornent à l'acquisition graduelle des ailes. Les orthoptères sont les gros mangeurs de la création entomologique. Leurs estomacs multipliés rappellent les animaux ruminants. Leurs espèces sont peu variées, mais nombreuses en individus, au point de constituer parfois d'épouvantables fléaux. Ces insectes ne sont pas d'une organisation élevée ; les sens et les instincts sont médiocres ; tout paraît subordonné à une continuelle voracité. En effet, au sortir de l'œuf, ces insectes sont déjà ce qu'ils seront plus tard au point de vue de l'appareil digestif. Ils sont agiles et mangeront à tous les âges de leur existence; une évolution considérable s'est donc accomplie à l'intérieur de l'œuf. C'est l'opposé des hyménoptères.

Nous commencerons l'étude des orthoptères par un petit groupe dont l'aspect rappelle les staphylins. Les *forficules* présentent, sous de très-courtes élytres, des ailes très-larges, se repliant d'une façon compliquée, et que l'insecte emploie rarement. Le plissement est à la fois en éventail et deux fois en travers (fig. 313, 314, 315). On a répandu, fort à tort, la fable que ces insectes

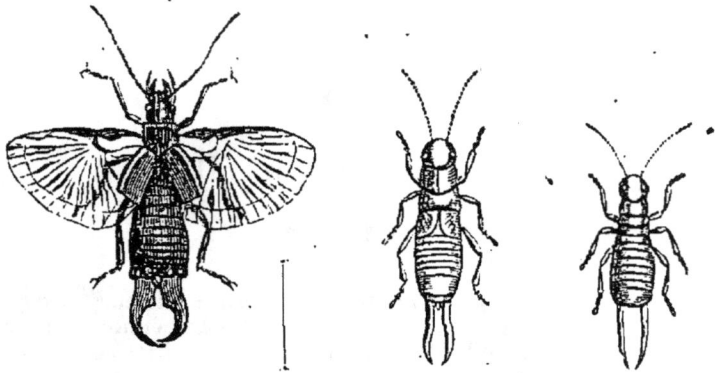

Fig. 313, 314 et 315.
Forficule auriculaire, adulte grossi, nymphe et larve.

peuvent entrer dans les oreilles, les percer à l'intérieur et pénétrer dans le cerveau. Il est probable que cette erreur découle d'une fausse interprétation de leur nom. La pince qui termine leur abdomen ressemble aux anciennes pinces des bijoutiers pour percer les oreilles des enfants. Elle ne serre pas d'une façon sensible et ne fait aucun mal, sauf chez de très-gros sujets.

Les forficules fuient la lumière, vivent de fruits et de détritus, mangent l'intérieur des fleurs, surtout des roses, des dahlias, des œillets, des oreilles-d'ours. Les femelles pondent leurs œufs en tas, dans un coin obscur, sous une écorce. Elles se tiennent au-dessus, comme des poules sur leurs poussins. Si on les disperse, la mère les recueille et les transporte délicatement. Les

petits éclosent vers le mois de mai, d'abord blancs,
presque transparents. La mère veille sur eux et les protége jusqu'à ce que les larves soient devenues brunes et
assez fortes. Ces soins après l'éclosion sont très-rares
chez les insectes. J'aimerais à pouvoir dire que les jeunes
forficules récompensent par leur affection cette touchante
sollicitude ; mais je ne sais pas faire de roman à propos
d'histoire naturelle. Les jeunes larves se hâtent de
manger cette tendre mère si elle vient à mourir, de
même que frères et sœurs dévorent les plus faibles
d'entre eux.

Les autres orthoptères coureurs nous offrent une famille encore plus nuisible, celle des *blattes*. Ce sont des
insectes nocturnes, à couleurs brunes ou fauves. Elles
étaient bien connues des anciens. Horace leur reproche
de dévorer les vêtements comme les teignes. Virgile
croit, à tort, qu'elles vont dévaster, la nuit, les ruches
des abeilles. « Les dépôts amoncelés par les blattes [1] lucifuges souillent les rayons, » dit-il (*Géorg.*, livre IV,
v. 243).

Ces insectes ont un corselet large, cachant la tête, de
longues antennes ténues, des pattes grêles, mais fortes ;
aussi sont-ils très-agiles. Leur corps aplati leur permet
de passer à travers les fentes des caisses et, dans les
voyages au long cours, on est obligé de protéger les objets contre leur voracité en les enfermant dans des boîtes
de fer-blanc soudées à l'étain. Les femelles, très-fécondes,
pondent leurs œufs entourés d'une coque en forme de
haricot ou de fève, où chaque œuf a sa capsule. Elles
traînent avec elles cette coque, la surveillent, la fendent
et aident les larves à sortir des œufs. Les blattes sont omnivores, et répandent une odeur forte qui reste sur tout
ce qu'elles touchent. Les substances alimentaires sont

---

[1] Peut-être le mot *blatta* désigne-t-il les cloportes, crustacés
lucifuges.

surtout l'objet de leur gloutonnerie. Comme les dermestes, elles n'ont plus de patrie, et se naturalisent partout où le commerce les transporte. Quelques petites espèces vivent dans nos bois sous les mousses. Deux espèces,
qui sont en liberté près de Paris, dans les bois, sont devenues domestiques dans les maisons en raison d'un cli-
mat plus rude, et très-nuisibles dans les pays du Nord,
la *blatte germanique* en Russie et la *blatte laponne*, dans
les huttes des pauvres Lapons, où elle dévore les poissons fumés préparés pour l'hiver. Ces insectes voraces
s'excluent l'un l'autre des maisons, et la blatte laponne,
la plus faible, a dû se réfugier tout à fait au Nord. Chez
nous ils sont de même probablement chassés par le *Pe-
riplaneta orientalis*, ou *kakerlac oriental*. Les pays
chauds nous ont transmis par les vaisseaux les hideux
cancrelats ou *kakerlacs*, à ailes plus courtes que les
vraies blattes, manquant quelquefois chez les femelles.
Le *kakerlac américain* infeste les navires, court la nuit
sur les passagers endormis, se trouve dans les docks,
les raffineries de sucre exotique, et a été apporté dans
les serres du Muséum. Cette espèce est un véritable fléau
à la Havane. Aussi l'on conserve avec grand soin des
crapauds dans les maisons pour s'en débarrasser. Ces
utiles batraciens se promènent partout très-respectés, et
courent sans cesse à la recherche des kakerlacs. Les
dames du pays les tolèrent, même sous leurs robes, en
raison de leurs continuels services. On cite un voyageur
nouvellement débarqué se réveillant au milieu de la nuit
et voyant dans la chambre, autour de son lit, cinq
énormes crapauds. Effrayé de ce cénacle étrange, il appelle. Un enfant de la maison arrive, se contente de
prendre chaque crapaud, un par un, sans lui faire
aucun mal, et de le porter dans une pièce voisine. Le
kakerlac oriental, de l'odeur la plus repoussante, est
bien plus répandu dans l'Europe. On le nomme *cafard*,

noirot, bête noire, blatte des cuisines, etc. (fig. 516). Il
aime la chaleur, vit dans les boulangeries, dans les cuisines, près des machines à vapeur, se cache dans les
fentes des murailles, contre les gonds des portes.

. Des maisons ont été rendues inhabitables du fait de
cet insecte. Un jugement de la cour de Bordeaux, du
17 janvier 1869, confirme une résiliation du bail avec
dommages-intérêts accordés aux locataires d'un hôtel
garni infecté par ces blattes. Les experts avaient constaté, qu'avec deux kilogrammes de poudre insecticide
répandue à minuit dans les salles fréquentées par ces
animaux, on avait ramassé, quatre heures après, 2,244
de ces insectes.

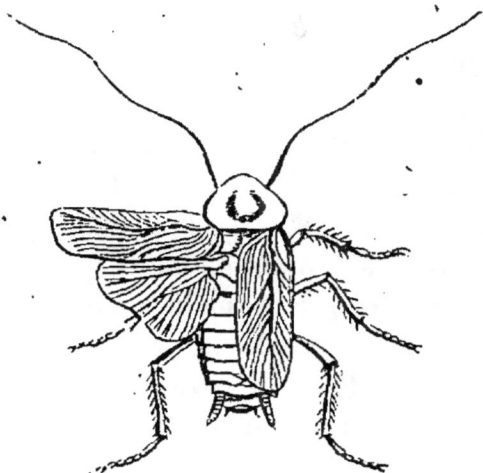

Fig. 516. — Kakerlac oriental.

Qu'on entre à l'improviste dans le calme de la nuit,
avec une lumière, dans la cuisine de quelque restaurant
mal tenu, on verra ces révoltants animaux courir sur
les tables, dévorant tous les débris d'aliments. On dit
que la *blatte géante,* de l'Amérique du Sud, ronge, pendant la nuit, les ongles des gens endormis.

Que ne peut-on naturaliser dans nos maisons un autre

groupe d'orthoptères de mœurs bien différentes, avides
chasseurs d'insectes ? Ils renferment aussi leurs œufs
dans des coques oblongues, à plusieurs loges, attachées
aux branches. Ces *mantes* sont remarquables par leur
corps élancé, leurs grandes ailes. Théocrite, dans une
de ses idylles, donne ce nom, par analogie, à une jeune
fille maigre, à bras minces et allongés. Ces insectes
assez lents, verts ou jaunâtres comme les feuilles avec
lesquelles on les confond, emploient la ruse pour chasser. Ils s'approchent peu à peu, en tapinois, des insectes
et tout à coup les saisissent entre la jambe et la cuisse
de devant, repliées l'une contre l'autre, garnies d'épines
acérées qui s'entre-croisent. Près de Buénos-Ayres est
une espèce de mante qui ronge la tête des petits oiseaux,
et, dans l'Amérique du Nord, il en est qui attaquent les
jeunes grenouilles et lézards. Qu'on se défie, en saisissant les mantes, des blessures aiguës de ces pattes ravisseuses. La férocité de ces élégants insectes est incroyable ; les petites larves sans ailes s'attaquent au
sortir de l'œuf, les femelles mangent les mâles qui sont
plus petits qu'elles. Poiret rapporte qu'ayant voulu
donner un mâle à une mante femelle qu'il conservait en
captivité, celle-ci coupa immédiatement la tête de son
époux infortuné ; puis le ménage parut vivre en excellente
intelligence ; mais, le lendemain, la femelle, se ravisant,
acheva complétement le mâle pour son déjeuner. En
Chine, les enfants s'amusent à mettre des mantes dans
de petites cages et à les regarder se battre avec leurs
pattes de devant, jusqu'à ce que l'une mange la tête de
l'autre. L'attitude d'affût a valu à ces insectes leur nom,
qui signifie *devin* (fig. 317). On s'est imaginé qu'immobiles pendant des heures entières, le corps et les pattes
relevés en avant, ils interrogeaient l'avenir. On les
nomme, dans le midi de la France, *préga-diou* (prie-
Dieu) ; on a vu une adoration dans la pose de leurs pattes

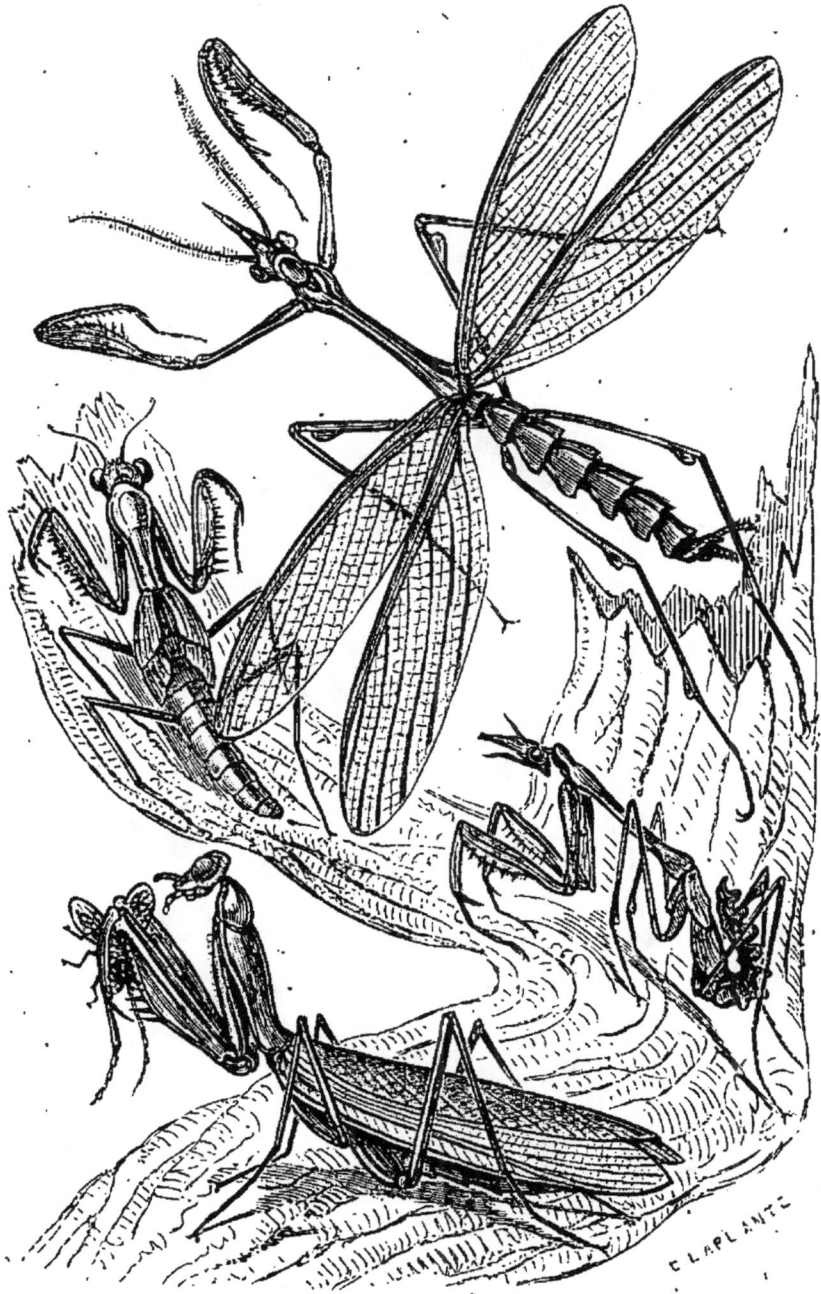

Fig. 517   518. — Mante religieuse et sa larve; empuse appauvrie mâle et sa larve.

ravisseuses. Au dire d'une légende monacale, l'apôtre
des Indes et du Japon, saint François Xavier, aperçut
un jour une mante qui tenait ses bras étendus vers
le ciel, et la pria de chanter les louanges de Dieu;
aussitôt l'insecte entonna un cantique des plus édi-
fiants.

Ce sont de sanguinaires prières que les leurs! Les
noms d'espèces portent la preuve de ces croyances
superstitieuses. La *mante religieuse* s'avance, en France,
jusqu'à Fontainebleau et à Lardy et aussi, parfois, près
du Havre. La *mante oratoire*, plus petite, s'étend moins
loin. On a eu l'idée que les mantes indiquent le chemin
qu'on leur demande par le mouvement d'une des pattes
de devant. L'ancien naturaliste Moufet rapporte avec
bonhomie : « Cette petite bête est réputée si divine,
qu'à l'enfant qui l'interroge sur son chemin, elle l'en-
seigne en étendant une de ses pattes, et le trompe
rarement ou jamais. » Les *empuses*, à longue tête grêle,
avec des antennes à deux rangs de barbules chez les
mâles, ont les mêmes mœurs (fig. 318). On en trouve
une espèce en Provence. Les femelles ont les antennes
très-grêles; les larves de mâles ont déjà les antennes
élargies.

Dans les déserts de la haute Égypte, sur des sables
sans la moindre végétation, courent les *érémiaphiles*,
petites mantes trapues et à organes du vol rudimentaires.
Ces insectes ont pris exactement la couleur grise, jaune
ou rouge des sables sur lesquels ils vivent. Il y a là,
comme moyen de protection, une véritable adaptation
volontaire à la couleur des sols. De même les caméléons
prennent la couleur des objets voisins, les soles et les
turbots celle des fonds sableux où ils se cachent à l'affût
de la proie. Chez ces vertèbres, si on leur crève les yeux,
la faculté imitatrice cesse. Peut-être en est-il de même
chez les érémiaphiles. Outre l Égypte, on en trouve quel-

ques espèces en Syrie et en Algérie, dans des lieux un peu moins arides que le désert libyque.

Aux environs de Cannes, d'Hyères, nous rencontrerons un orthoptère encore plus étrange. On dirait un mince bâton vert ou brunâtre. C'est le *bacille de Rossi*, inoffensif insecte vivant de feuilles, et qui échappe aux regards de ses ennemis par cette ressemblance. Il marche lentement sur les arbres, et reste au repos au soleil, les longues pattes de devant étendues (fig. 319). Les petites larves, toutes semblables à lui, à la taille près, se trouvent souvent dans les feuilles sèches. Cette curieuse espèce remonte jusqu'à la Loire. Ces insectes sans ailes n'ont que trois ou quatre mues ; ce sont de vraies larves devenant propres à la reproduction. Dans les pays tropicaux, on trouve de plus grandes espèces nommées vulgairement *bâtons animés, chevaux du diable, grands soldats de Cayenne;* d'autres espèces, pourvues d'ailes, s'appellent *spectres, feuilles ambulantes*, etc.

Rien de plus curieux que le *phénomène mimique* par lequel les phasmiens affectent la forme des branches ou des feuilles. Ils demeurent des heures entières collés sur les végétaux, immobiles, confondus avec la plante par la forme, les rugosités, la couleur, les expansions foliacées de leur corps ou de leurs membres. Ils trompent ainsi les yeux de l'homme et des oiseaux. Les espèces en forme de baguette cachent la tête entre leurs longues pattes de devant, étendues ou redressées en l'air; les autres pattes se portent en arrière, et parfois l'une d'elles se détache sur le côté, simulant une petite branche latérale qui complète l'illusion.

Les autres orthoptères, que nous passerons rapidement en revue, ont les pattes postérieures fortes et renflées et exécutent des sauts plus ou moins étendus. Il en est de fouisseurs, creusant des trous dans la terre pour y placer les œufs et s'abriter. Qui n'a vu, au soleil,

Fig. 519. — Bacille de Rossi, mâle, femelle et larves.

le *grillon champêtre*, l'œil au guet, à moitié hors de son
trou, montrant sa grosse tête noire (fig. 320)? Qu'on lui
présente une paille, il la saisit avec ses mandibules et
se laisse tirer au dehors ; d'où le proverbe de quelques
pays : Plus sot qu'un grillon. Il sort la nuit, chasse aux
insectes et mange aussi des végétaux. Le mâle appelle la
femelle en frottant l'une contre l'autre, ses élytres à
nervures épaisses. Les femelles ont une tarière prolongée

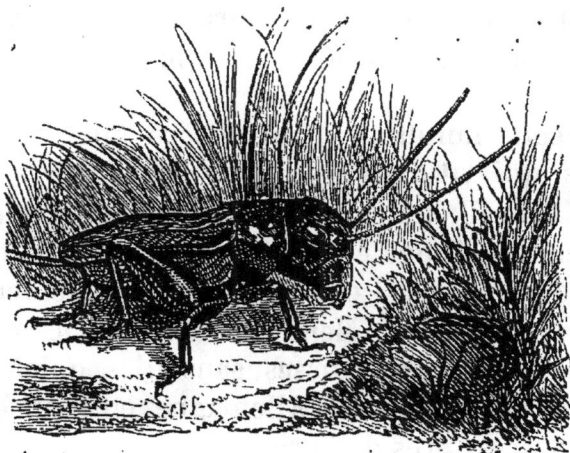

Fig. 320. — Grillon champêtre, mâle.

ou *sabre*, servant à la ponte. Les grillons sont très-fri-
leux et tournent toujours au midi l'orifice de leurs trous.
Au printemps, on ne voit guère que des larves qui ont
passé l'hiver engourdies ; les adultes sont morts. Le *grillon domestique*, qui mange nos provisions, est un peu plus
petit, d'une teinte jaunâtre et cendrée. Il se tient, le jour,
derrière les plaques des cheminées, dans les crevasses des
fours de boulanger. La nuit, il se promène et fait entendre son *cri-cri*. Il paraît toujours altéré, se noie dans les
vases pleins de liquide et fait des trous aux vêtements
humides qu'on met sécher. On prétend qu'en introduisant dans les cuisines des grillons champêtres, ils ont

21.

bientôt détruit les grillons domestiques et les blattes. Le
grillon sylvestre est beaucoup plus petit que les précédents, et parfois si commun dans les bois, que ses sauts
sur les feuilles sèches produisent le bruit de gouttes de
pluie. Il sort en troupes et au milieu du jour ; quelques sujets hivernent et reparaissent aux soleils de février. Moufet raconte que, dans certaines parties de
l'Afrique, on vend des grillons dans de petites cages,
et qu'on aime à entendre leur chant, qui provoque au
sommeil. Chez nous, au contraire, on a souvent re-
gardé comme de funeste augure le chant du grillon du
foyer.

Dans cette famille, il faut encore citer le *tridactyle
panaché*, qui vit dans les sables des rivières, ainsi sur
les bords du Rhône et de l'Adour, et, en Algérie, sur les
rives des lacs Tonga et Houbeira, près la Calle, dans la
province de Bone ; il creuse de longs puits verticaux et
saute très-agilement. Mentionnons aussi les rares *myr-
mécophiles*, à grosses cuisses, sans ailes, qu'on a trouvés
dans les fourmilières en Allemagne, en France, notamment à Sèvres, près de Paris.

Les *courtilières* sont des fouisseurs bien plus énergi-
ques que les grillons. Elles sautent encore moins bien.
Leurs pattes de devant sont élargies en pelles robustes,
ressemblant aux mains de la taupe ; de là le nom de
taupes-grillons donné à ces insectes. L'autre nom vient
du vieux mot *courtille* ou jardin, d'après le séjour habituel de ces orthoptères. Les ailes sont longues, repliées
en lanières. Elles servent peu ; cependant, le soir, la
courtilière vole en s'élevant un peu, puis retombant en
courbe. Le corselet très-vaste ressemble à une carapace
d'écrevisse ; il n'y a pas d'oviscapte saillant chez la
femelle ; il y a, dans les deux sexes, deux filets terminaux,
comme chez les grillons. Les courtilières vivent de végétaux et également de proie vivante, qu'elles cherchent

Fig. 321 — Courtilière, larves et œufs

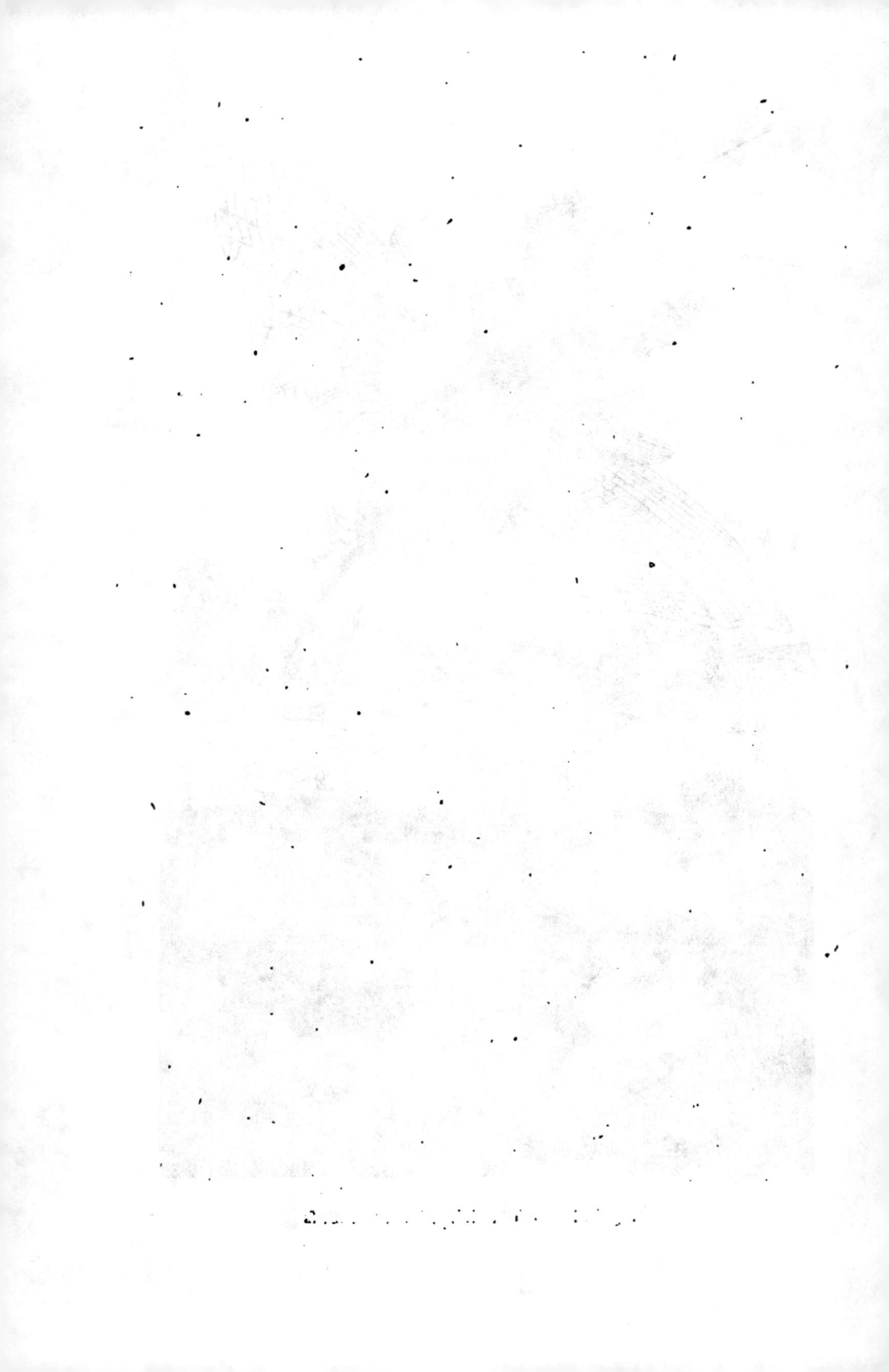

avec avidité en perforant les racines des plantes ; aussi sont-elles très-nuisibles. Elles se retirent volontiers dans le fumier, surtout à cause des insectes qu'elles y trouvent. La femelle creuse un trou ovale, chambre d'incubation où elle déposera ses œufs (fig. 321). Une galerie verticale y communique, et, en outre, des galeries en divers sens aboutissent à la galerie verticale, de sorte que l'insecte a de nombreux refuges. Les œufs éclosent vers la fin de l'été, et les larves, d'abord molles et blanches, sont gardées avec sollicitude par la mère, qui les tient rassemblées dans le nid, et va, dit-on, leur chercher de la nourriture. Elles ne deviennent nymphes, c'est-à-dire ne prennent des rudiments d'ailes, que l'année suivante. Il faut, paraît-il, trois ans pour le développement complet. Dès le mois d'avril, les mâles font entendre leur cri d'appel, sur une note lente, monotone, moins pénétrante que le grillon, ressemblant au cri de la chouette ou de l'engoulevent. Ce sont les mâles seuls, chez les courtilières et les grillons, qui peuvent striduler. Aussi, le poëte grec comique Xénarque félicite, dans une de ses pièces, les grillons mâles : « Que vous êtes heureux, dit-il, vous qui avez des femmes silencieuses ! »

Les sauts deviennent bien plus étendus chez les *locustiens*, qui marchent peu à cause de la grande disproportion de leurs pattes. Ce sont les *sauterelles*, c'est-à-dire les orthoptères sauteurs par excellence. Les femelles ont au bout de l'abdomen une longue tarière recourbée, à deux valves, qu'on appelle quelquefois leur sabre, et qui leur sert à entamer la terre pour y pondre leurs œufs. Ces œufs passent l'hiver, et les jeunes larves n'éclosent qu'au printemps suivant. Elles ressemblent dès lors complétement aux insectes parfaits, sauf les ailes, et on peut immédiatement en reconnaître l'espèce. Elles subissent trois mues, puis, à une quatrième, deviennent nymphes en prenant des rudiments d'ailes. Enfin, à la cinquième mue, du milieu de l'été à l'automne, les ailes sont développées, et l'insecte est apte à reproduire. Les sauterelles peuvent émettre des sons comme les grillons, surtout les mâles. C'est encore le même mécanisme ; ces insectes sont des cymbaliers et frottent leurs élytres l'une contre l'autre. Le son n'est plus produit dans toute l'étendue de l'élytre, mais à sa base, dans une partie transparente qu'on appelle le *miroir*. Une seule note répétée constitue ce chant monotone. Il est des espèces cachées dans l'herbe qui chantent le soir seulement ; d'autres se font entendre pendant le jour. Ainsi, la *grande sauterelle verte*, qu'on appelle à tort la *cigale* dans le nord de la France, fréquente les prairies un peu humides, les orties ; le mâle, perché sur quelque buisson, chante pendant toute la nuit à la fin de l'été. On croirait entendre *zic, zic, zic,* avec des interruptions égales à la durée de chaque note. A cette espèce se rapporte par erreur la célèbre fable de la Fontaine : *la Cigale et la Fourmi.* Je ne sais trop si le fabuliste connaissait la vraie cigale. Dans de très-anciennes éditions illustrées de ses fables, imprimées sous ses yeux, est dessinée la grande sauterelle verte. C'est, au contraire, pendant le jour qu'une aussi grosse espèce, le *dectique verrucivore,* au milieu des blés mûrs, produit une stridulation analogue, un peu plus lente (fig. 322). Au dire de Linnæus, les paysans suédois croient que cet insecte, en mordant les verrues qu'on a sur les doigts, les fait disparaître, grâce à la liqueur dégorgée. De petites espèces de dectiques, pareillement grises, habitent les prairies, et on trouve dans les vignes, en automne, quelquefois près de Paris, mais surtout dans le midi de la France, les *éphippigères* dont le corselet, fortement excavé, ressemble à une selle de cheval. Les mâles et les femelles sont également bruyants, en frottant l'une contre l'autre deux

écailles voûtées qui représentent leurs élytres rudimentaires. Tous ces insectes chanteurs sont très-timides,
et cessent de s'appeler dès qu'ils entendent le moindre
bruit.

·D'autres orthoptères, encore mieux organisés pour le·
saut que les précédents, par suite de la longueur et de
la force de leurs pattes postérieures, ne possèdent plus·

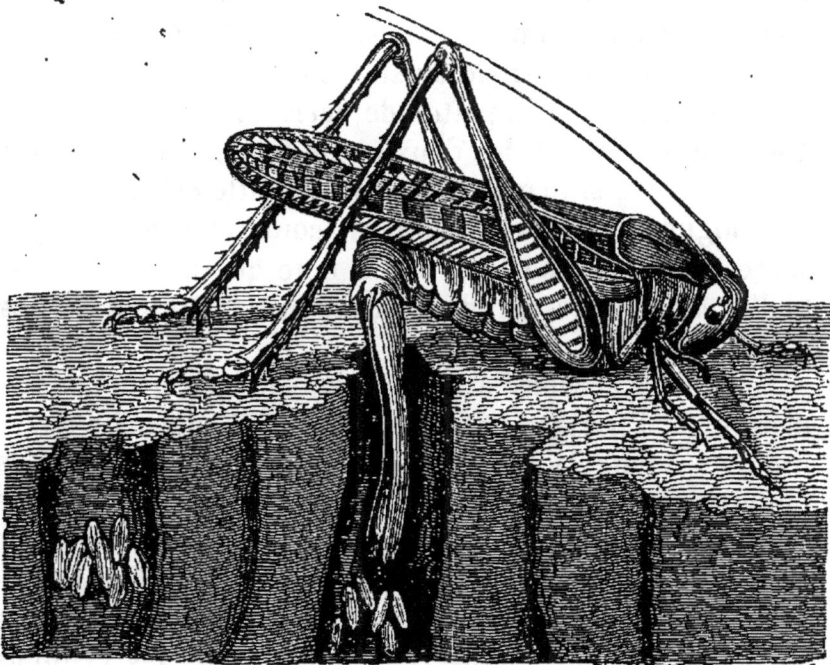

Fig. 522. — Dectique verrucivore pondant.

chez les femelles cette longue tarière de ponte des sauterelles. Ces *acridiens* ou *criquets* sont tous diurnes, et
aiment pour chanter à grimper au soleil sur les herbes ;·
ils fréquentent les lieux secs et recherchent la chaleur.
Les pays de montagnes en ont de nombreuses espèces,·
se rassemblant en grande quantité dans les sentiers qui
sillonnent les pentes gazonnées, là où les mulets ont répandu leur urine. Les chants des criquets sont plus va-

riés que ceux des sauterelles, peuvent avoir plusieurs
notes et se modifier, tantôt chant d'appel pour la femelle,
tantôt chant de colère, si plusieurs mâles se rencontrent.
Les sons sont moins musicaux que ceux des grillons et
des sauterelles. Il y a là plutôt un bruit de crécelle,
mais avec des timbres très-divers, selon les espèces,
comme si les pièces sonores étaient en carton, ou en
bois, ou en métal. Yersin, en Suisse, et M. S. Scudder, à
Boston, ont noté en musique les chants des orthoptères.
Les criquets sont des violonistes. Leur chant se produit
par le frottement des pattes de derrière contre les élytres. Ordinairement, les deux pattes frottent à la fois. La
note est grave si le mouvement de la patte est allongé et
lent, aiguë si ce mouvement est court et rapide. Il y a
des espèces où une tout autre note que la note habituelle est donnée par des mouvements alternatifs des
pattes.

Le chant s'accélère à mesure que le soleil monte au-
dessus de l'horizon, et se ralentit à l'approche de la
nuit, ou quand la saison devient plus froide. Enfin, les
femelles de ces mâles si bruyants, et les deux sexes de
certaines espèces, font le même mouvement des pattes
sans que notre oreille perçoive de son. Très-probablement, il y a là une musique très-douce qui n'est destinée
qu'à ses auditeurs naturels. Il semble que les criquets
musiciens habitent de préférence les contrées tempérées
et froides de l'Europe, et que les espèces à stridulation
insensible aiment mieux les régions chaudes du Midi.
Là, les orthoptères musiciens sont remplacés par les cigales (hémiptères), bien plus bruyantes, mais d'un chant
moins varié d'une espèce à l'autre.

Tous, nous connaissons ces criquets qui s'enlèvent à
quelques mètres au-devant du promeneur, et lui font
admirer leurs belles ailes rouges ou bleues. La plupart
des espèces volent peu; mais certaines, sous l'empire

de causes inconnues, se gonflent d'air et entreprennent
ces désastreux voyages qui sont un des plus grands fléaux
des régions chaudes. Deux espèces, dans l'ancien monde,
sont le désespoir de l'agriculteur. La plus grande, le
criquet voyageur, se rencontre des côtes occidentales de
l'Afrique aux rivages de la Chine. Une seconde espèce, de
taille un peu moindre, le *pachytyle migrateur* (figuré dans
l'introduction p. 21), s'avance plus au nord et se montre
dans le midi de la France et dans toute l'Europe orien-
tale. On en trouve des individus isolés dans les prairies
de la banlieue de Paris. Le nouveau monde et l'Australie
ont aussi quelques autres espèces d'acridiens à migra-
tions, mais moins fréquentes et moins désastreuses que
dans l'ancien monde. La Nouvelle-Calédonie présente une
espèce dévastatrice qui parfois obscurcit l'air de ses
nuages.

On a reconnu, en étudiant en Afrique le criquet voyageur, qu'il a cinq mues : la première a lieu cinq jours
après la sortie de l'œuf; la seconde six jours après la
première; la troisième huit jours après la seconde; et,
dans ces trois premières mues, l'insecte n'a pas d'ailes.
Ensuite se produit la quatrième mue au bout de neuf
jours, et l'insecte est alors en nymphe, avec des rudiments d'ailes. Enfin, la cinquième mue ou l'état parfait
arrive dix-sept jours après; en tout quarante-cinq jours
à partir de la sortie de l'œuf.

L'histoire de tous les temps a enregistré les sinistres
voyages des acridiens. Les criquets dévastateurs paraissent habituellement prendre leur origine dans les déserts
de l'Arabie et de la Tartarie; les vents d'est les amènent
en Afrique et en Europe. On voit des vaisseaux couverts
de ces insectes à 60 ou 80 lieues en mer. Les vents sont,
en effet, leur auxiliaire indispensable. Nous ne remon-
terons pas aux époques éloignées pour chercher les récits de leurs dévastations, des famines qui les suivent

et des pestes qui résultent de leurs cadavres amoncelés. L'Europe fut particulièrement ravagée en 1747, 1748, 1749. En 1748, une de leurs nuées arriva jusqu'en Angleterre. L'entomologiste Duponchel rapporte, qu'en août 1834, des acridiens couvrirent pendant plusieurs jours les murs des maisons des quartiers les plus habités du centre de Paris (*Ann. Soc. entom. de France*, 1834, Bull., p. XL). Si les hannetons ont forcé une diligence à rebrousser chemin, les criquets ont arrêté l'armée de Charles XII, en retraite dans la Bessarabie, après sa défaite de Pultawa. L'armée se trouvait dans un défilé, hommes et chevaux étaient aveuglés par une grêle vivante sortie d'un nuage épais interceptant le soleil. L'approche des criquets fut annoncée par un sifflement pareil à celui qui précède la tempête, et le bruissement de leur vol surpassait le sombre mugissement de la mer courroucée.

Aux Indes, dans le pays des Mahrattes, on en vit une colonne serrée sur une longueur de 80 lieues et épaisse de plusieurs pieds. Barrow et Levaillant nous rapportent que les criquets dévastent souvent l'Afrique australe, que leurs cadavres masquent la surface des rivières, et que le sol semble balayé ou hersé. En 1835, des nuages de criquets cachaient, en Chine, le soleil et la lune. Après les végétaux sur pied, les récoltes en magasin et les vêtements dans les maisons furent dévorés. Les habitants s'enfuirent dans les montagnes. En 1780, le Maroc fut en proie à la plus affreuse famine, à la suite des criquets, et les pauvres déterraient les racines et recherchaient pour se nourrir les grains d'orge dans la fiente des dromadaires. A la fin de 1864, les plantations récentes de cotonniers furent détruites au Sénégal par les criquets, et on observa un nuage d'avant-garde de 15 lieues de long. Notre colonie algérienne, dans toute son étendue, est très-souvent leur proie. Le général Levaillant en a vu à Philippeville un nuage de 3 à 4 myriamètres de longueur former sur le sol, en s'abattant, une couche de 0ᵐ,3. Les récoltes furent ruinées en 1847.

En 1845, l'Algérie avait été éprouvée en entier par le fléau des acridiens. Depuis, leurs invasions avaient été partielles ; mais, en 1866, leurs bandes, sorties du Sahara, couvrirent de nouveau toute notre colonie, et les désastres méritèrent le nom de calamité publique qui leur est donné dans la circulaire du comité central de souscription, présidé par le maréchal Canrobert (*Moniteur* du 6 juillet 1866). L'invasion commença au mois d'avril ; les criquets, sortis des gorges et des vallées du sud, s'abattirent d'abord sur la Mitidja et le Sahel d'Alger ; la lumière du soleil était interceptée par leurs nuées ; les colzas, les avoines, les blés, les orges, les légumes furent dévorés, et les insectes dévastateurs pénétraient même dans les maisons. Les Arabes tentaient d'empêcher par de grands feux et d'épaisses fumées, et par divers bruits, la descente de leurs faméliques essaims. A la fin de juin, les jeunes criquets sortis des œufs, affamés en raison de la déprédation précédente, comblaient les sources, les canaux, les ruisseaux. L'armée, par corvées de plusieurs milliers d'hommes, réunit ses efforts à ceux des colons et des indigènes pour enfouir les cadavres amoncelés, mais avec peu de succès devant le nombre immense des criquets. Presque en même temps, les provinces d'Oran et de Constantine furent envahies. Le sol était jonché de criquets à Tlemcen, où, de mémoire d'homme, ils n'avaient paru. Ils attaquèrent à Sidi-Bel-Abbès, à Sidi-Brahim, à Mostaganem, les tabacs, les vignes, les figuiers, les oliviers même, malgré leur amer feuillage ; à Rélizane et à l'Habra, les cotonniers. La route de 80 kilomètres, de Mascara à Mostaganem, en était couverte sur tout son parcours. On les rencontra, dans la province de Constantine du Sahara à la mer et de Bougie à la Calle, dévastant les environs de Batna, Sétif, Constantine, Guelma, Bone, Philippeville. Le fléau n'a pas disparu les années suivantes, et il a amené en grande partie, sur le territoire arabe, une désolante famine, aidé, il faut le dire, par un mauvais système de propriété et de culture et le fatalisme musulman. Quelle pénible stupeur, quelle angoisse profonde, dans toute la France intelligente et instruite, à la lecture de cette lettre lamentable de l'archevêque d'Alger, pleine de charité ardente et si dignement évangélique !

En 1873, l'Algérie a subi une nouvelle invasion du criquet voyageur. A la fin de mai, des volées considérables se sont abattues à Magenta, dans la province d'Oran, et, en peu de jours, les champs de pommes de terre, de blé et d'orge étaient détruits. Des escadrons de cavalerie, des détachements d'infanterie, auxquels sont venus se joindre colons et indigènes, ont coopéré à la chasse de ces ennemis ailés. D'énormes quantités ont été écrasées par les pieds des chevaux, assommées, brûlées sur les broussailles au moyen d'arrosages de pétrole, enfin ramassées par sacs et jetées au feu vengeur ; mais ce n'est là qu'un verre d'eau enlevé à la mer !

Il semble qu'après tant de désastres on devrait admirablement connaître ces criquets et surtout l'*acridien voyageur* de 1866. Il n'en est rien, et, dans l'article du *Moniteur*, qui annonce officiellement le fléau à toute la France (1ᵉʳ juillet 1866), et inscrit la souscription dont la famille impériale s'empresse de prendre l'initiative, il est dit que les sauterelles donnent naissance à des légions de criquets. Autant confondre un bœuf avec un cerf. Dans notre pays, ces erreurs sont continuelles, triste mais inévitable conséquence de la part presque nulle accordée dans l'enseignement élémentaire à l'histoire naturelle, malgré ses applications si fréquentes !

Il est facile d'établir la distinction. Les sauterelles ou

locustes ont de longues et fines antennes ; des tarses au
bout des pattes, à quatre articles. L'abdomen des femelles se termine par une longue tarière ou *sabre* leur
servant à pondre dans des trous (fig. 323). Les acridiens
ou criquets ont des antennes plus ou moins courtes et
épaisses, des tarses de trois articles, et l'abdomen des

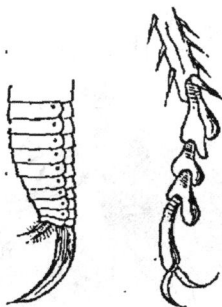

Fig. 323.
Abdomen de locustien
et tarse grossi.

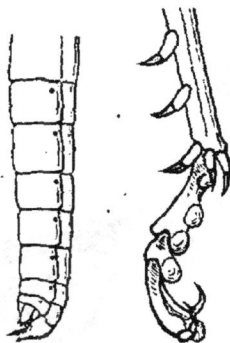

Fig. 324.
Abdomen d'acridien
et tarse grossi.

femelles manque toujours de la longue tarière cornée,
remplacée par quatre pièces, deux supérieures, deux
inférieures, plus ou moins acuminées (fig. 324). Aussi
la ponte a lieu sur le sol même. L'*acridien voyageur*
dépose environ quarante œufs, disposés sur trois rangs
longitudinaux, oblongs, d'un jaune pâle, entourés d'une
matière visqueuse, à laquelle se colle la terre ou le
sable, de sorte que ses œufs sont dans une sorte de nid,
courbe, arrondi à un bout et tronqué à l'autre, qui est
fermé par une calotte de terre (fig. 325).

Pour s'opposer à tant de désastres, on ramasse les
criquets avec de grands filets traînants, et on recherche
pour les brûler leurs œufs déposés sur le sol ou sur les
branches. Les nègres du Soudan essayent d'épouvanter
les criquets dans leur vol par leurs cris sauvages, et on

a vu, en Hongrie, employer à cet effet les détonations du canon. Dans là Grèce antique, des lois imposaient les citoyens de diverses provinces à un certain nombre de mesures de criquets. En 1613, en Provence, on paya des primes de 50 centimes par kilogramme d'œufs, et moitié de ce prix pour les adultes. Marseille dépensa alors

Fig. 525. — Grand criquet d'Afrique, petites larves sortant de l'œuf, œufs (acridien voyageur).

25,000 francs, et Arles 25,000. Plus récemment on dépensa dans le même pays pour cette chasse 2,227 francs en 1822; 2,842 en 1823; 5,842 en 1824, et 6,200 en 1825. En 1850, on donna en Algérie une prime de 25 centimes par sac de criquets, et on les apportait à Médéah par charge de trente à quarante dromadaires.

Par une sorte de vengeance due à une cruelle nècessité, des, populations se nourrissent de ces insectes, et ont mérité le nom d'*acridophages*. Moïse en permet quatre espèces aux Hébreux (Lévit., vi, v. 21 et 22); les Grecs les vendaient au marché (Aristophane, *les Acharniens*, v. 1115); saint Jean-Baptiste en fit sa nourriture dans le désert (Matth., Evang., c. iii, v. 4), et Diodore de Sicile rapporte que les Éthiopiens les servaient sur leurs tables. De nos jours, en Algérie, les indigènes mangent le criquet voyageur, l'espèce la plus commune, nommée par eux *djerad el arbi* (la sauterelle arabe). M. Lucas a observé que ce sont surtout les Bédouins, ou habitants des plaines, et les Kabyles, ou habitants des montagnes, et très-rarement les Maures, qui l'emploient comme aliment. À cet effet, les Arabes leur coupent la tête en prononçant les mots suivants : *Bism Allah* (Au nom de Dieu); *Allah akbar* (Dieu le plus grand), enlèvent les ailes et les grandes pattes, puis salent le corps et le mangent au bout de quelque temps. La saveur du mets n'est pas très-désagréable, au dire de M. Lucas. En Arabie, les femmes et les enfants enfilent les criquets en chapelets pour les vendre après dessiccation. Les prophètes s'en nourrissaient autrefois dans les grottes du Carmel; aujourd'hui, en Orient, on les mange au café comme dessert et friandise. Il est des pays où on les fait frire ou bouillir; les Hottentots les aiment beaucoup.

CHAPITRE IX

NÉVROPTÈRES

Les termites, ouvriers, soldats et sexués. — Les termites des Landes. — Les termites exotiques, la mère séquestrée. — Les raphidies et les mantispes. — Singulières métamorphoses des mantispes dans les cocons à œufs des araignées. — Les libellules et leurs chasses, ruse des larves. — Les éphémères, leur longue vie à l'état de larves, mœurs diverses de celles-ci, métamorphose supplémentaire. — Les perles et les némoures, larves et nymphes.

Comme dans l'autre section de l'ordre des névroptères, ceux qui n'ont que des métamorphoses incomplètes se divisent, sous ce rapport, en deux groupes, selon que les larves et les nymphes sont terrestres comme les adultes, ou qu'elles habitent l'eau à ce premier état.

Les *termites* sont les plus curieux représentants des premiers. On les nomme souvent *fourmis blanches*, à cause de leurs teintes blanchâtres, *poux de bois*, *vagvagues*, .*carias*, etc. Les prétendus peuples mangeurs de fourmis se nourrissent réellement de termites, dont on dit que les nègres sont très-friands. Nous retrouvons chez ces insectes l'existence de sociétés nombreuses, et la fonction de reproduction, pivot unique de ces prétendus gouvernements, est divisée en un plus grand nombre d'individus que partout ailleurs, même chez les bourdons et les abeilles. Là où la révolte est impossible, la subordination est inutile. La fonction de reproduction exige ici quatre individus et non plus seulement trois. Il faut le père, la mère, la nourrice et le soldat. Il y a certaines espèces de fourmis où cette même division quaternaire paraît exister.

Comme la plupart des espèces de termites sont exotiques, elles n'ont été l'objet que d'observations peu scientifiques. On se préoccupe surtout des dégâts qu'ils causent, et beaucoup de points de leur histoire restent encore obscurs. Il n'est nullement certain qu'on soit autorisé à généraliser ce qui n'a encore été constaté que sur un très-petit nombre d'espèces. Il existe en France, principalement dans les landes de Gascogne, deux espèces de termites. La plus abondante fait des nids en parcelles de bois rongé, composés de quelques centaines d'individus, dans les souches des pins qui restent en grand nombre sur le sol après que les arbres ont été coupés. On nomme cette espèce *termite lucifuge*, parce que, à l'ordinaire de tous les termites, ils rongent les objets ligneux à l'intérieur, en respectant toujours la surface externe, de sorte qu'on se trouve dans la plus parfaite ignorance de leurs atteintes.

Un grand nombre de maisons de la Rochelle, Rochefort, Tonnay-Charente, ont eu leurs poutres entièrement détruites à l'intérieur. A Tonnay-Charente, une salle à manger s'écroula, et l'amphitryon et ses convives tombèrent à la cave. On peut voir dans les galeries du Muséum les colonnes de bois qui soutenaient la salle et qui furent rapportées par Audouin, en mission pour constater les dégâts des termites. L'hôtel de la préfecture de la Rochelle était envahi par ces insectes, et les archives furent en partie détruites, la reliure des registres restant intacte. On est forcé de les enfermer maintenant dans des boîtes de zinc. M. E. Blanchard a vu, aux voûtes des caves de la préfecture, des tubes formés par des matériaux agglutinés, servant de galeries aux termites qui ne paraissaient pas à l'air libre. Le linge est aussi exposé à la dent de ces insectes. Audouin a rap-

22

porté de Tonnay-Charente le voile de noces d'une dame
entièrement troué par eux. Certains quartiers d'Agen et
de Bordeaux commencent à souffrir des ravages de ces
insectes. Leurs sociétés restent séparées dans les bois;
elles se réunissent dans les villes pour leurs dépré-
dations.

Lespès a reconnu dans les termitières des landes cinq
sortes d'individus bien distincts. Chaque nid présente
d'abord un couple fécond, *roi* ou *reine*, ou *petit roi* et
petite reine. Il s'y trouve des neutres de deux formes différentes. Les plus nombreux sont des *ouvriers*, de la
taille d'une forte fourmi, chargés de creuser les galeries dans le bois, de soigner les œufs, les larves et surtout les nymphes, en les aidant à opérer leurs mues, les
brossant, les léchant; d'aller à la recherche des provisions, de les emmagasiner dans le nid. Chose singulière! ils sont aveugles. D'autres neutres, bien moins
abondants, au lieu de la tête arrondie des ouvriers et de
leurs courtes mandibules, ont une énorme tête, presque
moitié du corps, un peu carrée et avec de très-fortes
mandibules croisées. Ce sont les *soldats* chargés de la
défense du nid, se précipitant pour mordre les agresseurs. Au reste, ces pauvres défenseurs sont aveugles
comme les ouvriers. L'anatomie a fait voir à Lespès que
ces neutres des deux sortes sont les uns des mâles, d'autres des femelles, toujours à organes avortés. Il se rencontre des larves de deux variétés, ressemblant beaucoup aux ouvriers. Les unes doivent devenir des neutres,
les autres des mâles ou des femelles, et on les reconnaît
en ce qu'elles ont de très-légers rudiments d'ailes. Les
nymphes à ailes imparfaites deviendront des mâles
et des femelles. Il en est qui ont de longs fourreaux
pour les ailes; d'autres, plus ramassées, ont des fourreaux alaires plus courts. Les larves et les nymphes des
individus sexués ont les yeux cachés sous la peau. Les

mâles et femelles seuls ont des yeux des deux espèces, composés et simples. Ils prennent des ailes et émigrent ; puis, comme les fourmis, les perdent aussitôt après que la fécondité des femelles est assurée. Les mâles et femelles provenant des nymphes à longs fourreaux deviennent les petits rois et petites reines, après leur essaimage qui a lieu à la fin de mai. En août, des autres nymphes proviennent des mâles et des femelles plus volumineux, plus féconds, qui sont les rois et reines. Les couples des deux sortes, recueillis par les ouvriers et les soldats, forment le noyau de colonies de printemps et d'automne. Il y a là, comme on le voit, une remarquable complication. L'abdomen de la reine est énorme et traîne à terre. Elle se tient dans une galerie profonde du nid, sans cellule spéciale ; le mâle ordinairement près d'elle. Quoique très-embarrassée de son gros ventre, elle marche cependant assez bien, et le roi est toujours très-vif. Les ouvriers ne paraissent pas avoir pour eux de soins d'aucun genre.

Des faits analogues, mais avec un caractère plus tranché, plus exagéré, se montrent chez les termites exotiques. Quelques espèces ont été étudiées dans l'Afrique australe par un voyageur hollandais, Smeathman, à la fin du siècle dernier. L'une d'elles, le *termite belliqueux* ou *fatal*, construit en terre gâchée des nids en monticules coniques, pouvant dépasser 5 mètres de hauteur, assez solides pour supporter le poids des taureaux sauvages. Smeathman et ses compagnons se cachaient en embuscade entre ces grands nids pour chasser ; il rapporte qu'il monta une fois sur l'un d'eux avec quatre hommes pour chercher à l'horizon si quelque navire n'était pas en vue. Au milieu de la partie inférieure du nid est la cellule royale oblongue, à voûte arrondie, ayant jusqu'à $0^m,25$ de longueur. Elle est entourée des salles de service du couple royal. Au-dessus sont des

magasins remplis de parcelles de gomme et de sucs de
plantes solidifiés. Dans le pourtour du nid sont de grandes chambres ou nourriceries, avec cellules de bois
collé à la gomme. Là sont déposés les œufs de la reine,
et éclosent les jeunes larves. Ces chambres, grandes
parfois comme une tête d'enfant, sont bien ventilées. Le
haut du nid est occupé par un dôme creux, plein d'air.
On trouve dans ce nid une multitude d'ouvriers, de
$0^m,005$ de longueur, des soldats, de $0^m,010$, dont chacun pèse autant que dix ouvriers, des mâles et des femelles non fécondées, de $0^m,018$ de longueur, pesant
autant que trente ouvriers. Les ailes des mâles, qui
ne subsistent que quelques heures, ont $0^m,050$ d'enver-
gure.

« La cellule royale, dit M. de Quatrefages[1], renferme
toujours un couple unique, objet des soins les plus empressés, mais qui achète sa grandeur au prix d'une ré-
clusion perpétuelle, car les portes et les fenêtres du
palais, suffisantes pour laisser passer un ouvrier ou un
soldat, sont trop étroites pour livrer passage au roi et
plus encore à la reine. Celle-ci, toujours au centre de
la chambre princière et reposant à plat, frappe tout
d'abord les yeux de l'observateur. Qu'elle ressemble peu
à ce gracieux insecte aux ailes fines, à la taille svelte,
qui n'avait que trois à quatre fois la longueur et trente
fois le poids d'un ouvrier ! Ses ailes ont disparu, la tête
et le corselet sont restés à peu près les mêmes; l'abdomen, au contraire, a pris un développement monstrueux
et tend à s'accroître sans cesse. Dans une vieille femelle, il est deux mille fois plus gros que le reste du
corps, et atteint jusqu'à $0^m,15$ de long. Cette femelle
pèse alors autant que trente mille ouvriers, et, grâce
à cette obésité exagérée, les précautions prises pour

[1] *Souvenirs d'un naturaliste*, t. II, p. 387.

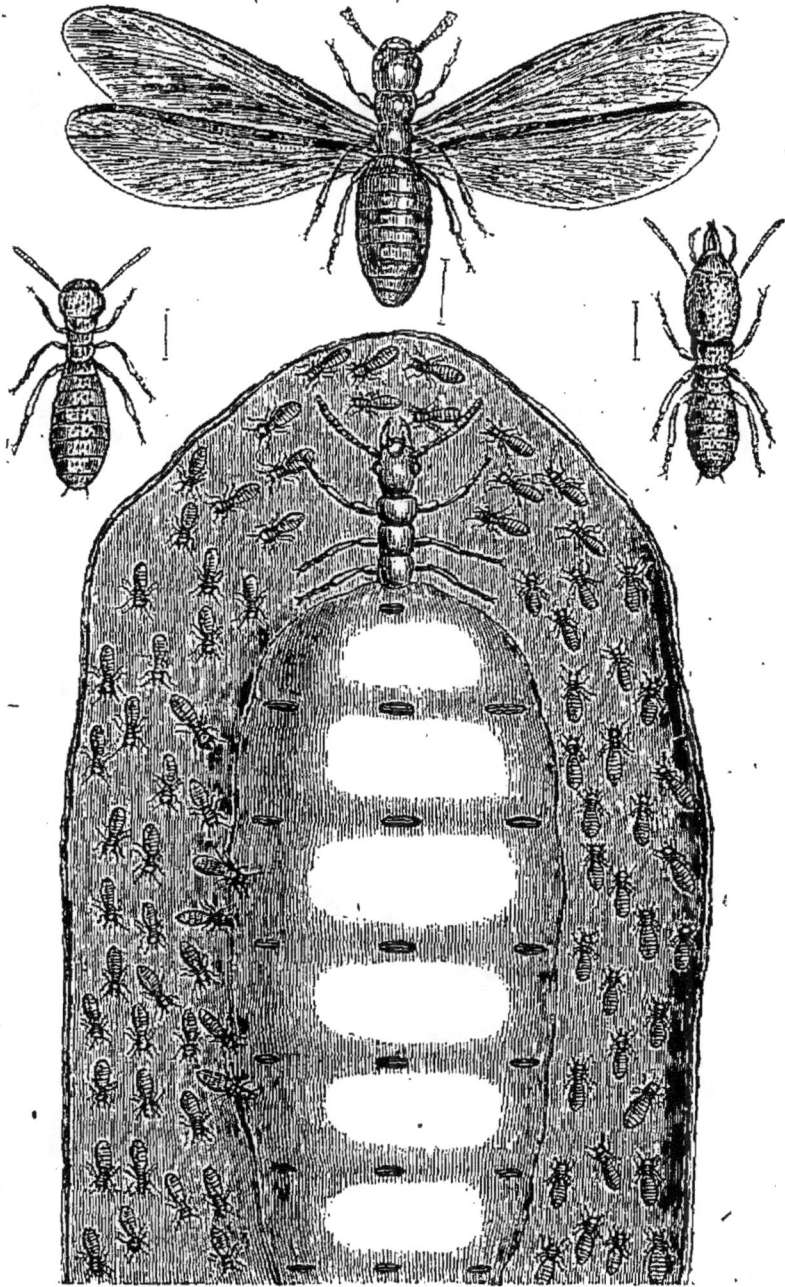

Fig. 326, 327, 328 et 329. — Termite lucifuge, mâle, ouvrier, soldat, grossi
femelle féconde d'un termite exotique.

prévenir la fuite sont parfaitement inutiles, car elle
ne peut faire un seul pas. Quant au mâle, il a aussi
perdu ses ailes, mais n'a d'ailleurs changé ni de dimensions, ni de formes. Toutefois il use peu de sa faculté
de locomotion, et, tapi d'ordinaire sous un des côtés du
vaste abdomen de sa compagne, il se borne à être le
mari de la reine. Les travailleurs et les soldats ont l'air
de faire assez peu d'attention au roi; mais ils sont fort
occupés de la reine. L'espace laissé libre autour de
celle-ci est constamment rempli par quelques milliers
de serviteurs empressés qui circulent autour d'elle en
tournant toujours dans le même sens (fig. 326, 327,
328, 329). Les uns lui donnent à manger, d'autres enlèvent les œufs qu'elle ne cesse de pondre, car ici,
comme chez les abeilles, cette reine est avant tout la
mère de ses sujets. » Sa fécondité est devenue vraiment
prodigieuse chez les termites exotiques. Son corps dé-
formé n'est plus qu'un sac à œufs. Il y en a toujours un
de mûr, et on voit de continuels mouvements de contraction s'exécuter, tantôt sur un point, tantôt sur l'autre. Elle pond au delà de soixante œufs par minute, plus
de quatre-vingt mille par jour. De ces œufs naissent des
petites larves blanches, objets des soins les plus attentifs ; elles se nourrissent de champignons qui poussent
sur les murs gommeux et humides des couvoirs. Vers la
saison des pluies, les nombreux mâles et femelles de la
termitière prennent des ailes, et sortent par millions,
lors d'une soirée d'orage, de leurs retraites souterraines.
Leur vie aérienne dure peu, leurs ailes flétries se détachent au bout de quelques heures. Le sol est jonché de
ces insectes qui deviennent la proie de mille ennemis.
Quelques couples, recueillis par des ouvriers, protégés
par des soldats, sont les noyaux de nouvelles termitières, et bientôt se trouvent cloîtrés chacun dans une cellule royale.

Smeathman signale encore un *termite mordant,* construisant des nids en forme de colonnes cylindriques, terminées par des chapeaux voûtés comme des champignons, et un *termite destructeur,* établissant aux fortes branches des arbres des nids en forme de grosses boules composées d'un mélange de branchages, de feuilles et de terre réunis à des sucs gommeux et résineux. Les insectes y abordent au moyen de tubes clos et maçonnés descendant le long de l'arbre. Rien de plus curieux, rapporte-t-il, que les voyages des termites. Les soldats, qui font l'office d'inspecteurs quand les ouvriers réparent une brèche au nid, se postent ici en défenseurs sur les flancs de la colonne d'ouvriers. Certains se placent en sentinelle sur des plantes, et de temps en temps battent des pattes, de façon à produire un cliquetis. A ce signal, l'armée répond par une sorte de sifflement prolongé, et tous doublent le pas avec la plus grande ardeur.

On rencontre au printemps dans les bois, volant contre les troncs d'arbres, surtout les pins et sapins, des insectes à grosse tête triangulaire suivie d'un long corselet. Les ailes ont de fines nervures, et les femelles ont une longue tarière pour déposer leurs œufs entre les écorces où vivent les larves (fig. 330). Celles-ci sont allongées, carnassières, et se tordent comme de petits serpents (fig. 331). De là le nom de *raphidie serpentine* donné à l'une des espèces. Il y en a plusieurs se ressemblant beaucoup, toujours rares. On les nomme, en Allemagne, *mouches à tête de chameau.* Les nymphes, pourvues de fourreaux d'ailes, sont agiles et commencent à ressembler aux adultes (fig. 332). Près de ces raphidies se rangent les *mantispes.* La forme du corps et des ailes

Fig. 330.
Raphidie remarquable, mâle.

est analogue ; les pattes de devant sont élargies, épineuses et repliées pour saisir les insectes, comme chez les mantes. Une des plus rares captures qu'on puisse faire dans les bois des environs de Paris est celle de la *Mantispe païenne* que ne connaissait pas Geoffroy (fig. 333).

Fig. 331. — Larve
de raphidie
grossie.

Fig. 332.
Nymphe de
raphidie, grossie.

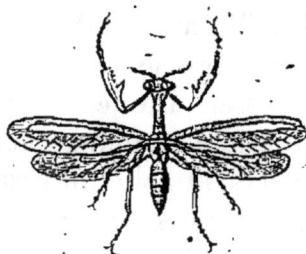

Fig. 333.
Mantispe païenne.

Les métamorphoses des mantispes ont été tout récemment découvertes en Autriche, et publiées par M. F. Brauer. Elles offrent des faits si étranges qu'on ne s'étonne plus du temps très-long pendant lequel elles restèrent complétement ignorées. Il y a un parasitisme et des transformations qui ont des analogies avec le cas des sitaris, passant leurs premiers états dans les nids de mellifiques solitaires. Pour les mantispes, les victimes de la voracité de leurs larves sont certaines espèces d'araignées. Il y a un certain nombre d'araignées vagabondes, ne faisant pas ou très-peu de toiles, mais qui savent confectionner des cocons d'une soie très-fine dans lesquels seront déposés les œufs que la mère veille et protége avec la plus touchante sollicitude. Les lycoses portent parfois le cocon à œufs sur leur dos, puis les petites araignées rassemblées en tas et voyageant avec la mère ; ainsi le *lycosa saccata*, à cocon jaunâtre, commun près de Paris

dans les lieux marécageux, aux bois et aux champs, les
L. *paludicola* et *leimonia* à cocon bleuâtre, *pyratica*, à
cocon verdâtre, vivant près des mares, etc. D'autres
lycoses gardent leur précieux cocon au fond d'un trou
où elles se retirent ; la célèbre tarentule de l'Italie appartient à ce groupe. Les clubiones ont des mœurs un
peu différentes. Elles attachent aux tiges des végétaux
leurs cocons soyeux, parfois d'une belle soie blanche
qui brille au soleil, parfois revêtus de grains de sable.
Le ménage se tient dans cette chambre nuptiale, qui
devient ensuite le berceau des enfants. Le *clubione nutrix*
(actuellement genre *cheiracanthium*) assez commun près
de Paris, attache un grand cocon blanc dans les épis des
plus hautes graminées, en réunissant souvent entre eux
plusieurs épis, ainsi dans les avoines, les paturins, les
holcus, etc. Ces cocons de ponte sont très-abondants au
mois de juillet dans les landes sèches de Champigny, de
la Varenne, près de Paris.

Ces sacs à œufs sont le théâtre des premiers états des
mantispes, comme l'observateur autrichien l'a reconnu
sur la *mantispe styrienne*, assez commune aux environs
de Vienne sur les buissons et les ombellifères. Les faits
qui vont suivre ont été reconnus dans des éducations en
captivité, dans des vases de verre à fond garni de terre.
On donnait aux jeunes mantispes les cocons blancs remplis d'œufs de diverses lycoses et dolomèdes qui se trouvent dans les trous de refuge de ces araignées. La mantispe femelle pond en juillet de très-petits et très-nombreux œufs roses d'où sortent en août des larves agiles,
hexapodes allongées, courant çà et là (fig. 334). Elles
demeurent longtemps en plein air sans nourriture, fait
analogue à celui que nous a présenté la première larve
du sitaris. C'est seulement en avril de l'année suivante
qu'il faut leur donner les cocons à œufs des araignées.
Elles ne tardent pas à s'y cramponner, les grattent et

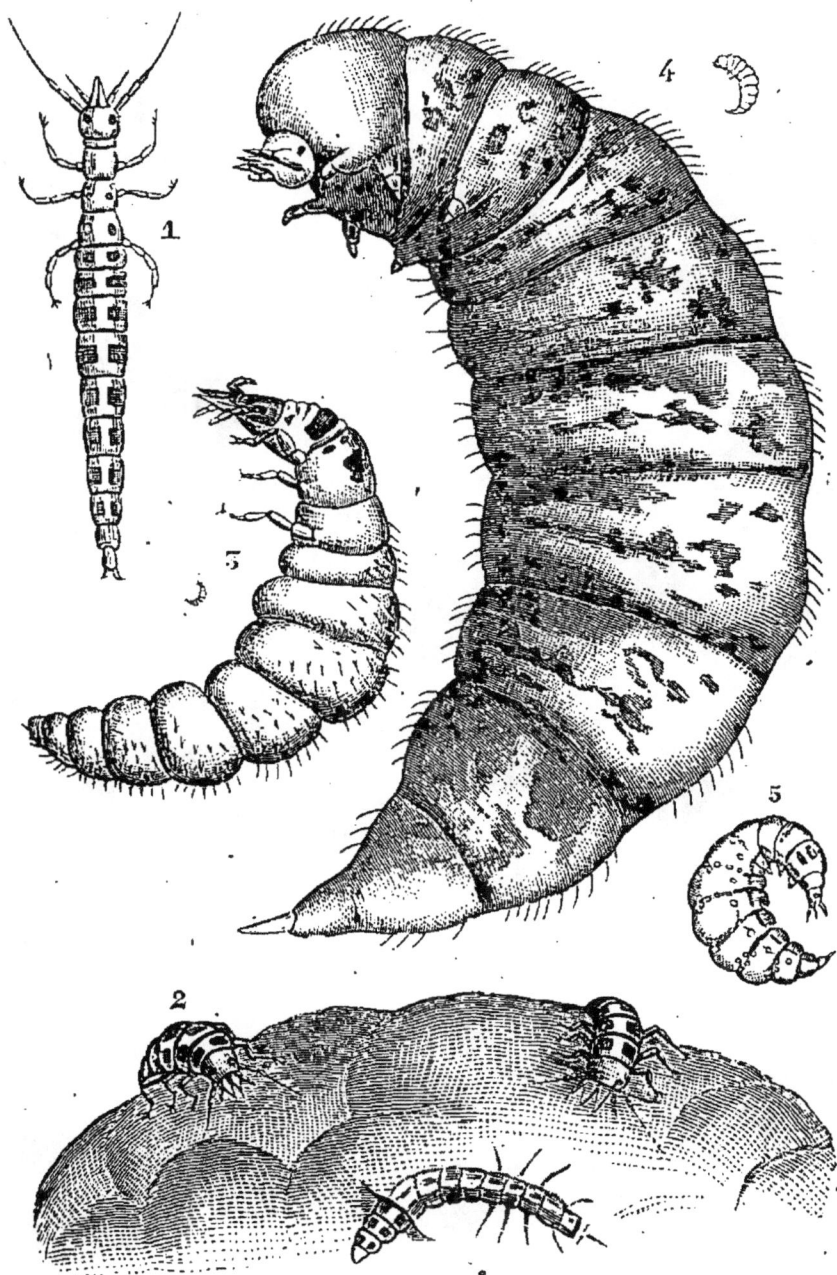

Fig. 534, 535, 536, 537 et 538.
Métamorphoses de la mantispe styrienne. — 1. Larve récente. — 2. Son
entrée dans le cocon à œufs. — 3. Larve développée avant la première
mué. — 4. Larve adulte. — 5. Nymphe.

les examinent, puis, enfonçant leurs mandibules acérées dans la soie, y font des trous où elles se glissent en
entier (fig. 335). Fait digne de remarque et bien conforme aux harmonies qui régissent les parasites ! on
peut laisser les araignées mères près de leurs sacs à
œufs ; elles ne font aucune attention aux petites larves
des mantispes qui s'apprêtent à porter le carnage dans
la progéniture affectionnée.

La petite larve reste plusieurs semaines sans manger, visible à travers la paroi extérieure du cocon, attendant l'éclosion des œufs. Elle grossit ensuite peu à
peu, au milieu d'une sorte de bouille formée par les
cadavres des jeunes araignées. Parvenue à son entier
développement (fig. 336), elle subit une mue fort importante, qui est une sorte de métamorphose. La seconde
larve n'a plus que des pattes rudimentaires, grosses et
coniques, impropres à la marche, une très-petite tête
transversalement ovale avec six ocelles de chaque côté ;
les mandibules servant à la succion sont séparées par
un bourrelet et il y a de grosses antennes tri-articulées.
La larve est boursouflée (fig. 337), et les derniers segments sont très-rétrécis avec des filières anales analogues à celles des araignées. Cette larve, comme dans la
précédente période, reste enroulée au milieu des cadavres des petites araignées, dans le cocon à œufs, et finit
par atteindre sept à dix millimètres de longueur. Elle
se file un cocon jaune ou vert, rond ou ovale, à l'intérieur du sac à œufs de la lycose, et on ne remarque à
l'extérieur aucune trace du parasite. La larve demeure
enroulée dans ce cocon environ une quinzaine de jours
sans changer de peau ; puis elle se change en une
nymphe à gros yeux bruns, toujours à très-petite tête
(fig. 338) et avec les pattes antérieures ravisseuses pliées
sur le côté. Cette nymphe est agile, ce qui n'est pas le
cas des vraies métamorphoses complètes. D'abord blan-

che, puis jaunâtre et s'étant formée au milieu de juin,
au bout d'un mois elle sort de son cocon, qu'elle abandonne dans le sac à œufs, et perce aussi l'enveloppe de
celui-ci. Après cette sortie, la nymphe éprouve encore
un changement de peau avant de devenir mantispe
adulte.

Nous espérons que ce court exposé de faits si étranges
et si peu connus en France engagera nos jeunes amateurs à collecter les cocons à œufs des araignées, et à les
mettre en boîte sur de la terre. Ce sera un moyen de se
procurer, par l'éclosion de la nymphe, notre rarissime
mantispe païenne, qui doit offrir les mêmes mœurs que
celle d'Autriche.

Les névroptères aquatiques dans leurs premiers états
quittent peu le bord des eaux. Les *libellules* volent avec
rapidité en repassant sans cesse aux mêmes endroits. La
grâce de leurs mouvements, leurs riches couleurs, qui
disparaissent malheureusement par la dessiccation, leur
ont valu le nom de *demoiselles*. Leurs yeux énormes,
embrassant tout l'horizon, leurs fortes mandibules indiquent des insectes cruels et carnassiers. Chacun a son
territoire de chasse, saisit au passage les mouches, les
papillons et les déchire aussitôt. On voit souvent les
femelles planer au-dessus des eaux, surtout des eaux
stagnantes et vaseuses.

L'extrémité de leur long abdomen se replie et touche
l'eau de temps à autre. C'est un œuf qui tombe au fond
et donne naissance à une larve. Celle-ci rappelle la forme
de l'adulte, mais plus ramassée. Elles sont souvent couvertes de la vase dans laquelle elles aiment à vivre.
Leur respiration est fort étrange. L'eau pénètre dans la
partie terminale du tube digestif très-élargie, et dont les
parois portent un réseau de délicates branchies communiquant avec les trachées. Cette eau sort ensuite refoulée
brusquement, et la larve s'avance par un effet de recul.

Elle n'a [plus ces branchies latérales en panaches qui servent en outre à la natation chez d'autres larves aquatiques. Cette larve, lourde et peu agile, est cependant très-carnassière, avides d'insectes, de mollusques, de petits poissons. Elle s'approche lentement de sa victime; puis, tout d'un coup, débande sa lèvre inférieure, très-longue, qui était repliée sous le thorax. Deux crochets,

Fig. 359 et 340. — Larve de libellule et éclosion de l'adulte.

situés à l'extrémité, forment une pince pour saisir la proie, qui, par le retrait de cette lèvre, se trouve naturellement portée à la bouche. Les nymphes, un peu plus allongées que les larves et à moignons d'ailes, ont les mêmes mœurs (fig. 339, 340). Pour se transformer elles sortent de l'eau et s'attachent par les pattes à quelque plante. Le soleil sèche peu à peu la peau, qui se fend

en long sur le dos, et la libellule se débarrasse de son
fourreau. Elle reste molle pendant quelques heures ; puis,
ses téguments, bien raffermis, prend son essor. Les
adultes vivent plusieurs mois. Les grandes espèces sont
souvent emportées, dans l'ardeur de leur chasse, fort
loin des eaux. On rencontre parfois sur les coteaux secs
la plus grande espèce des environs de Paris, atteignant
0m,1 de longueur, l'*œschne grande*, dont le vol dépasse
en vélocité celui de l'hirondelle. Ce sont surtout les ailes
antérieures qui concourent au vol des libellules, et qui
peuvent encore le produire seules, quand on a coupé les
autres. Quand ces insectes se tiennent au repos à l'extrémité des branches, les ailes restent étalées.

Dans des genres voisins, les insectes volent beaucoup
plus lentement, et tiennent au repos les ailes relevées.
Ainsi les *calopteryx*, dont les larves aiment les eaux
courantes, et dont les adultes, pourvus d'ailes colorées,
volent au bord des fleuves et des rivières. Le *calopteryx
vierge* est très-commun dans toute la France. Le mâle,
d'un bleu métallique, a ses ailes diaphanes traversées
d'une bande bleue verdâtre, et la femelle offre le corps
d'un vert de bronze et les ailes d'un brun clair. Les ailes
sont brunâtres chez les jeunes mâles récemment éclos,
et ne prennent leurs belles bandes bleues qu'au bout de
quelques jours. Ils se posent fréquemment sur les roseaux. Les *agrions* ont le corps très-grêle, les yeux très-
éloignés l'un de l'autre et très-saillants. Leur corps est
tantôt d'un blanc de lait, tantôt brun, tantôt vert. Ils
volent faiblement, et abondent sur les buissons qui
bordent les mares. Ils peuvent voler avec l'une ou l'autre
paire d'ailes qui sont bien égales. Leurs larves sont
minces et allongées.

Les *éphémères* sont des sortes de libellules dégradées,
dont les adultes ne vivent que quelques heures sans
prendre d'aliments, comme l'indique leur bouche impar-

faite. L'éclosion a lieu le soir, plus rarement le matin, et la nuit ou le jour suffit *pour accomplir leur reproduction* et mettre fin à leur existence. C'est ce qu'indique leur nom. Bientôt les étangs, les rivières sont jonchés de leurs cadavres, véritable manne pour les poissons. Le sol semble parfois couvert de neige, et on assure même que, dans certaines parties de la Hollande, on les ramasse à pleines charrettes, et qu'on s'en sert comme engrais. Au-dessus des eaux, on voit une nuée de ces éphémères qui se précipitent en tournoyant autour des lumières. A Compiè-gne, sur l'Oise, on guette le soir leur apparition, et une foule de personnes, postées aux bords de la rivière, les ramassent comme amorces de pêche sur des linges devant lesquels est une chandelle ou une lampe allumée. Chez les éphémères les ailes de la seconde paire sont très-peti-tes; et manquent dans cer-

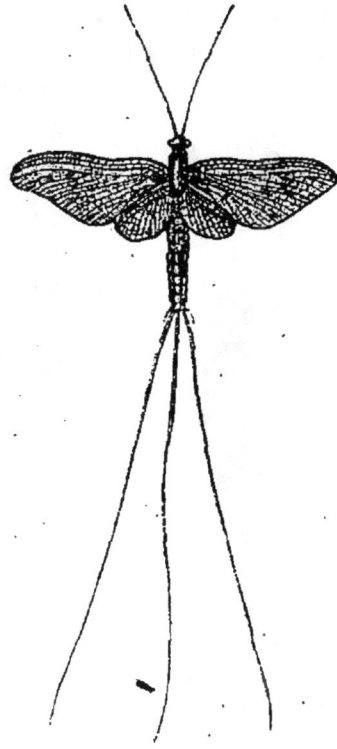

Fig. 341.
Éphémère vulgaire, adulte.

tains genres. Les antennes sont deux soies très-courtes *comme celles des libellules*. L'abdomen se termine par deux ou trois longs filets; les pattes antérieures, très-grandes, se tiennent dirigées en avant. L'*éphémère vulgaire* est brune, tachée de jaune, avec les ailes enfu-mées, à taches brunes, et les trois filets de l'abdomen sont bruns (fig. 341). Les *éphémères*, dans leur vol, s'élèvent et s'abaissent continuellement ; en agitant leurs ailes, elles montent ; en les laissant étalées et immobiles, ainsi que les filets de l'abdomen, elles retombent. Les poëtes et les philosophes se sont complu à établir leurs comparaisons sur la vie si courte de cet élégant insecte. Le fait n'est même pas exact pour les adultes, car on peut prolonger leur vie pendant une à deux semaines en empêchant la reproduction. Il est tout à fait faux, si on prend l'existence entière de l'insecte, qui est d'un an ou plus. Les femelles laissent tomber dans l'eau leurs œufs en deux ou trois paquets portés au dehors de l'abdomen, et cette ponte se fait avec une extrême rapidité. Les paquets d'œufs s'imbibent d'eau et vont au fond. Il en naît des larves très-agiles, entourées sur les côtés de longs panaches de branchies qui leur servent en même temps à nager. L'extrémité de l'abdomen est munie de deux ou de trois longs filets, comme dans les insectes parfaits. Selon les genres, ces larves offrent des différences intéressantes. Celle des *éphémères* proprement dites et des *palingénies*, de forme cylindrique, sont fouisseuses, et se creusent avec leurs mandibules et leurs pattes de devant des galeries droites, séparées les unes des autres et à deux ouvertures, dans la vase argileuse et molle des bords des rivières et des étangs (fig. 342). Dans cet abri qui les soustrait à la voracité des poissons, elles se nourrissent de petits insectes, et vivent deux ou trois ans. Les *bœtis* ont des larves plates qui ne creusent pas de terriers, mais demeurent appliquées contre les pierres dans les ruisseaux rapides. Elles sont carnassières, et vivent un an. Les *cloës* ont des larves nageuses allongées et cylindriques

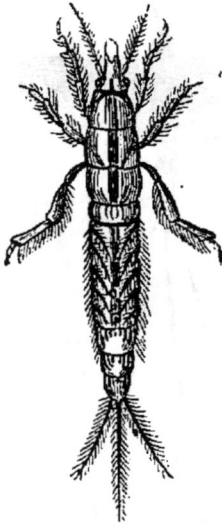

Fig. 342.
Larve d'éphémère
vulgaire, grossie.

qui chassent en nageant les petites proies. On trouve souvent dans les maisons, contre les vitres et les rideaux, la *cloë diptère*, qui n'a que deux ailes et vole peu (fig. 343). Enfin, les larves rampantes des *potamanthes* ne peuvent fouir, se traînent sur le limon, s'entourent de vase et chassent à l'embuscade.

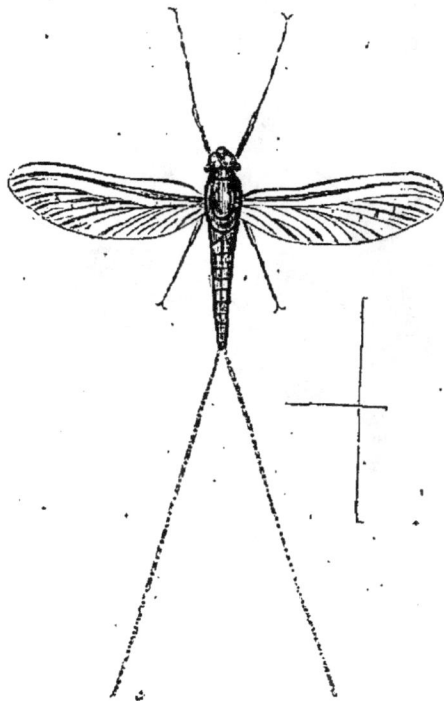

Fig. 343.
Cloë diptère, grossie,

Fig. 344.
Nymphe d'Éphémère vulgaire, grossie.

Les nymphes des éphémères ne diffèrent des larves que parce qu'elles ont des rudiments d'ailes (fig. 344). Elles se meuvent et se nourrissent de la même manière. Le dos, sorti de l'eau, se gonfle et se fend lors de l'éclosion de l'adulte. Elle a lieu à la surface même de l'eau pour les larves cylindriques, et la peau de la nymphe

sert de radeau à l'adulte. Les larves plates sortent de
l'eau et s'attachent. En s'échappant de la peau de nymphe, les éphémères présentent une particularité remarquable. L'animal paraît lourd, il vole mal, ses ailes sont
en partie opaques. Il se fixe sur quelque plante, et se
débarrasse, au bout d'une ou deux heures, d'une dernière peau, très-fine et blanche, qui recouvrait le corps
et les ailes, et reste attachée au support en conservant
la forme de l'insecte. On obtient, au lieu de la première

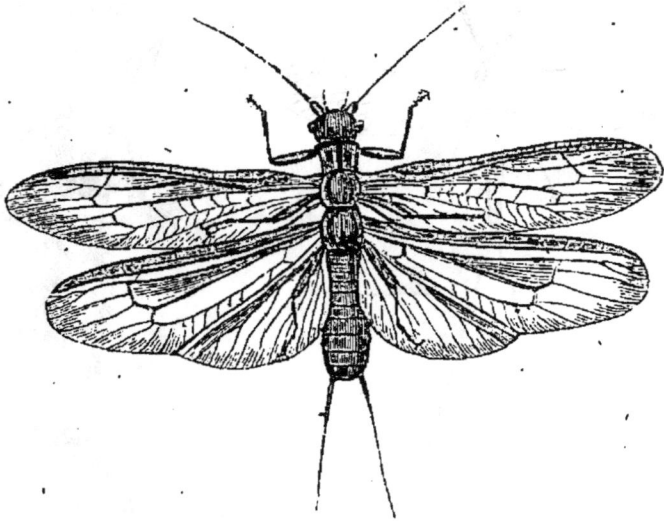

Fig. 345. — Perle à deux points, adulte.

forme (*subimago*), un insecte à ailes diaphanes, volant
beaucoup mieux, et dont les antennes, les soies caudales
et les pattes sont plus longues (*imago*). Cette dernière
mue est spéciale aux métamorphoses des éphémères.

Les *perles* et les *némoures* sont des insectes au vol
faible, ne quittant pas le bord des eaux. Leur corps est
large, la tête surtout, leurs ailes amples et celles de la
seconde paire très-développées en arrière, et se repliant
sur elles-mêmes dans le repos (fig. 345). En outre, les

supérieures s'entre-croisent. Les larves sont toujours
nues, sans fourreaux, toujours aquatiques (fig. 346). Les
unes respirent au moyen de bran-
chies placées latéralement, les
autres par la peau. Elles nagent
peu, mais marchent au fond des
eaux, en laissant leur abdomen
traîner sur la vase. Elles se cachent sous les pierres, ou contre
les feuilles et les tiges des plantes
aquatiques. Elles aiment les eaux
courantes, et se plaisent là où l'eau
se précipite et se brise sur les
pierres. On les voit souvent balan-
cer leur corps, en se tenant fixées
par leurs pattes contre une pierre.
Elles sont exclusivement carnassières, vivent de petits insectes,
de larves d'éphémères ou de larves d'espèces de leur genre. Elles
chassent à l'affût en se cachant
dans la vase. Les nymphes prennent des rudiments d'ailes, et, à
cela près, ont la vie et les habi-

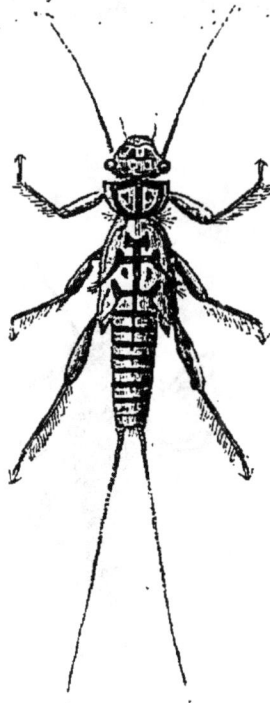

Fig. 346.
Perle à deux points,
larve.

tudes des larves (fig. 347). Pour se métamorphoser,
elles sortent de l'eau et attendent, en se séchant, qu'une
couche d'air soit venue s'intercaler entre l'ancienne peau
et la nouvelle. Alors, la peau se fend au milieu du thorax. L'adulte ne vit que peu de jours, car sa bouche
est imparfaite et il ne mange pas. Les larves ont passé
l'hiver, et c'est surtout au printemps qu'éclosent les
adultes. Une espèce est très-commune à Paris, au commencement d'avril, et se trouve sur les parapets des
quais et des ponts, et contre les maisons des rues voisines. Les femelles sont bien plus fortes que les mâles,

et pondent dans l'eau les œufs associés en paquets peu compactes, sans gelée comme les phryganes, et se séparant facilement.

Les larves et les nymphes des perles ont à l'extrémité de l'abdomen deux longs filets qui subsistent chez les

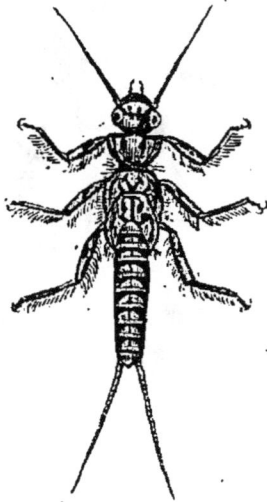

Fig. 347.
Perle bordée, larve-nymphe.

Fig. 348.
Némoure trifasciée, larve.

adultes. Il en est de même pour les premiers états des némoures (fig. 348) ; mais chez celles-ci les soies caudales demeurent attachées à la dépouille de la nymphe, et les adultes en manquent ou n'en sont que des vestiges (fig. 349). Ils sont plus grêles et plus délicats que les perles, avec une tête plus petite, plus ronde et moins aplatie. Dans beaucoup d'espèces, les mâles ont les ailes

plus petites que les femelles, et même quelquefois à
l'état de rudiments. C'est une exception fort remar-

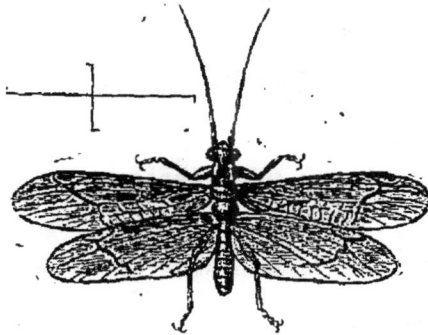

Fig. 549. — Némoure bigarrée.

quable chez les insectes, où ce sont au contraire les
femelles qui d'habitude présentent, dans certains types
des divers ordres, une réduction des ailes.

CHAPITRE X

HÉMIPTÈRES

Les cigales et les fables anciennes. — Les cigales de France et leur chant. — Les fulgores, les lystres et leur cire. — La cercope sanglante, l'aphrophore écumeuse. — Le petit diable, les membraces aux formes étranges. — Les pucerons, double reproduction. — Les cochenilles, espèces utiles. — Les punaises des eaux, pain d'œufs de punaises. — Les gerris et les hydromètres courant sur l'eau. — Les punaises de bois. — La punaise des lits et le réduve. — Les puces, leurs larves.

Les hémiptères ont tous un bec replié en dessous et plus ou moins long, droit et non courbé en spirale comme la trompe des papillons. On appelle *homoptères* ceux dont les ailes supérieures sont partout de même consistance. Parfois les ailes inférieures sont pareilles aux précédentes, parfois plus minces.

Les plus remarquables représentants de ce premier groupe d'insectes sont les *cigales*. Nous empruntons à l'érudition d'un de nos anciens collègues de la Société entomologique, Amyot, quelques détails sur les croyances antiques dont les cigales furent l'objet. Les Grecs étaient des partisans déclarés des cigales et faisaient leurs délices de leur chant qui nous paraît, à si juste titre, étourdissant et monotone. Platon, au début du *Phèdre*, s'exprime ainsi : « Par Junon, le charmant lieu de repos !... Il pourrait bien être consacré à quelques nymphes et au fleuve Achéloüs, à en juger par ces figures et ces statues. Goûte un peu le bon air qu'on res-

pire ; quel charme et quelle douceur! On entend comme
un bruit d'été, un murmure harmonieux qui accompagne
le chœur des cigales. J'aime surtout cette herbe si douce
dont la pente mollement inclinée semble disposée tout
exprès pour s'y coucher et y reposer sa tête, avec quel
plaisir! » Homère compare les sages vieillards troyens,
assis près des portes Scées, aux cigales, à cause de la
suavité de leur éloquence. Platon a reçu aussi le même
éloge. On parle d'un monument qui avait été élevé en
Laconie à la beauté du chant des cigales, avec une in-
scription destinée à en célébrer le mérite. Les cigales,
disaient les Grecs, provenaient d'hommes nés du limon
de la terre (c'est toujours la vieille fable des générations
spontanées). Ils enseignèrent aux Muses l'art de la musique : mais ils avaient une telle passion d'harmonie,
qu'oubliant de boire et de manger pour chanter, ils
moururent de faim. Les Muses reconnaissantes les changèrent en cigales, en leur donnant la faculté de vivre
sans manger, pour ne s'occuper qu'à chanter. Cette fable
ingénieuse peint l'insouciance des artistes, oublieux des
soins de la fortune par amour de leur art. Aussi la cigale
était l'emblème de la musique. On la représentait posée
sur un instrument à cordes, la cithare. Eunome et Ariston, luttant un jour ensemble de talent sur cet instrument, et une des cordes de celui d'Eunome s'étant brisée,
une cigale vint se poser dessus et remplaça avec tant de
succès la corde manquante, qu'il remporta la victoire.
Les Égyptiens traçaient aussi la figure de la cigale dans
leurs hiéroglyphes comme symbole de la musique. La
cigale était spécialement chez les Athéniens un signe de
noblesse ; ceux qui se vantaient de l'antiquité de leur
race, qui se prétendaient autochthones ou nés de la terre
du pays, portaient une cigale d'or dans les cheveux. Les
Locriens frappaient sur leurs monnaies la figure d'une
cigale. La rive du fleuve où Locres était bâtie se faisait,

dit-on, remarquer par l'abondance et le bruit des cigales, tandis que sur l'autre rive du même fleuve où Rhège était située, on ne les entendait jamais chanter. Une fable populaire prétendait qu'Hercule ayant un jour voulu chercher le sommeil sur cette rive, fut tellement tourmenté par le bruit des cigales, qu'il s'emporta en imprécations contre elles, et obtint des dieux qu'elles ne pourraient plus chanter en ces lieux.

Dans toute l'antiquité et jusqu'aux temps modernes, on croyait que la cigale ne prenait aucune nourriture, si ce n'est en suçant la rosée. De là l'ode charmante d'Anacréon :

A LA CIGALE

Heureuse cigale, qui, sur les plus hautes branches des arbres, abreuvée d'un peu de rosée, chantes comme une reine! ton royaume, c'est tout ce que tu vois dans les champs, tout ce qui naît dans les forêts. Tu es aimée du laboureur; personne ne te fait de mal; et les mortels te respectent comme le doux prophète de l'été. Tu es chérie des Muses, chérie de Phébus même, qui t'a donné ton chant harmonieux [1]. La vieillesse ne t'accable point. O sage petit animal, sorti du sein de la terre, amoureux des chants, libre de souffrances, qui n'as ni sang [2], ni chair, que te manque-t-il pour être dieu?

Les Grecs enfermaient les cigales dans des pots ou dans de petites cages pour se donner le plaisir de les entendre. Ils regardaient leur corps comme un mets délicat, en choisissant, d'après Aristote, les femelles remplies d'œufs, et surtout les nymphes qu'on cherchait en

---

[1] Λιγυρός signifie proprement *clair, aigu;* mais les Grecs le prennent presque toujours dans le sens d'*harmonieux.*

[2] Homère, *Il.,* V, 342, dit que les dieux n'ont pas de sang, mais une certaine humeur aqueuse appelée ἰχώρ.

Cette traduction, comme celle du *Phèdre,* est d'une grande exactitude. Nous en remercions un de nos anciens élèves, M. Carrau; mais comment rendre toute la grâce et l'élégance de cette langue divine!

terre au pied des arbres. On se servait de cigales dans l'ancienne pharmacopée comme remède contre les calculs urinaires. Il paraît que les Chinois tiennent aussi des cigales captives dans les appartements pour entendre leur bruit. Les Latins avaient le chant des cigales en médiocre estime, et n'y trouvaient qu'un son rauque et désagréable. Virgile s'écrie, avec l'habitude antique de personnifier toute la création :

Et les cigales criardes rompront les oreilles des arbustes par leur chant!

(*Bucol.*)

Plus la chaleur du jour est forte, plus le chant des cigales est vif et continu. C'est l'instant où les moissonneurs quittent le travail pour prendre leur repas et se reposer. Les anciens disaient que les cigales aimaient à se réjouir en même temps que les hommes, et que plus elles les voyaient riant, buvant, chantant, plus elles redoublaient de vivacité dans leurs stridulations. Virgile fait allusion à cette heure du chant des cigales, quand il dit, dans sa seconde églogue : « Thestilis broie les plantes odorantes de l'ail et du serpolet pour les moissonneurs succombant sous une chaleur accablante, tandis que moi, à l'ardeur du soleil, je cherche tes traces, et les arbustes résonnent de bruyantes cigales. »

Le bruit des cigales est assourdissant et insupportable dans le midi de l'Europe. A Solférino, les mûriers étaient couverts de leurs légions, mais bientôt une terrible musique fit concurrence aux pauvres artistes, qui tombaient avec les branches brisées par la mitraille.

Dès la plus haute antiquité, on a observé que le mâle seul des cigales d'Europe chante, tandis que la femelle est silencieuse. Il y a des cigales exotiques où sans doute elles stridulent comme les mâles, car elles offrent les organes développés et non rudimentaires comme chez les femelles des cigales européennes. Aristote (*Hist. des animaux*, livre V, chap. xxx) indique l'existence de l'organe sonore sous la ceinture du mâle. On voit, en effet, à la base de l'abdomen du mâle, deux volets écailleux qui recouvrent l'appareil musical (fig. 350). Il consiste essentiellement en deux cavités où sont deux *timbales* ou membranes ridées, contournées et convexes en dehors, résonnant comme du parchemin sec, et munies de sillons. Deux muscles s'y attachent : l'un, très-petit, tend la timbale; l'autre, très-développé, fixé aux parois de l'abdomen, se relie à un tendon qui s'attache au fond de la concavité de la timbale. Par les contractions et relâchements très-rapidement réitérés de ce muscle, la timbale se déprime et reprend brusquement sa forme convexe en vertu de son. élasticité. De là le son qu'on peut produire, comme l'a vu Réaumur en disséquant des cigales mâles, si on tire le tendon avec une pince sur l'animal mort. D'autres membranes accessoires servent à renforcer le son, comme la table d'harmonie d'une guitare. On ne se rend pas encore compte dans tous ses détails de l'appareil compliqué de la stridulation.

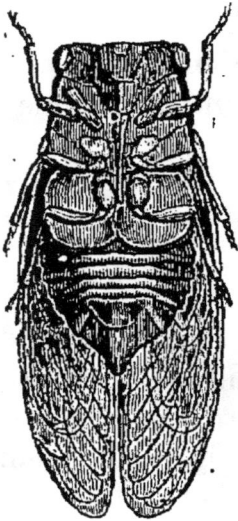

Fig. 350.
Cigale plébéienne, mâle, vu en dessous.

C'est à tort que les fabulistes ont fait des cigales un modèle d'imprévoyance. Des insectes qui doivent mourir à l'arrière-saison n'ont pas à faire de provisions pour l'hiver. Les cigales vivent de la sève des arbres qu'elles piquent avec leur rostre. On prétend qu'en Calabre la *manne purgative* découle des ornes (sorte de frênes) par suite des piqûres des cigales. Les femelles ont, à l'extrémité de l'abdomen, une tarière munie de trois pièces.

Au milieu est un poinçon qui s'enfonce dans une branche et maintient l'insecte, tandis que les deux valves dentelées scient le bois et produisent un trou où la femelle pond ses œufs. Dans chaque incision sont déposés de cinq à huit œufs, vers la fin de l'été. Des œufs naissent de petites larves blanches, de la grosseur d'une puce. Elles descendent le long des tiges et s'enfoncent en terre, où elles sucent les racines des arbres (fig. 351).

Fig. 351.
Larve de cigale.

Fig. 352.
Nymphe de cigale.

Elles se changent en nymphes très-peu agiles, avec rudiments d'ailes. Leurs pattes antérieurs très-développées leur permettent de fouir la terre et de s'attacher aux racines (fig. 352). A la fin du printemps, les nymphes sortent de terre, s'accrochent au tronc, et les cigales se dépouillent le soir de la peau de la nymphe qui reste entière et desséchée (fig. 353). Elles sont d'abord faibles et se traînent péniblement sur les tiges. Le lendemain, réchauffées par le soleil, elles voltigent, et les mâles se mettent à chanter.

Fig. 353. — Cigale sortant de sa nymphe.

Dans le midi de la France se trouvent plusieurs espèces de cigales. La *cigale plébéienne* ou du *frêne* est très-commune en Provence, et remonte assez loin au nord. On la prend tous les ans, en petite quantité, à Fontainebleau, et, de temps à autre, accidentellement dans la Brie. Quand elle chante, elle remue rapidement son abdomen, de manière à l'éloigner et à le rapprocher alternativement des opercules des cavités sonores. Sa stridulation est forte et aiguë, formée d'une seule note fréquemment réitérée, finissant par s'affaiblir peu à peu et se terminant par une sorte de sifflement, comme *st*, analogue au bruit de l'air sortant d'une petite ouverture d'une vessie que l'on comprime. Si on la saisit, elle jette des cris intenses qui diffèrent assez notamment de son chant en liberté, et paraissent évidemment le résultat de la frayeur. L'entomologiste Solier rapporte une observation très-intéressante faite sur cet insecte par son ami Boyer, pharmacien à Aix, et qu'il a répétée avec lui. Les cigales, en général, sont très-craintives, et s'envolent au moindre bruit suspect qu'elles entendent. Cependant, lorsqu'une d'elles chante, on peut s'en approcher en sifflant d'une manière tremblotante, à peu près comme elle, de façon à dominer son chant. Elle descend d'abord un peu le long de l'arbre, comme pour se rapprocher du siffleur, puis elle s'arrête. Si on lui présente une canne, en continuant de siffler, elle s'y pose et redescend lentement encore à reculons; elle s'arrête de temps en temps, comme pour écouter, et finit, sous l'attrait de cette harmonie, par venir jusqu'à l'observateur. Boyer parvint un jour à en faire placer une sur son nez, où elle chantait en même temps qu'il sifflait d'accord avec elle. La cigale semblait charmée par ce concert et avait perdu sa timidité naturelle. On croirait, avec un peu d'illusion, assister à la lutte musicale d'Eunome et d'Ariston. De même, en Amérique, les chasseurs d'iguanes (sauriens comestibles très-estimés) s'approchent lentement et en sifflant de ces reptiles placés sur les arbres, et finissent, au moyen d'une longue perche, par leur

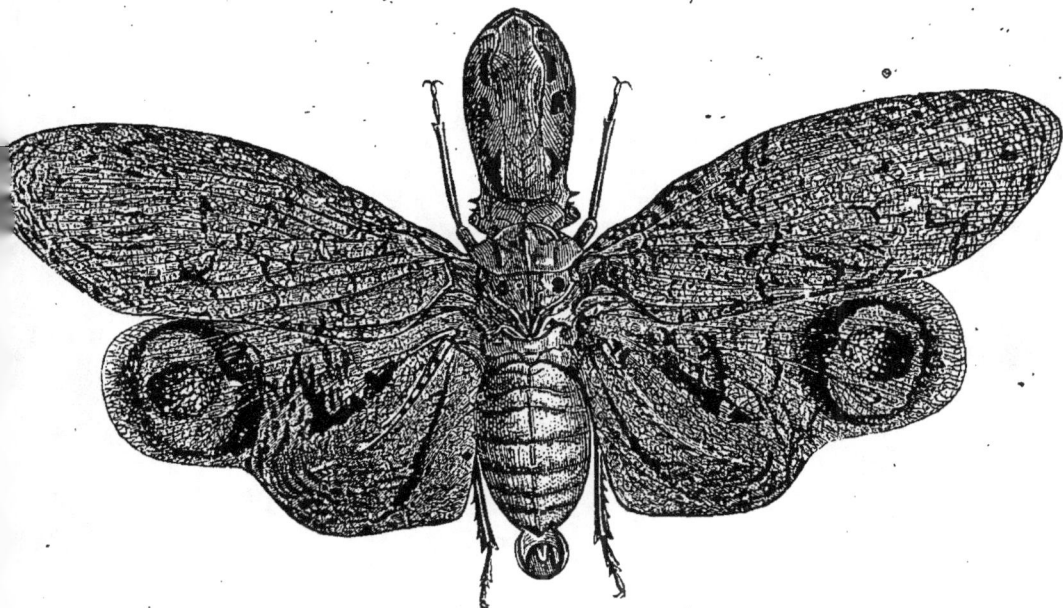

Fig. 554. — Fulgore porte-lanterne.

passer au cou un nœud coulant et faire tomber à terre
l'animal fasciné. Une autre espèce, la *cigale de l'orne*,
abonde surtout dans le Midi occidental de la France,
entre Bordeaux et Bayonne, et en Andalousie. Son chant
est d'une intonation plus basse, moins accéléré et dure
moins longtemps; il ne se termine pas par l'expiration
qui caractérise celui de l'autre espèce.

A côté des cigales viennent les *fulgores*, remarquables
par leur tête vésiculeuse, tantôt gonflée et massive, tantôt offrant un prolongement grêle et recourbé. La plus
grande espèce est le célèbre *fulgore porte-lanterne* de la
Guyane (fig. 354). Mademoiselle Sibylle Mérian rapporte
qu'en ayant renfermé plusieurs dans une boîte, ils
s'échappèrent la nuit, et remplissaient la chambre de
l'éclat phosphorescent que jetait leur énorme tête. Un
de ces insectes lui servit à lire *la Gazette de Leyde*, dont
les caractères étaient très-petits. Depuis on a révoqué en
doute la phosphores-
cence de la tête des
fulgores. Peut - être
cette propriété n'exis-
te que dans un des
sexes et à certaines
époques. En Chine,
une espèce plus peti-
te, le *fulgore porte-
chandelle*, est souvent
représentée sur les

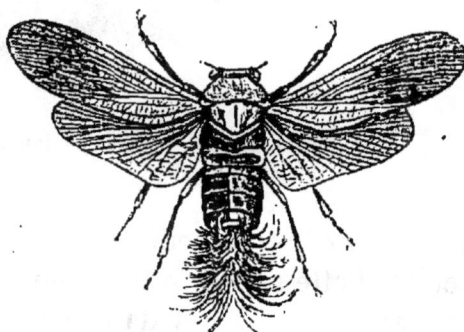

Fig. 355. — Lystre pulvérulente

papiers peints de ce pays. Une petite espèce toute verte,
à front prolongé et strié de cinq lignes longitudinales,
existe en Europe. C. Duméril dit l'avoir recueillie deux
fois sur les noyers. Cette *fulgore d'Europe* se rencontre
dans les Landes, a été capturée à Agen par le docteur
Laboulbène. L'abdomen des fulgores offre une sécrétion
de poussière blanche, cireuse. Dans des genres voisins,

24

les *phénax*, les *lystres*, cette cire blanche sort de l'abdomen en longs filaments (fig. 355). Cette matière, mêlée à de l'huile, s'emploie dans certains pays comme la cire d'abeilles.

Il existe dans l'Europe centrale, et septentrionale même, un certain nombre de petits hémiptères sauteurs qu'on nomme *cicadelles*, mot diminutif de cigale. On trouve fréquemment dans les lieux ombragés des environs de Paris, la *cercope sanglante* (*cigale à taches rouges* de Geoffroy), ornée de trois taches rouges sur les ailes supérieures, et ayant l'abdomen et les pattes mêlés de rouge et de noir (fig. 356). Elle saute sur les buissons,

Fig. 356. — Cercope sanglante, grossie.

mais assez lourdement, de sorte qu'on la saisit sans difficulté. Cette espèce a beaucoup de variétés à taches diversement modifiées dans les parties méridionales de l'Europe. L'*aphrophore écumeuse* (*cigale écumeuse* de Linnæus) est d'un gris cendré ou jaunâtre, avec deux bandes obliques blanches sur les élytres du mâle, plus ou moins marquées selon les sujets, qui firent appeler l'espèce *cigale bedeaude* par Geoffroy, d'après l'analogie avec la robe à deux couleurs des bedeaux. Les métamorphoses très-curieuses de cette espèce ont été étudiées par de Geer. Au mois de mai et de juin, les larves molles et sans défense de cet insecte ont recours à un singulier

mode de protection. Elles ont la tête, le thorax et les
pattes noires, l'abdomen mou, gonflé, d'un blanc grisâtre, avec le bout ou dernier anneau noir. On trouve sur
les tiges des arbres de presque toute espèce, surtout à
l'aisselle des feuilles, des amas d'écume très-blanche,

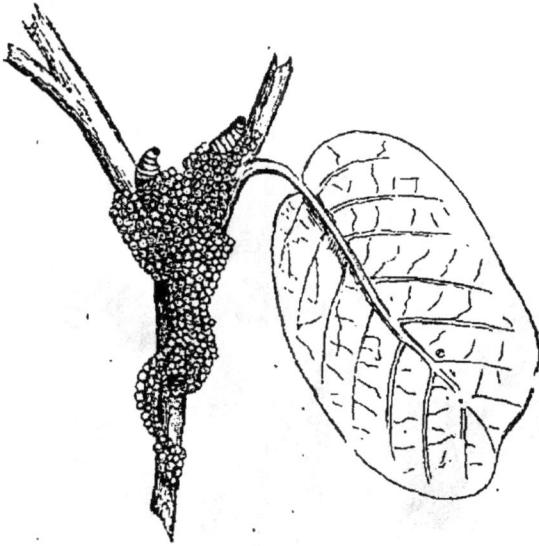

Fig. 357. — Larves d'aphrophore écumeuse.

que les paysans nomment *écume printanière, crachat de
coucou* (fig. 357). Ce sont surtout les saules jeunes et
ombragés et les petits peupliers qui offrent ces écumes ;
elles sont plus rares sur les chênes et ont moins de larves.
A l'intérieur de chaque flocon se trouve une larve et souvent plusieurs, jusqu'à cinquante environ (fig. 358, 359).
La larve suce la séve de la plante, et bientôt rejette par
l'anus une bulle d'air entourée d'une pellicule liquide,
qu'elle fait glisser au-dessous de son corps. Les bulles
successives entourent la larve d'une mousse qui prévient
la dessiccation par le soleil de son corps délicat. La vis-
cosité du liquide empêche l'air de s'échapper. Par mo-

ment l'écume dégoutte des arbres de manière à imiter
une pluie. De Geer rapporte que des hyménoptères chasseurs savent arracher ces larves au milieu de l'écume

Fig. 358 et 359. — Aphophore écumeuse, mâle et femelle,
avec ses larves, grossis.

qui les cache aux regards. Si on met la larve sur une
plante desséchée, l'écume s'évapore peu à peu, et la
larve n'en produisant plus s'amaigrit et meurt bientôt.
Les nymphes ne quittent point l'écume où ont vécu les

larves pour subir leur dernière métamorphose. Elles ont
l'art de faire évaporer et dessécher la couche d'écume
qui les couvre immédiatement, de manière à se trouver
à sec au centre d'une voûte moussue. Alors la peau de
nymphe se fend sur le dos et l'adulte sort de son enveloppe. C'est au mois de septembre qu'on trouve sur les
plantes les insectes parfaits, faisant, malgré leur petite
taille, des sauts de 2 mètres. On a peine à saisir les mâles et à les retrouver si on les laisse échapper. Les femelles au contraire sont peu sauteuses, à cause de leur
ventre gonflé d'œufs. Il est probable qu'elles les pondent
dans de petites entailles faites avec leur tarière sur les
branches, et qu'ils y passent l'hiver.

Dans les endroits humides des bois des environs de
Paris et de la plus grande partie de l'Europe, de préférence sur les hautes tiges de fougères et sur les chardons, on voit sauter avec vigueur un petit insecte d'un
brun noirâtre, ayant à la partie antérieure du corselet
deux cornes aiguës et trigones, avec une partie postérieure très-rétrécie, ondulée et bossue dans le milieu,
atteignant l'abdomen à l'extrémité de cette proéminence.
Cette forme bizarre avait frappé Geoffroy, le vieil historien des insectes des environs de Paris, et il appelait le
Petit diable ce bizarre *Centrote cornu*. Cet insecte appartient à un type très-étrange, les *membraces*, dont le corselet se prolonge en dessus de la façon la plus singulière
et la plus variée, comme la figure permet de s'en convaincre (fig. 560 à 565). Presque tous ces singuliers hémiptères de petite taille sont américains, de la Guyane,
du Brésil et de la Floride. On croirait volontiers à quelque caprice extravagant de l'artiste dans le dessin si fi-
dèle de ces créatures anomales.

Des insectes dégradés, remarquables par leur extrême
multiplication et par leurs dégâts, terminent la section
des hémiptères homoptères. Il n'y a presque pas de

plante qui ne possède une ou plusieurs espèces de *puce-rons*. Ces petits insectes très-lents, de couleurs diverses, verts, noirs, bronzés, bigarrés, enfoncent dans les végé-taux un long bec au moyen duquel ils sucent la séve, et amènent des déformations dans les feuilles et les tiges. Depuis plusieurs années, le *puceron du tilleul* abîme ces arbres sur les promenades publiques de Paris. C'est le *puceron du pêcher* qui produit la *cloque* des feuilles, ma-ladie que les paysans attribuent à du hâle, à des mau-vais vents. Le *puceron lanigère*, recouvert d'un duvet cireux, à corps rempli d'un liquide rouge, fait souvent manquer la récolte des pommes dans les pays à cidre. On a encore fort peu étudié les pucerons qui produisent sur les feuilles des saules, des peupliers, des ormes, etc., des galles où ils sont logés en grand nombre. Ces insec-tes laissent suinter par de longs tubes qui terminent leur abdomen un liquide sucré que les fourmis, et aussi certaines noctuelles (lépidoptères), recherchent avec avidité. Il paraît servir à nourrir les très-jeunes puce-rons. Ce liquide sucré imbibe les feuilles et les tiges où vivaient les pucerons, et bientôt se développent des ma-tières noires, cryptogames très-inférieurs, constituant la *fumagine*, qui recouvre les orangers, les oliviers, etc., et cause de grands dommages. Les vignes de la Provence et du Bordelais viennent d'être envahies par un puceron des racines, le *Phylloxera vastatrix*, Planchon, et les ceps meurent. Il est aussi des *Phylloxera* produisant des gal-les sur les feuilles, peut-être le même. Une controverse passionnée est soulevée aujourd'hui par ce terrible insecte, funeste présent de l'Amérique à ce qu'on croit.

La reproduction des pucerons est entourée de singu-liers phénomènes, qui sont encore l'objet des plus ré-centes études. Bonnet reconnut le premier, en 1740, sur le *puceron du plantain*, ce fait général pour les puce-rons, que pendant toute la belle saison il n'existe que

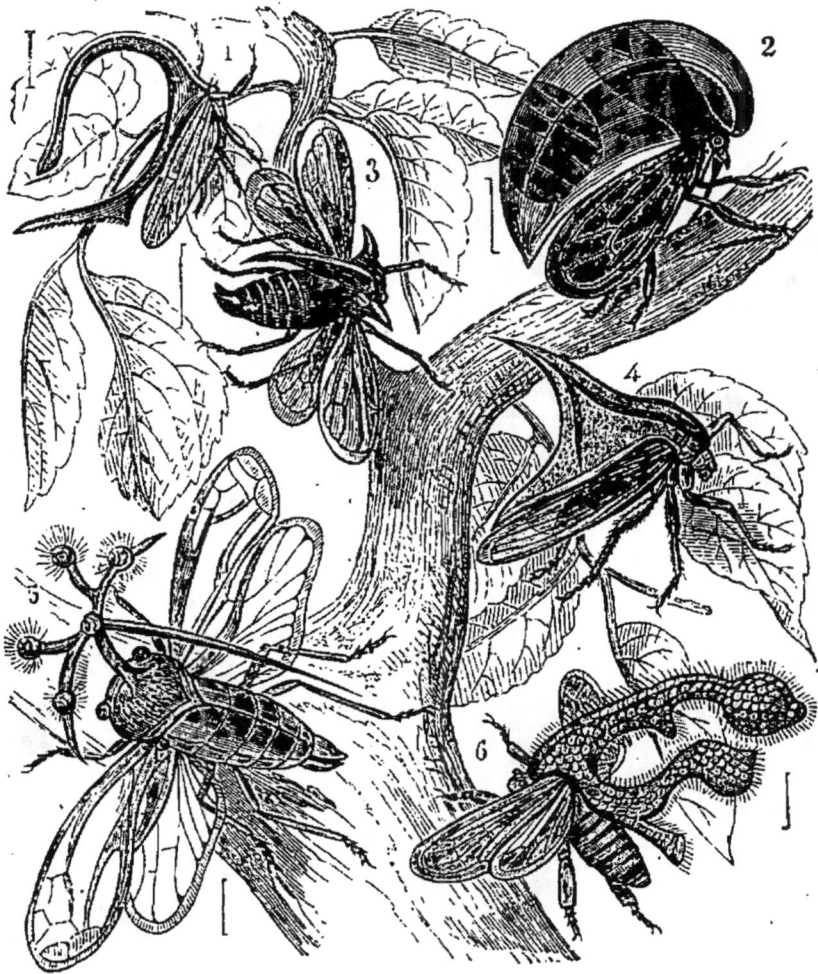

Fig. 360 à 365. — Les membraces, grossies.

1. Hypsauchénie batiste. — 2. Membrace feuillée. — 3. Centrote cornu — 4. Umbonie épineuse. — 5. Bocydie globulaire. — 6. Cyphonie fourchue.

des femelles sans ailes mettant au monde de petits pucerons vivants également femelles, et ainsi de suite pendant un grand nombre de générations. Bonnet obtint neuf générations de ce genre. Duvcau en observa jusqu'à onze en une saison. A l'approche de l'hiver apparaissent des nymphes à moignons d'ailes, puis des mâles munis d'ailes transparentes, et de même des femelles ailées. Très-différentes des précédentes femelles, celles-ci pondent des œufs qui passent l'hiver, et d'où naissent au printemps exclusivement des femelles vivipares. La température a une très-grande influence sur ce double mode de reproduction, car Kyber, en 1812, publia des expériences faites sur le *puceron de l'œillet*, dont il obtint, en serre chaude, des générations exclusivement femelles et sans ailes pendant quatre années successives.

La famille presque immobile des *cochenilles* est aussi singulière que celle des pucerons. Les femelles, qui sont les plus nombreuses, sont privées d'ailes, de forme globuleuse et attachées par leur bec au végétal, dont elles aspirent la sève. Elles se fixent ainsi et pondent un grand nombre d'œufs qu'elles font passer à mesure sous leur corps. Celui-ci se vide et devient, après la mort de la mère, un toit protecteur des œufs et des jeunes larves. Celles-ci d'abord agiles se fixent à leur tour, si elles sont femelles. Les mâles sont des insectes à deux ailes (les inférieures avortent), très-petits comparativement à leurs femelles, sans bec et toujours agiles; ils ont des antennes pareilles à celles des femelles, mais plus complètes; leur abdomen se termine par deux longs filets, qui sont, au contraire, fort courts chez les femelles. Comme certains pucerons, les cochenilles sécrètent une matière cireuse qui revêt leur corps d'un duvet blanc plus ou moins épais. Il en est aussi qui produisent des liquides sucrés, et que les fourmis viennent visiter avec une affection peu désintéressée.

Beaucoup de végétaux sont recouverts par ces singulières excroissances, dues aux femelles enveloppant leurs œufs, et qui, confondues autrefois avec les galles, firent donner à leurs producteurs le nom de *gallinsectes*. On en rencontre sur l'orme, sur le chêne, le tilleul, l'aune, le houx, l'oranger, le laurier rose, etc. Certaines de ces espèces d'hémiptères sont remarquables par les belles matières colorantes rouges qu'elles renferment. Le nom de *cochenille* ou *graine d'écarlate* vient de ce qu'on prit d'abord pour une graine les femelles desséchées que les Espagnols importèrent du Mexique, où on les employait déjà à la teinture avant l'invasion européenne. La *cochenille du cactus*, saupoudrée seulement de points blancs, s'élève sur le cactus nopal, et exige certaines précautions (fig. 366, 367). On récolte les femelles avant la ponte, en laissant sur la plante quelques-unes de celles-ci pour la reproduction. L'insecte a été introduit aux Antilles, en Andalousie, à Madère, en Algérie, où les essais

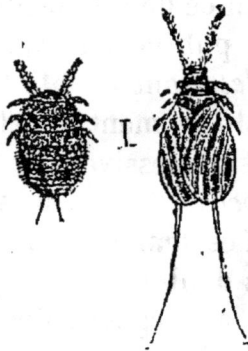

Fig. 366 et 367.
Cochenille du cactus nopal, mâle et femelle, grossis.

ont été heureux, mais où cette éducation se répand peu, par ignorance des soins à y apporter. Cette cochenille, qui donne le meilleur carmin, ne passant pas à l'air comme les rouges des goudrons de houille, est de la grosseur d'un pois, et son mâle est à peine visible à l'œil. L'histoire de son importation aux îles Canaries est assez curieuse. Elle y prospéra, jusqu'en 1832, sur le cactus à *figues de Barbarie;* mais comme elle épuisait ces plantes, dont les fruits douceâtres sont d'une grande ressource pour la classe pauvre, une véritable émeute se produisit, et fut suivie du massacre des cochenilles. Actuellement il n'en reste que dans quelques propriétés.

Une seconde espèce, la *Cochenille sylvestre*, couverte
d'un duvet qui la rend peu délicate, et bien moins sensible aux pluies, se récolte au Mexique à l'état sauvage
et donne une couleur moins vive. Autrefois on employait,
pour obtenir des rouges violacés, la *cochenille du chêne
vert*, du Midi de l'Europe, et la *cochenille de Pologne*,
insectes assez délaissés maintenant. Aux Indes orientales, la *cochenille laque*, qui vit sur les figuiers, s'entoure
ainsi que ses larves d'une abondante sécrétion de gomme-
laque. C'est une cochenille qui, en piquant les tamarix,
produit la manne alimentaire, dont la rencontre causait
la joie des Hébreux émigrant vers la terre promise.

La seconde catégorie d'hémiptères renferme ceux
qu'on nomme les *hétéroptères*, parce que les ailes supérieures, coriaces à la base, sont membraneuses à l'extrémité. Le vulgaire comprend tous ces insectes sous le
nom de *punaises*. Nous les diviserons très-simplement
d'après leur mode d'habitation. Les
unes vivent dans l'eau, les autres à
l'air libre.

Toutes les *punaises d'eau* sont des
insectes très-carnassiers, et qu'il ne
faut saisir qu'avec précaution, car ils
font pénétrer dans les doigts leur
rostre acéré. Ils sucent avec avidité
des insectes et les mollusques des
eaux, auxquels ils livrent une chasse
active. Nous nous bornerons à indiquer les deux principaux types. Les
nèpes ont l'abdomen terminé par une
longue tarière formée de deux pièces
servant à introduire l'air dans les

Fig. 568.
Nèpe cendrée.

trachées, et probablement aussi à la ponte des œufs
(fig. 568). Ceux-ci, présentant plusieurs pointes, sont
enfoncés dans les tiges submergées des plantes aquati-

qués. Les nèpes nagent mal et se traînent lentement dans la vase. Elles volent très-rarement. Leurs pattes antérieures sont recourbées en pinces, à l'instar de celles des mantes et des mantispes, pour saisir la proie et l'apporter contre la bouche. Les *notonectes*, à face ventrale aplatie tandis que l'autre est convexe, nagent renversées sur le dos, au moyen de leurs longues pattes postérieures contournées, qui leur ont valu le nom de *punaises à avirons*. Un fin duvet retient autour de leur corps, comme un fourreau d'argent, l'air nécessaire à leur respiration. Elles se rencontrent dans les mares et s'y meuvent avec vélocité. Le soir elles en sortent en marchant et surtout en volant. Les femelles pondent un grand nombre d'œufs qu'elles attachent aux plantes aquatiques, et les larves éclosent au printemps. On trouve en abondance près de Paris une assez grande espèce, la *notonecte glauque*, à corps noir, à élytres d'un jaune brunâtre (fig. 369). On ne se douterait guère du singulier usage de certaines punaises d'eau de petite

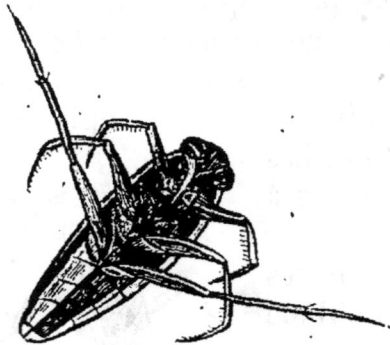

Fig. 369.
Notonecte glauque

taille au Mexique (*Corixa femorata*, G. Mén.). Dans les lacs voisins de Mexico, et principalement dans le lac Tescuco, ces hémiptères aquatiques sont en nombre immense. On recueille leurs œufs pondus contre les joncs, on les réduit en farine dont on fait des galettes d'un pain appelé *haulté*, et qui a un goût prononcé de poisson. Les indigènes du Mexique faisaient usage de ce pain d'œufs de punaises avant la conquête. Ces punaises séchées, de la grosseur d'un fort grain de millet, se vendent dans les rues de Mexico, sous le nom de *mosquitos*, pour nourrir les petits oiseaux en cage.

Les punaises qui vivent à l'air libre renferment des genres qui courent à la surface de l'eau sans y pénétrer. Leur corps est comme huilé, afin de ne pas être mouillé, et une matière grasse, qui existe à l'extrémité des pattes, empêche l'eau d'y adhérer et la courbe au-dessous. Il en résulte, par les lois de la capillarité, une force plus que suffisante pour porter l'insecte, de même qu'on fait surnager une aiguille d'acier enduite de graisse. Si on lave

Fig. 370. — Hydromètre des étangs grossi.

avec un pinceau imbibé d'éther les bouts des pattes de ces insectes, ils enfoncent dans l'eau et n'y marchent plus qu'avec peine. Les *gerris* courent très-vite, sous leurs trois états, à la surface des eaux calmes, et sautent rapidement par bonds à peu près égaux. Les *hydromètres*, dont le corps est beaucoup plus grêle et la tête plus allongée, sont très-souvent terrestres, et ont des mouvements plus lents à la surface de l'eau (fig. 370).

On rencontre au pied des arbres, au bas des murs exposés au Midi, des hémiptères assez allongés, bariolés de noir et de rouge vermillon. C'est la *Pyrrhocoris aptère* (*punaise rouge des jardins* de Geoffroy, *punaise sociable* de Stoll). Les paysans et les enfants des environs de Paris l'appelaient autrefois le *suisse*, d'après l'uniforme rouge des troupes suisses au service de la France. La très-majeure partie de ces insectes ne prend pas d'ailes ; on en trouve fort rarement qui présentent des élytres à membrane noire, et, au-dessous, des ailes de même couleur. Ces individus ailés sont plus communs dans les départements méridionaux. Ces punaises, dépourvues de mauvaise odeur, sucent des végétaux, des fruits tombés, des insectes morts. Elles s'engourdissent en hiver sous les pierres et les écorces. Les femelles déposent sous les feuilles humides des œufs d'un blanc de perle; lisses et brillants, devenant ensuite bleuâtres. Les petites larves sont blanches en sortant de l'œuf; elles se colorent bientôt à l'air, et leur abdomen, de forme lenticulaire,

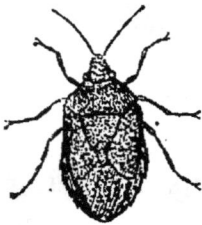

Fig. 371.
Pentatome grise.

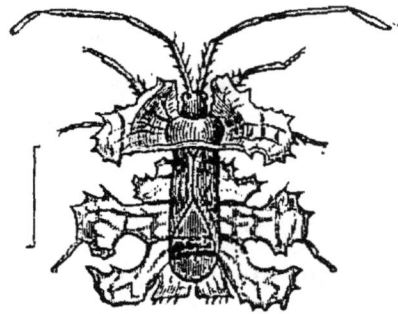

Fig 372.
Phyllomorphe de Madagascar, grossie.

est d'abord entièrement d'un beau rouge vermillon. Peu à peu, avec les mues, il s'allonge et se raye de bandes transversales noires.

Les végétaux nourrissent de nombreuses espèces d'hémiptères larges et aplatis, répandant une odeur infecte, qui persiste longtemps sur les doigts qui les saisissent. D'après M. J. Künckel, deux glandes odorifiques occupent, chez les larves et les nymphes, la région dorsale de l'abdomen. Chez l'adulte les ailes mettraient obstacle à leur fonction; une autre glande se développe sur la partie inférieure du thorax, produisant la même matière odorante, moyen de défense de ces insectes appelés *punaises de bois*. Nous signalerons parmi elles la *pentatome grise*, à corps et à élytres d'un jaune grisâtre ponctué de noir (fig. 371). Très-commune dans toute l'Europe, elle vit en famille sur les troncs des arbres, principalement des bouleaux et des ormes qui bordent les routes. De Geer rapporte que la femelle, au mois de juillet, conduit ses petites larves, au nombre de vingt à quarante, comme une poule ses poussins ; elles la suivent quand elle se déplace. Si on l'inquiète, elle bat des ailes comme pour les défendre, sans fuir ni s'envoler. Elle a surtout à les protéger contre le mâle, qui, nouveau Saturne, cherche avec empressement à les dévorer. Certaines de ces punaises de bois sont remarquables par des appendices bizarres. Telle est, par exemple, la *phyllomorphe de Madagascar*, qui ressemble à une feuille à demi déchirée (fig. 372).

Une odeur plus infecte encore relie ces espèces sylvestres avec un insecte domestique, fléau des maisons malpropres, la *punaise des lits*. Cet insecte n'était pas inconnu des anciens, mais paraît avoir été rare autrefois. Aristote le désigne, avec les poux et les puces, parmi les insectes qui ne sont pas carnivores, mais qui vivent des humeurs de la chair vivante. Pline, Dioscoride, Martial en font mention. C'est à partir du seizième siècle que la punaise devint commune dans une partie de l'Europe. Moufet raconte qu'elle fit son apparition en Angleterre en 1503, et que deux dames nobles, épouvantées des pustules produites par ses piqûres, firent venir en toute hâte leur médecin, se croyant atteintes de quelque contagion. La punaise des lits est inconnue dans le nord de la Suède et de la Russie, et paraît manquer aussi dans l'extrême midi de l'Europe. M. E. Blanchard dit n'en avoir rencontré que deux en Sicile, et pas une en Calabre, pays où l'espèce humaine ne brille pas cependant par la propreté. C'est le centre de l'Europe qui en est infesté, et Lyon est connu en France comme leur quartier général. Un célèbre naturaliste, voyageur espagnol, Azzara, remarquant que les punaises sont inconnues chez les sauvages et n'attaquent que les hommes civilisés rassemblés dans des maisons, arrive à cette conclusion singulière, qu'elles ont été créées longtemps après l'homme, et seulement quand il fut parvenu à l'état urbain. Il parait probable que la punaise des lits provient des Indes orientales et qu'elle y acquiert un développement complet des ailes et des élytres. En Europe, au contraire, c'est une extrême rareté de voir la punaise des lits avec des ailes ; elle reste à la mue des nymphes et n'a que des vestiges d'ailes (fig. 375). L'aplatissement de la punaise, passé en proverbe, lui permet de se loger sous les tentures des murailles et dans les interstices des lits. Cet abominable insecte nocturne a l'instinct de se laisser tomber verticalement du plafond sur le lit

Fig. 375.
Punaise des lits, grossie.

qu'on a eu la précaution d'écarter du mur. Les œufs des punaises sont pondus isolés dans les encoignures. Leur coque est couverte de sortes de poils destinés à faciliter leur adhérence contre les corps et les tissus où ils sont déposés. C. Duméril dit en avoir trouvé sous les ongles des gros orteils de cadavres provenant des hôpitaux. L'œuf (c'est le cas habituel des hémiptères) a un couvercle que la petite punaise pousse pour sortir. On comprend qu'un insecte qui n'a qu'un suçoir effilé ne pourrait percer une coque. Ces larves sont d'abord pâles et blanchâtres, puis leur tube digestif devient rouge par le sang qu'elles absorbent, ensuite tout leur corps. La punaise des lits (ou peut-être des espèces voisines) a été rencontrée dans les nids des perdrix, des pigeons, des hirondelles et dans les poulaillers.

Dans les maisons vole souvent le soir un hémiptère nocturne, sans odeur, qu'on ne doit saisir qu'avec précaution, car il pique avec son rostre imprégné d'un venin, et produit plus de douleur qu'une abeille. Cet insecte noir et velu (figuré dans l'Introduction, p. 25) est la *punaise-mouche* de Geoffroy, ou le *réduve masqué*, à cause des curieuses habitudes de la larve et de la nymphe. Elles sont peu agiles, et s'enveloppent de poussière, de flocons de laine, de toiles d'araignées, au point de doubler leur volume. Elles s'avancent ainsi par petits soubresauts, et trompent sous ce déguisement les insectes qui deviennent leur proie. Adulte et volant bien, le réduve abandonne ce travestissement. Sous leurs trois états, les réduves font dans les maisons une guerre active aux punaises des lits, aux mouches et aux araignées.

LES PUCES

Les puces semblent des hémiptères dégradés, présentant les deux paires d'ailes à l'état de vestiges, d'écailles de la même couleur que le corps. Elles sucent le sang de l'homme et de divers animaux. La *puce de l'homme*, ou *puce irritante*, a le front lisse (fig. 374). Elle devient plus grosse que la puce du chien et du chat. On prétend qu'elle acquiert une forte taille sur les bords de la mer. Les mâles sont quatre à cinq fois plus petits que les femelles. La puce abonde dans les pays chauds ; les Arabes, très-malpropres, logent dans les plis crasseux de leurs burnous des œufs de puces, et des légions de ces insectes à tous leurs états. Les puces du chat et du

chien peuvent piquer l'homme, mais moins fortement
que la puce irritante, et elles le quittent volontiers. La
puce du chien ressemble beaucoup à celle de l'homme.
La puce irritante choisit avec prédilection les peaux plus
délicates des femmes et des enfants. Beaucoup d'animaux
ont leurs puces ; ainsi le pigeon, l'hirondelle, la chauve-
souris, la taupe, le hérisson, le blaireau, le mulot, la
musareigne, etc. La puce du lérot (le loir des jardins

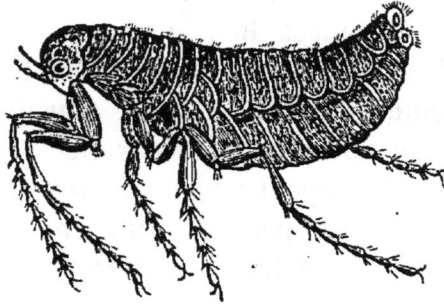

Fig. 574. — Puce de l'homme, grossie.

est très-allongée et très-aplatie, la plus allongée des
puces connues. Elle saute faiblement. C'est probablement
le *Pulex fasciatus*, Bosc.

Par une anomalie singulière, les puces si dégradées
ont des métamorphoses complètes. Les œufs sont pondus
dans la poussière, dans les fentes du plancher, sur les
coussins où dorment les animaux, dans les langes des
jeunes enfants. Il en sort des larves blanches et transparentes, sans pattes, très-remuantes.

Ces larves, pourvues de mandibules pour déchirer et
arracher, de mâchoires pour scier et couper, se nourrissent indistinctement de diverses matières organiques,
telles que sang desséché, détritus, débris de poils et de
plumes, cadavres d'insectes, etc. On voit les matières
colorer sous la peau leur tube digestif. Il nous faut à

regret rejeter la jolie légende
des mères puces venant dégor-
ger du sang à leurs larves abri-
tées dans les fentes des plan-
chers, ou dans le duvet des
couvertures. Chaque larve, au
bout d'une quinzaine de jours,
se file un petit cocon entremêlé
de poussière. Elle s'y change
en nymphe dont la forme rappelle l'adulte, et qui en a déjà
les longues pattes.

Des observations toutes ré-
centes et encore inédites ont
été faites par M. Balbiani, qui
a bien voulu nous autoriser à
les mentionner et nous confier
des dessins. Nous le remercions dans l'intérêt de notre
livre. Ces études ont principalement porté sur le développement de la puce du chat. On
se procure en abondance les
œufs et les petites larves en
peignant un chat au-dessus
d'une feuille de papier. Les
larves naissantes dépassent à
peine le millimètre, et se tordent comme des petits serpents
(fig. 375). Elles sont aveugles,
blanches, sans pattes, munies
de poils portés sur des mamelons. Elles possèdent des pièces buccales broyeuses, tandis

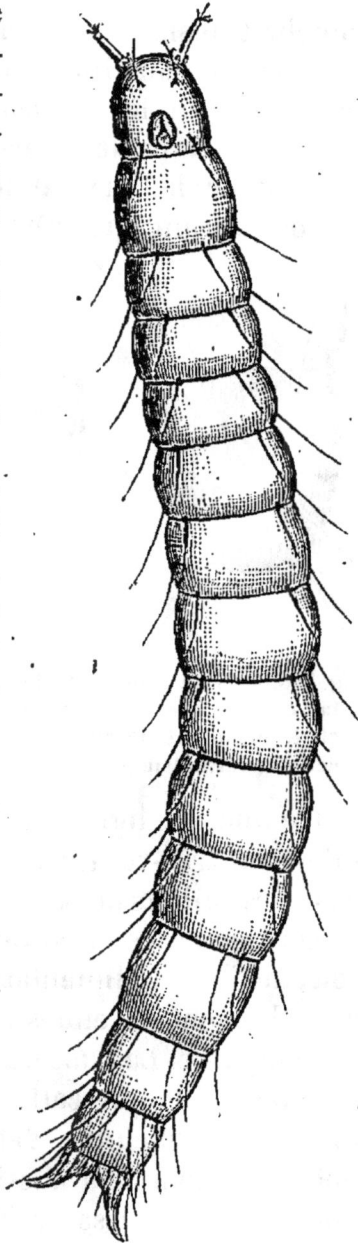

Fig. 375.—Larve de puce du chat
naissante, très-grossie.

que la puce adulte aura les appendices qui entourent la

bouche transformés en organe de succion. Le fait le plus
saillant qui constitue la découverte de M. Balbiani, existant aussi sur les jeunes Faucheurs (arachnides) et sur
quelques larves de divers insectes, c'est la présence sur
le front de la larve d'un tubercule corné, de couleur
acajou, offrant une arête carénée en haut, logé dans une
cavité de la tête et sécrété par
une matrice formée d'un tas de
cellules glandulaires (fig. 376).
Ce tubercule est l'analogue de
la corne frontale transitoire
des *Zoés*, ou jeunes larves de
certains crabes, prisés autrefois pour des espèces particulières. M. Balbiani a nourri ces
petites larves de la puce du
chat avec des morceaux de
sang caillé de divers animaux ;
elles les rongent avec avidité,
et on voit bientôt par transpa-

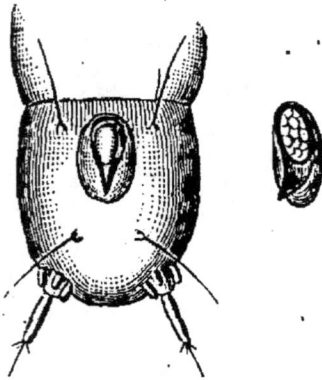

Fig. 376. — Tête grossie de la
larve naissante de puce du
chat, et tubercule avec les
cellules formatrices.

rence une fine ligne rouge qui indique leur tube digestif.
Elles sont très-voraces, et mangent d'une manière indiffé-
rente les caillots de sang de mammifère ou d'oiseau. Elles
se sont nourries aussi de sang de grenouille ou de poisson ; mais cette alimentation ne semble pas leur convenir,
car elles sont devenues anémiques, et n'ont pu arriver à
la nymphose. La puce du chat, qui provient de ces larves,
est plus petite que celle de l'homme et du chien, et en
diffère par quelques détails des appendices anaux. La
puce de l'homme à aussi le tubercule céphalique corné
chez la larve naissante (fig. 577). D'après M. Balbiani la
cavité céphalique où réside la corne brune de la larve
de la puce de l'homme est entourée d'un péritrème
corné brun, bordure qu'on n'aperçoit pas pour la cavité
analogue de la larve de puce du chat. Les tubercules

cornés de la tête de ces larves servent probablement à percer la coque de l'œuf, comme le tubercule corné caduc de la mandibule supérieure du bec des oiseaux sortant de l'œuf.

Les puces ont une grande force musculaire. On en a montré, sous le nom de *puces travailleuses*, attachées par des fils de soie de cocon, traînant des chariots, des petits canons. Cette récréation n'est pas récente, car Moufet (1634) et Geoffroy en parlent dans leurs écrits. A propos de la force. des puces., gardons-nous de croire, au mépris des mathématiques, qu'une puce de la taille d'un homme sauterait aussi haut que le Panthéon; elle ne sauterait pas à deux mètres.

L'homme est encore la proie de la *puce pénétrante* ou *chique*. Son bec est très-long, son corps effilé et étroit (fig. 578). Le mâle

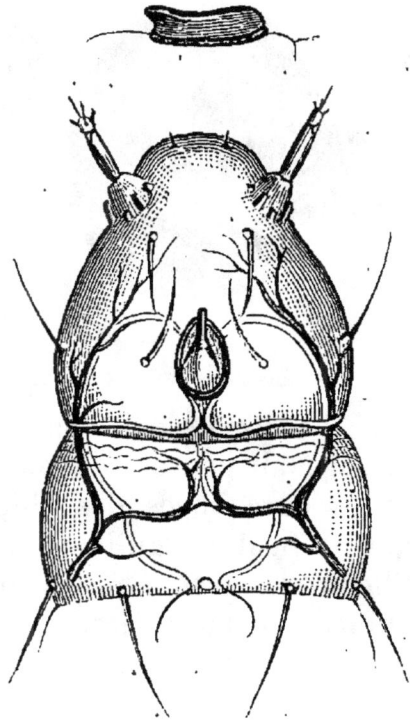

Fig. 577. — Tête grossie de la larve naissante de la puce de l'homme, et tubercule de profil.

demeure toujours grêle et errant, plus petit que la puce irritante. La femelle pénètre sous la peau et se gonfle peu à peu par les liquides qu'elle aspire. Son abdomen devient énorme, gros comme un pois, sur lequel la tête et le thorax ne paraissent plus que comme un point brunâtre. La ponte a lieu; de graves ulcérations en résultent, et on a vu des cas suivis de mort. Ces chiques abondent aux Antilles, à la Guyane, au Brésil, en Colombie. Les pieds nus des nègres et des Indiens en sont souvent attaqués. De vieilles négresses savent les enlever avec dextérité, à la pointe d'une aiguille, de manière à prévenir tout danger si on opère à temps. Le docteur Guyon rapporte qu'au Mexique une compagnie de chasseurs de Vincennes fut obligée d'abandonner un vieux bâtiment où elle devait passer la nuit, en raison des insupportables piqûres d'une armée de ces puces pénétrantes. C'était la 6e compagnie du 18e bataillon de chasseurs qui, dans la nuit du 19 au 20 mars 1862, avait

Fig. 378.
Puce pénétrante, grossie.

reçu l'ordre de séjourner sous une vaste voûte, dont le sol était couvert de pierres et de débris. Les lancettes envenimées des chiques furent plus puissantes que le fusil à aiguille. Toutes les parties du corps de l'homme peuvent être leur proie. Elles piquent aussi les animaux domestiques, et les singes élevés en captivité dans les maisons. Le docteur Laboulbène a observé la chique à Paris sur un sujet revenant du Brésil, d'où il avait rapporté ce parasite vivant et développé.

TABLE DES GRAVURES

TABLE DES MATIÈRES

II. — INSECTES A MÉTAMORPHOSES INCOMPLÈTES.

ERRATA

Page 41, titre ; charançons, *lisez* : charansons.

Page 224, fig. 212 ; Argyne, *lisez* : Argynne.

Page 228, fig. 219 ; pavillon, *lisez* : papillon.

Page 279, fig. 279 ; cloison, *lisez* : éclosion en bateau.

PARIS. — IMP. SIMON RAÇON ET COMP., RUE D'ERFURTH, 1.

www.ingramcontent.com/pod-product-compliance
Lightning Source LLC
Chambersburg PA
CBHW061008220326
41599CB00023B/3872